“十三五”职业教育系列教材

户式中央空调安装与调试

主　编　李　坤
副主编　李　朋
参　编　苏　远　陈运亮　刘旭刚
主　审　邵长波

机械工业出版社

本书以全国职业院校技能大赛“户式中央空调安装与调试”项目要求为依据，以大赛指定设备——亚龙装备 YL-835 户式中央空调（海信品牌）为载体，主要介绍户式中央空调的安装与调试方法。全书共设定七个项目，内容包括走进户式中央空调、空调器安装基本操作技能、户式中央空调内外机组安装、户式中央空调管路系统安装、户式中央空调的调试、户式中央空调常见故障检修、户式中央空调电气控制电路及检修。全书理论知识和操作技能紧密结合。

本书适合作为职业院校机电类专业教材，配合项目任务驱动教学模式，也适用于户式中央空调安装与维修的岗位培训及其他相关的空调专业工程技术人员参考，特别适用于全国职业院校技能大赛“户式中央空调安装与调试”项目的训练和强化指导。

图书在版编目（CIP）数据

户式中央空调安装与调试/李坤主编. —北京：机械工业出版社，2015.10（2024.8 重印）
“十三五”职业教育系列教材
ISBN 978-7-111-52110-5

Ⅰ.①户… Ⅱ.①李… Ⅲ.①集中空气调节系统-设备安装-高等职业教育-教材②集中空气调节系统-调试方法-高等职业教育-教材 Ⅳ.①TB657.2

中国版本图书馆 CIP 数据核字（2015）第 270131 号

机械工业出版社（北京市百万庄大街 22 号 邮政编码 100037）
策划编辑：高 倩 责任编辑：高 倩 责任校对：刘雅娜
封面设计：张 静 责任印制：常天培
固安县铭成印刷有限公司印刷
2024 年 8 月第 1 版第 16 次印刷
184mm×260mm · 12.75 印张 · 2 插页 · 326 千字
标准书号：ISBN 978-7-111-52110-5
定价：39.00 元

电话服务 网络服务
客服电话：010-88361066 机 工 官 网：www.cmpbook.com
010-88379833 机 工 官 博：weibo.com/cmp1952
010-68326294 金 书 网：www.golden-book.com
封底无防伪标均为盗版 机工教育服务网：www.cmpedu.com

前言

2014年全国职业院校技能大赛中职组新增“户式中央空调安装与调试”赛项，目的是通过此项比赛，使学生掌握户式中央空调安装与调试的技能，引导中职学校制冷、暖通和中央空调类专业综合实训教学改革发展方向，促进工学结合人才培养模式的改革与创新，培养可持续发展、满足企业需要的高素质、高技能型人才。为给备赛指导教师及参赛学生提供新赛项训练方向及思路，少走弯路，特编写本书。

本书系江苏省教育科学“十二五”规划2011年度立项课题《深度合作：现代学徒制的校本实践研究》（课题编号D/2011/03/099）的阶段研究成果，体现了现代学徒制视野下、以工作过程为导向的“做学教合一”的教学理念。本书围绕“以项目为载体，工作任务引领，完成工作任务的行动导向”的思路，以亚龙YL-835设备为平台，详细阐述了户式中央空调设备的组装、调试及维修等方面的理论知识和操作技能，并结合本赛项全国大赛的评分标准和职业资格标准的应知、应会内容，详细分析了赛项工作任务，并提示训练技巧。编者共设计了七个项目，24个任务，在训练内容、训练形式、考核内容、难度控制、评价标准等方面都尽量与国赛技能训练导向保持一致，建议课时为120。

本书由无锡机电高等职业技术学校李坤担任主编（编写项目一、六并统稿），参与编写的还有其他全国职业院校技能大赛户式中央空调赛项的优秀指导教师，分别是江阴中等专业学校李朋（编写项目三、七）、南京高等职业技术学校苏远（编写项目四）、高淳中等专业学校陈运亮（编写项目二）、武进中等专业学校刘旭刚（编写项目五）。

本书由全国大赛户式中央空调赛项总裁判长邵长波担任主审，在编写过程中得到了浙江亚龙教育装备股份有限公司陈传周总经理、杨德伟工程师的大力帮助，也得到了各位编者所在单位的大力支持，在此向所有支持、帮助本书编写工作的单位和人员表示衷心的感谢！

由于编者水平有限，书中难免存在错误和疏漏，敬请读者批评指正。

编　者

目　录

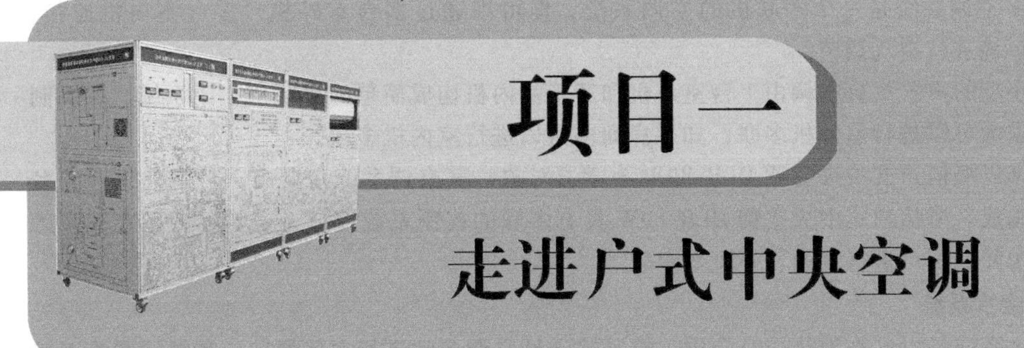

项目一 走进户式中央空调

1. 户式中央空调基础知识。
2. 海信户式中央空调简介。
3. 亚龙 YL-835 户式中央空调简介及考核应用。

任务一 户式中央空调的基础知识

一、户式中央空调的概念

中央空调系统主要由主机系统和末端系统构成。中央空调按负担室内热湿负荷所用的介质可分为全空气系统、全水系统 、空气-水系统 、制冷剂系统；按空气处理设备的集中程度可分为集中式和半集中式；按被处理空气的来源可分为封闭式、直流式和混合式（一次回风、二次回风）。中央空调的主要组成设备有空调主机（冷热源）、组合式空调机组（风柜）和风机盘管等。

中央空调系统主要适用于大型娱乐和商业场所的空气调节。

现在随着人民生活质量和家庭收入的提高，家庭住所面积变得较大，房间较多，采用普通分体式空调则显得繁杂和不方便，家用小型中央空调系统应运而生。

家用小型中央空调系统即户式中央空调，又称为家庭中央空调、家用中央空调等，是一个小型化的中央空调系统，是介于传统中央空调和家用空调器之间的一种空调形式。本书统一称其为户式中央空调。

目前常见的户式中央空调主要有制冷剂系统和全水系统两类。

1. 制冷剂系统

制冷剂系统的户式中央空调通过让制冷剂进入空调房间，完成空气的温度调节和控制，通常使用的是可变制冷剂流量（Variable Refrigerant Volume）的变频控制技术，简称 VRV 系统，但由于 VRV 系统已经被某个空调生产厂家进行了技术注册，所以现在的可变制冷剂流量（Variable Refrigerant Flow）的控制系统简称为 VRF 空调系统。

VRF 空调系统是一个多联机的空调系统，即可以通过多台室外机、多台室内机连接，集中为环境进行空气调节。

最小型的户式中央空调由 1 台室外机和若干室内机构成简单的多联机空调系统。如果制冷量需求大可以进行室外机多联，如果房间多可以进行室内机多联。

本书以海信户式中央空调 DLR-80W 为学习对象，其空调系统主要由 1 台室外机和 3 台室内机构成。海信户式中央空调 DLR-80W 具有多联的控制系统接口，若实际应用在较多的室内机房间，则可进行室内、外机的多联。

2. 全水系统

全水系统是以水作为热交换介质，将其输送到空调房间进行空气调节，其结构和施工较为复杂，目前基本被 VRF 空调系统所替代，但还有一定的用户，本书不做介绍。

3. VRF 空调系统的优点

户式中央空调与一般家用空调器相比，具有如下特点。

1）四季运行：夏季，制冷机组运行，实现冷调节；冬季，冷机配合热源共同使用，可以实现冬季采暖；在春秋两季可以用新风直接送风，达到节能、舒适的效果。

2）舒适感好：采用集中空调的设计方法，送风量大，送风温差小，房间温度均匀；不同于分体式空调只有一种送风方式，家用中央空调可以实现多种送风方式，能够根据房型的具体情况制订不同的方案，增强人体的舒适性。

3）卫生要求好：同中央空调一样，能够合理补充新风，配合厨房、卫生间的排风，保证室内空气新鲜、卫生，还可以四季换气，满足人体的卫生要求。这些都是分体式空调所不能实现的。

4）外形美观：可根据用户的需求与喜好，实施从设计到安装的综合解决方案；系统采用暗装方式，能配合室内的高档装修；同时由于室外机组的合理安置也不会破坏建筑物的整体外形美观。

5）高效节能：采用模块化主机，根据设置自动调节制冷量，合理地将白天和晚上的生活区域分别安装空调，室内分区控制，各个室内独立运行，分别调节各个区域内的空气。

6）运行宁静：采用主机和室内机分离的安装方式，送风、回风系统设计合理，保证了宁静的家居环境。

7）灵活方便：根据用户需要可以将一台设备切换为两个环境提供冷气。

8）制热运行因地制宜：可以使用集中供热的热水，也可安装小型挂墙式燃气热水器作为能源，使用热水盘管供冬季采暖；也可以使用热泵式空调机采暖，在热量不足时，用燃气热水器及热水盘管加热。

总之，户式中央空调具备舒适、美观、使用灵活等特点；与大型中央空调系统相比，又具备初投资小、运行费用低等特点。因此，它不仅适用于别墅、高级公寓以及大面积居室，还广泛应用于办公楼、餐馆、健身房、会所与商业用途建筑，以及大、中型建筑中分单元、分区域的空调系统。

二、户式中央空调室内机的分类

户式中央空调室内机按照结构的不同，主要有嵌入式内机、风管式内机和壁挂式内机。

1. 嵌入式室内机

嵌入式室内机简称嵌入机，包括四面出风嵌入机、两面出风嵌入机、单面出风嵌入机等机型。目前市场上最常见、销量最大的为四面出风嵌入机，如图 1-1 所示。

（1）嵌入机的主要特点　出风范围大（四面出风 360°），温度分布好；噪声小，不需要安装风道、进出风口等设备，安装成本低；维修方便。

（2）嵌入机的安装与使用注意事项　嵌入机的风量较小，天花板高度比较高的场所，尽量不要使用嵌入机（一般天花板高度超过 3.5m，嵌入机就不要作为第一选择）。

若房间是长条状，或安装位置离墙比较近，尽量不选用嵌入机，应改用风管机或其他机型。

嵌入机不适用于公寓、别墅（家装）等吊顶高度比较紧促的场所。

2. 风管式内机

风管式内机简称风管机。风管机根据出风口的空气压力高低可以分为高静压风管机、中静压风管机和低静压风管机（超薄风管机），家装机市场用得最多的为低静压风管机。目前低静压（10～30Pa）和高静压风管机（72 机型为 50～80Pa；125 机型为 80～120Pa）是国内最受顾客欢迎的内机机型。

（1）低静压风管机的特点　噪声相对小，室内机造型良好（室内机隐藏，不影响房间整体设计）；安装方法比较自由，适用于局部吊顶和风道出风的安装。

适用场所为酒店房间、高层公寓、住宅、办公室等，如图 1-2 所示。

图 1-1　四面出风嵌入式室内机

图 1-2　低静压风管机案例

（2）低静压风管机的安装与使用注意事项

1）低静压代表着送风距离较近，尤其是采用侧吹的出风方式时，高度需要控制在 3m 左右，若太高会影响制冷、制热效果（制热影响加大）。

2）需要预留维修口（应能满足更换电动机的要求）。

3）此机型不适用于高天花板、大空间的场所。

（3）高静压风管机的特点　内机风量较大、静压大（5P 高静压风管机静压可达 120Pa，相比其他的同类产品静压较高），配合各种喷头，可满足高天花板、远距离送风的要求；内置风扇，噪声相对较低；超长配管设计，最长 50m。

适用场所：酒店大堂、大型会议室、店铺、办公室、工厂等大型场所。高静压风管机案例如图 1-3 所示。

(4) 高静压风管机安装与使用注意事项

1) 高静压风管机电动机功率大，必须安装静压箱、回风箱，否则会有比较大的噪声，严禁使用低静压风管机的安装方式。

2) 需要预留维修口（应能满足更换电动机的要求）。

此机型不适用家装（部分别墅等大户型也可以使用，但是绝不能安装在卧室类要求噪声比较低的场所）。

高静压风管机安装示意图如图 1-4 所示。

图 1-3　高静压风管机案例

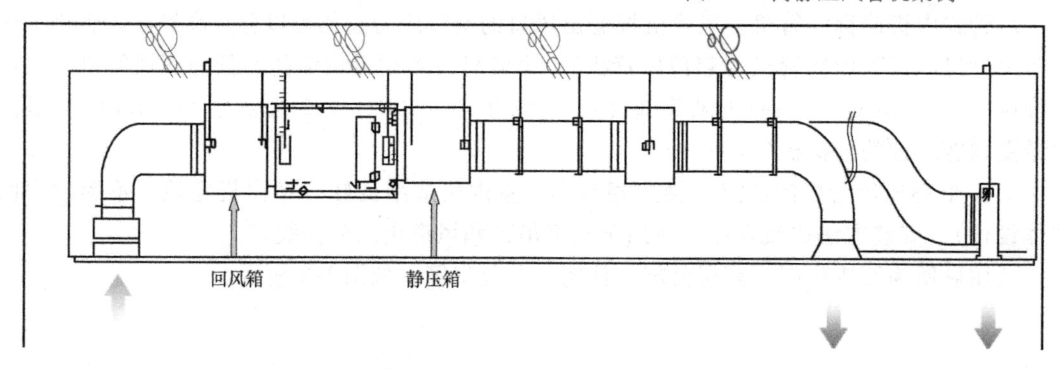

图 1-4　高静压风管机安装示意图

3. 壁挂式内机

壁挂式内机简称挂机。户式中央空调使用的内机挂机和普通的家用分体式挂机基本一致。

(1) 挂机的特点　小型紧凑化设计、简洁安装；可以自由调节风向，灵活出风；后期维护方便，保养成本低。

适用场所为住宅、店铺、办公室。

(2) 挂机安装与使用注意事项

1) 墙壁走冷媒管或排水管时，需要调查墙体材质。

2) 挂机一般无法与中央空调的排水管相连，需要靠近窗户安装，以便排水。

挂机的安装如图 1-5 所示。

图 1-5　挂机的安装

市场人员需要根据不同的场所和不同的装修风格及用户要求为用户推荐最合适的内机。这需要市场人员熟悉以上内机的特点，并了解最新的装修风格和趋势。当一个户型可以选择多种机型时，以风管机为优先推荐机型，然后是嵌入机及其他机型，其优选过程如图 1-6 所示。

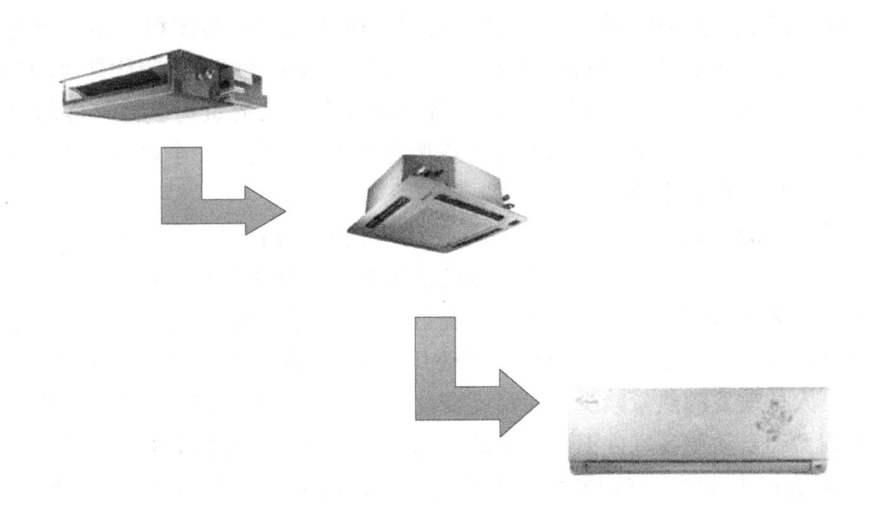

图 1-6　中央空调优先选择的顺序

三、户式中央空调的安装与使用

户式中央空调成为了越来越多家庭的“座上客”，然而许多家庭对于它的安装和使用方法还缺乏具体的认识。

1. 在安装时要注意的几个问题

1）隐蔽工程验收。户式中央空调要在室内装璜之前进行安装，安装结束后再进行装璜。装璜时将室内机、制冷剂配管、冷凝水装置、风管、电线管等隐蔽在吊顶的夹层内、装饰内、墙壁内，只露出送风口和回风口，装璜结束后再进行空调系统的调试。因此，在空调安装结束后、装璜工程刚开始施工时，应进行一次隐蔽工程验收。

2）与装璜、水电的协调。

3）装璜施工期间的监察。装璜施工期间，空调安装负责人应经常到现场检查。发现问题后及时查出原因，及时进行纠正、补救。

4）制冷剂泄漏问题。在空调系统中使用的 R410 是无毒的制冷剂，但其在空气中浓度过高也会使人窒息，必须引起警惕。尤其在安装风管型、VRV 型家用中央空调系统时，必须注意这个问题。在安装完成后制冷剂泄漏，会导致空调器维修难度增加。

2. 户式中央空调的正确使用和合理使用

（1）选择适宜的出风角度　使用空调时选择适宜的出风角度会使空气的温度降得更快。空气温度变低后，冷气流容易往下走，制冷时出风口向上，制冷效果好。而在冬天时，热气都是往上走，制热时出风口应该向下，同时也能达到节能的效果。

（2）改进房间的维护结构　减少房内外热量交换，利于省电。对一些门窗结构较差、缝隙较大的房间，可做应急性改善：如用胶水纸带封住窗缝，在玻璃窗外贴一层透明的塑料薄膜，采用遮阳窗帘，室内墙壁贴木丝板、塑料板，在墙外涂刷白色涂料减少外墙冷耗。

（3）设定适当的温度　制冷时，不要设置过低的温度，若把室温调到 26～27℃，其冷负荷可以减少 8% 以上。人在睡眠时，代谢量减少 30%～50%，可将空调设于睡眠开关档，设置温度高 2℃，可节电 20%；冬季制热，温度设置低 2℃，也可节电 10%。

（4）空调功率适应房间大小　在选购空调时，应该根据房间体积大小进行选择，使空调的功率适合房间大小。每个房间都不是完全密封的，同时房屋还要吸收外面的热量，当空调完全能够满足房间的制冷要求时，才不会给空调带来太大的负荷。如果房间有向阳的窗户，而且窗户没有窗帘或遮阳棚，那么选购空调时可以略微提升一个档位，使空调完全满足房间制冷要求，才能提高空调的工作效率。

（5）配合电风扇、遮阳帘使用　如果在使用空调时使用电风扇，将使室内冷空气加速循环，冷气分布均匀，可在不降低设定温度的情况下达到较佳的制冷效果，既有舒适感又能节电。如果同时采用窗帘等遮阳，减少阳光辐射带来的室温影响，也可以节省空调用电量。

（6）使用睡眠功能　在人们睡眠时应该使用空调的睡眠功能，有些空调称为经济功能。人在睡眠时，人体散发的热量减少，对温度变化不敏感。睡眠功能就是指在人们入睡的一定时间后，空调器会自动调高室内温度，因此使用这个功能可以起到节电 20% 的效果。

（7）定期清扫滤清网　空调器面板上的过滤网应隔一段时间检查一次，约半个月左右清扫一次。若积尘太多，应把它放在不超过 45℃ 的温水中清洗干净，清洗后可以吹干后再安上，使空调送风通畅，降低能耗的同时对人体的健康也有利。

（8）外出提前 10min 关空调　在出门前应该提前关空调，最好是离家前 10min 即关冷气，在这 10min 之内室温还足以使人感觉到凉爽。养成出门提前关空调的习惯，可以节约电能。

（9）安装外机避开阳光　空调器不宜安装在阳光直接照射的地方，夏日阳光灼热很容易把外机晒热，从而影响空调器自身的散热效果。如果条件不允许，室外机只能装在向阳的一面，可以在外机顶部装上遮阳篷。

（10）勿给外机“穿雨衣”　有的人担心空调外机因雨雪等造成损坏和锈蚀，就在空调外机上披上遮雨的材料，其实各品牌空调室外机一般已有防水功能，给空调“穿雨衣”反而会影响其散热，增加电耗。

3. 户式中央空调的保养维护

中央空调主机是中央空调系统的重要组成部分，平时对中央空调主机进行必要的保养，可以提高空调运行效率，保证空调的良好使用状态。下面简单介绍中央空调主机的保养方法。

为确保户式中央空调制冷效果好，应每 15 天更换一次过滤网，并且每一年左右更换空气滤清器，以保证良好的通风和热交换的正常运行。

拆洗过滤网前一定要先拔下电源插头，严禁使用汽油、稀料及其他轻油类、化学类溶剂清洗过滤网。

使室外机保持通风，利于散热。若室外机有防尘罩，首次使用前应摘下，防止因排风不畅损坏室外机。

装有户式窗户的房间应经常打开门窗通风，防止室内空气浑浊，引起身体不适。

从设定控制运行温度来分析，制冷温度应控制在 25～28℃。从室外环境温度、户式空调自身运行节能及人体适应状况来看，此温度也比较合适。

四、我国户式中央空调的发展趋势

我国户式中央空调在 20 世纪 90 年代中期起步，但近年来普及速度很快，目前的普及率已经达到5% ~8%，一些沿海和经济发达地区如北京、上海、广州等地区其普及率已经达到10%左右，户式中央空调市场前景十分广阔。

我国户式中央空调生产企业有近百家。目前较知名的企业主要有上海大金空调有限公司、青岛海尔空调电子有限公司、广东美的商用空调设备有限公司、约克广州空调冷冻设备有限公司、特灵空调器有限公司、珠海格力电器股份有限公司、深圳麦克维尔空调有限公司、青岛海信日立空调系统有限公司。我国户式中央空调行业已经形成了逾百家制造企业和设计科研院所、大学、工程施工安装专业群体，构筑了完整的从开发、研制、生产、工程设计、安装到服务的户式中央空调产业链。

我国户式中央空调正处于高速发展的成长期，但由于受价格、质量服务及住房等诸多因素的影响，其成长期相对较长。由于户式中央空调具有较大的利润空间，在利润的驱动下，更多的企业加入户式中央空调行业，导致价格下降幅度较大，这也推进了户式中央空调的进一步发展。

我国幅员辽阔，要根据不同地区、不同气候特征选择适合的空调形式。我国经济发展水平差异大，住宅形式差异大，生活习惯也不尽相同，要根据不同消费人群、消费层次设计不同形式的户式中央空调。因此，要针对户式中央空调需求的多样化、多层次性，根据实际情况积极开发适应中国国情的户式中央空调系统。为此，户式中央空调机组必须具有调控优良、使用便捷、运行可靠、节约资源、冷暖两用、降低噪声、健康舒适的特点。为发展户式中央空调，必须掌握关键技术，包括压缩机变容技术、降噪技术、变流量技术（变制冷剂流量、水量、风量）、先进的除霜技术、蓄冷热技术、低温下供热技术、外观设计技术和防冻技术等。

任务二 海信户式中央空调简介

一、海信户式中央空调的型号及运行参数

1. 海信户式中央空调的优势

VRF变频多联机是专为别墅、高档住宅区、办公楼等空间量身打造的高端机型。其室内机形式灵活多样，机身紧凑灵巧，可完美融合于各类房型和装修；室内外机阵容庞大，可自由组合，满足不同的空间需求。

海信户式中央空调系统的基本组成如图1-7所示，其优势如下：

（1）190mm超薄机身　超薄型风管室内机机身厚度仅190mm，实现“小空间、大设计”，让小空间获得更大的使用率，专门为家庭吊顶空间低的特点而设计，较传统箱体厚度减少20mm，使室内机和室内装饰完美融合，为家庭节省吊顶高度，节省更多的空间。

（2）25dB超静音　依据振动源理论分析，通过优化风道，多重防护，同时采用先进的优质电动机静音风扇，实现室内机超静音，可使噪声最低至25dB，打造舒适宁静的室内环境。

（3）PID+模糊控制技术　海信自主研发的电子膨胀阀PID+模糊控制技术，使系统在最短时间内达到设定状态，大大提高机组的制冷、制热响应速度，瞬间满足用户的制冷制热需求；而且机组会迅速稳定在用户的设定值，温度恒定而舒适。

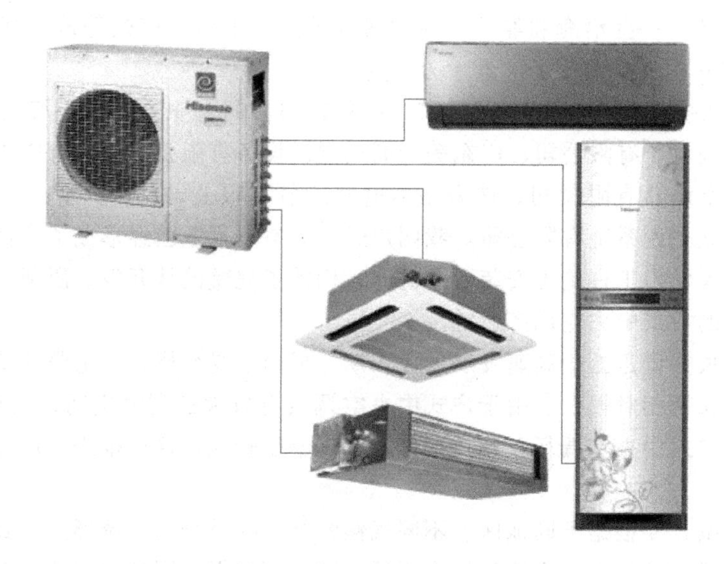

图 1-7 海信户式中央空调系统的基本组成

（4）高效压缩机配合全直流变频 海信 VRF 直流变频多联机采用海信自主研发的 FOC 矢量直流变频技术，使压缩机驱动方向时刻与转子转动方向一致，减少能量损耗。它采用优质高效直流变频压缩机，噪声低、振动小、运行稳定、质量可靠。

（5）原装进口电子膨胀阀和压力传感器 海信 VRF 直流变频多联机采用一流品质的原装进口电子膨胀阀和压力传感器，测量精度高，响应速度快，控制精准，运行更稳定可靠。

（6）新型高效换热器翅片 换热气管路流程全新设计，冷凝器采用 2 合 1 制冷剂流程设计，有效增大冷凝侧的过冷度；采用全新设计的高效换热器翅片和内螺纹铜管，大大增加了换热器的有效换热面积和换热效率。

2. 风管式室内机参数表

风管式室内机参数见表 1-1。

表 1-1 风管式室内机参数

机型 参数	单位	DLR-46F/21FZBp1	DLR-50F/21FZBp1	DLR-56F/21FZBp1
电源		AC220V50Hz	AC220V50Hz	AC220V50Hz
额定制冷量	kW	4.6	5.0	5.6
额定制热量	kW	5.0	5.6	6.5
额定功率	W	92	92	92
额定电流	A	0.5	0.5	0.5
电辅加热	kW	—	—	—
噪声（高/中/低）	dB(A)	41/37/31	41/37/31	41/37/31
风扇型式及数量		离心风扇 ×3	离心风扇 ×3	离心风扇 ×3
电动机功率及数量	W	40 ×1	40 ×1	40 ×1
电动机防护等级		IP ×4	IP ×4	IP ×4
循环风量（高/中/低）	m^3/h	850/800/700	850/800/700	850/800/700

（续）

参数＼机型		单位	DLR-46F/21FZBp1	DLR-50F/21FZBp1	DLR-56F/21FZBp1
机外静压（低/高）		Pa	10/30	10/30	10/30
过滤网类型			—	—	—
冷媒配管尺寸	液管	mm	6.35	6.35	6.35
	气管	mm	12.7	12.7	12.7
排水管外径		mm	32	32	32
是否标配冷凝水提升泵			标配机型为DLR-46F/21FZBp1#p	标配机型为DLR-50F/21FZBp1#p	标配机型为DLR-56F/21FZBp1#p
出风口尺寸（宽×高）		mm	971×117	971×117	971×117
回风口尺寸（宽×高）		mm	1039×170	1039×170	1039×170
外形尺寸（宽×高×深）		mm	1170×190×447	1170×190×447	1170×190×447
包装尺寸（宽×高×深）		mm	1340×236×580	1340×236×580	1340×236×580
净重		kg	25	25	25
控制方式			线控、遥控	线控、遥控	线控、遥控

3. 嵌入式室内机参数表

嵌入式室内机参数见表1-2。

表1-2　嵌入式室内机参数

参数＼机型		单位	DLR-36Q/21FZBp1	DLR-40Q/21FZBp1	DLR-46Q/21FZBp1
电源			AC220V50Hz	AC220V50Hz	AC220V50Hz
额定制冷量		kW	3.6	4.3	4.6
额定制热量		kW	4.2	4.9	5.2
额定功率		W	90	90	90
额定电流		A	0.5	0.5	0.5
电辅加热		kW	—	—	—
噪声（高/低）		dB(A)	46/39	46/39	46/39
风扇型式及数量			离心风扇×1	离心风扇×1	离心风扇×1
电动机功率及数量		W	28×1	28×1	28×1
循环风量		m^3/h	800	800	800
过滤网类型			清新网	清新网	清新网
冷媒配管尺寸	液管	mm	6.35	6.35	6.35
	气管	mm	12.7	12.7	12.7
排水管外径		mm	32	32	32
是否标配冷凝水提升泵			标配	标配	标配
出风口尺寸（宽×高×深）		mm	650×270×570 面板650×30×650	650×270×570 面板650×30×650	650×270×570 面板650×30×650
回风口尺寸（宽×高×深）		mm	770×310×750 面板730×130×730	770×310×750 面板730×130×730	770×310×750 面板730×130×730
净重		kg	面板2.4/主机20	面板2.4/主机20	面板2.4/主机20
控制方式			线控、遥控	线控、遥控	线控、遥控

4. 壁挂式室内机参数表

壁挂式室内机的参数见表 1-3。

表 1-3 壁挂式室内机的参数

机型 参数		单位	DLR-36G/21FZBp1	DLR-40G/21FZBp1
电源			AC220V50Hz	AC220V50Hz
额定制冷量		kW	3. 6	4. 3
额定制热量		kW	4. 2	4. 9
额定功率		W	66	66
额定电流		A	0. 3	0. 3
电辅加热		kW	—	—
噪声(高/低)		dB(A)	41/37/35	43/39/35
风扇型式及数量			贯流风扇 ×1	贯流风扇 ×1
电动机功率及数量		W	40 ×1	40 ×1
循环风量		m^3/h	700/600/500	700/600/500
过滤网类型			清新网	清新网
冷媒配管尺寸	液管	mm	6. 35	6. 35
	气管	mm	12. 7	12. 7
排水管外径		mm	18	18
外形尺寸(宽×高×深)		mm	870 ×230 ×310	870 ×230 ×310
包装尺寸(宽×高×深)		mm	965 ×330 ×405	965 ×330 ×405
净重		kg	12	12
控制方式			线控、遥控	线控、遥控

二、海信户式中央空调变频控制系统

海信户式中央空调 DLR-80W 多联机，主要采用直流变频无刷永磁转子压缩机，整个控制系统以控制压缩机为核心，配合室内机的风机对空调的制冷量进行调节和控制。

1. 变频空调压缩机

变频压缩机按内部机械结构不同，可分为双转子旋转式压缩机和涡旋式压缩机；按电器结构不同，可分为交流变频压缩机与直流变频压缩机。

（1）交流变频压缩机　交流变频压缩机为三相交流异步电动机，电动机定子与转子同普通三相交流电动机内部结构相同，工作的电源为经过变频控制器输出的三项正弦交流电源。

变频控制器如图 1-8 所示，由整流滤波电路、中央微处理器和功率晶体管等半导体器件组成。海信变频空调器的功率输出部分使用了由 6 个 IGBT 组成的 IPM 器件，分别组成 U、V、W 相，连接到压缩机的 R、S、T 接线端。通过 IGBT 组成的逆变电路控制接通和断开的时间，从而改变频率。

（2）直流变频压缩机　直流变频压缩机为直流变频无刷永磁转子电动机，采用了三相

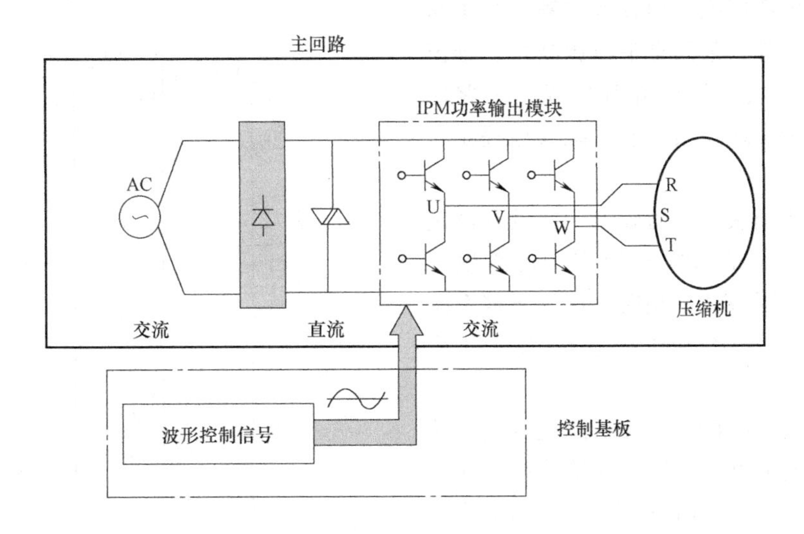

图 1-8 变频控制器

四极直流无刷电动机。该电动机定子的结构与普通三相感应电动机相同，转子结构则截然不同。其转子采用四极永久磁铁。

正常时变频模块向直流电动机定子侧提供直流电流形成磁铁，该磁铁和转子磁铁相互作用产生电磁转矩。因转子不需二次电流，所以损耗小，功率因数高，但由于转子采用了永久磁铁，所以成本比交流变频压缩机高。直流变频压缩机正常通电顺序为 UV-VW-WU-UV 循环。当在直流变频压缩机定子线圈 U、V 二相上通入直流电流时，由于转子中永久磁铁的磁通的交链，而在剩余的 W 相线圈上产生感应信号，作为直流电动机转子的位置检测信号，然后配合转子磁铁位置，逐次转换直流电动机定子线圈通电相，使其继续回转。

海信户式中央空调采用直流变频技术。与交流变频相比，直流变频有以下优势：

定子产生旋转磁场与转子永磁磁场直接作用，实现压缩机运转；可以通过改变送给电动机的直流电压来改变电动机的转速。直流变频压缩机不存在定子旋转磁场对转子的电磁感应作用，克服了交流变频压缩机的电磁噪声与转子损耗，具有比交流变频压缩机效率高与噪声低的特点。直流变频压缩机效率比交流变频压缩机高 10% ~30%，噪声低 5 ~10dB。

2. 变频输出模块 IPM

IPM（Intelligent Power Module）模块是变频功率输出模块的简称。作为功率集成电路产品，它采用表面贴装技术将三相桥臂的六个 IGBT 及其驱动电路、保护电路集成在一个模块内，如图 1-9 所示。除了具有驱动功能外，它还具有很多保护功能，与传统分立 IGBT 模块相比，其具有体积小、功能多、可靠性高、价格便宜等优点。

（1）IPM 模块的特点　内含驱动电路；内含过电流保护（oc）、短路保护（sc）；内含驱动电源欠电压保护（uv）；内含过热保护（oh），过热保护是防止 IGBT、续流二极管（frd）过热的保护功能；内含报警输出（alm），alm 是向外部输出故障报警的一种功能，当 oh 及下桥臂 oc、uv 保护动作时，通过向控制 IPM 的微机输出异常信号，能即时停止系统。对于不同型号的 IPM，其内部所集成的功能可能有所差异。

IPM 模块正常工作时，需要提供驱动电源。现在普遍使用的 IPM 模块一般需要提供四路独立的电源，目的是防止其内部上、下桥臂发生直通短路现象。但随着功率器件集成技术的发展，一些生产厂家，如日本三菱、日本东芝、美国仙童等，采用自举电源技术，推出单电源 IPM 模块，只须给 IPM 提供一路驱动电源，这为实现变频调速系统共地提供了可能。

（2）IPM 模块参数的确定　在设计系统硬件时，为了保证 IPM 长期安全可靠地工作，选择和使用 IPM 模块时，应当根据系统实际情况正确选择 IPM 模块的以下几个参数。

IPM 模块 IGBT 的最大耐压值 V_{ces}。该值一般按略大于直流电压的两倍选择，如直流侧电压为 300V，则 IPM 模块的 IGBT 耐压值选择在 600V 左右。

IPM 模块 IGBT 的额定电流值 I_c 及集电极峰值 I_{cp}。I_{cp} 的选择应根据电动机的峰值电流而定，而电动机的峰值电流与电动机的额定功率、电动机效率、电动机的线电压、功率因数等因素有关。

IGBT 的开关频率 f_{PWM}。这主要根据系统设计需求而定，尽可能选择留有一定余量的 IGBT。

在应用时必须注意 IPM 的最小死区时间 t_{dead}，软件设计中死区时间不能小于最小死区时间 t_{dead}。

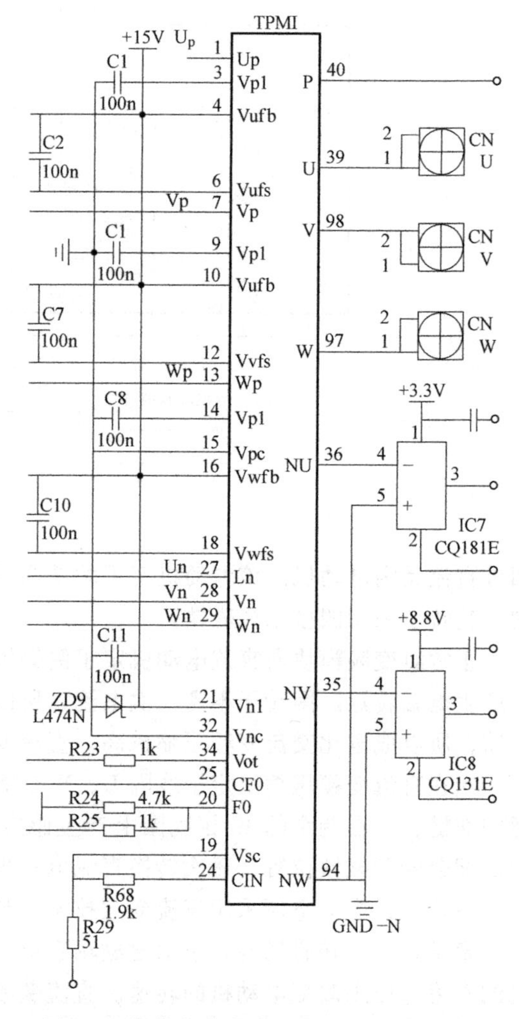

图 1-9　海信户式中央空调变频输出模块

除了上述主要参数以外，还有其他一些参数也需要考虑，如 IGBT 的最大结温 T_j 等。为了保证 IGBT 的长时间正常工作，必须使 IPM 有良好的散热条件，如通过散热器和强冷风扇散热等。

IPM 模块参数的选择主要依赖于具体的应用系统，只有正确选择 IPM 模块和相关的元器件，才能设计出可靠的系统。

由于系统中使用了单电源 IPM 模块，即只需要给 IPM 模块提供一路电源，整个系统可以共一个参考地，这样可以减少用于电气隔离用的光耦，包括 6 路 PWM 驱动信号、故障检测信号。电压、电流检测也可以方便地通过检测直流侧电压和 N 线电流实现，而不需要电压互感器和电流互感器，从而大大降低系统的硬件成本。

在使用中当出现 IPM 保护信号时，应当封锁六路 PWM 脉冲信号，停止系统的运行。

（3）IPM 的应用特点　有些故障可能是重复出现的，如短路故障，为了防止不必要的干扰信号，IPM 外围电路的某些布线应尽可能短，如直流母线间的平滑滤波电容及吸收电容之间的布线、IPM 内部过电流检测的外部电路元件之间的布线等。

当输入 PWM 信号断路时应能及时关闭 IGBT，为此将 6 路 PWM 输入信号通过接电阻和 +5V 电源上拉，同时为了防止输入 PWM 信号的波动，应当在 PWM 输入信号线上接滤波电容；IPM 故障输出端口 fo 在正常时应保持为高电平，通过电阻接 +5V 电源上拉。

除了上述主要方面外，为了更好地保护 IPM 模块及整个系统的安全，还应当设计必要的辅助保护电路，如过电压、欠电压检测电路，过电流/过载检测等电路等，根据检测的结果，软件应能够及时封锁六路 PWM 脉冲，以达到保护整个系统的目的。

3. 压缩机驱动电路

在以往的空调系统上多采用三相异步电动机作为空调压缩机，但是三相异步电动机的能效不高而且耗能大。变频技术应用带来的效果就是降低了系统能耗，减少了频繁启停对电网的冲击，而且提高了人的舒适程度。早期的变频空调压缩机为交流异步电动机，其效率和功率因数都比较低，难以充分发挥变频调速的优点。随着技术的进步和成熟，空调压缩机开始采用无刷直流电动机（简称 BLDCM，其结构如图 1-10 所示），并合理地设计变频器，使空调发展到直流变频阶段。直流变频更确切地说应该是直流变转速，通过改变无刷直流电动机的输入电压幅值达到改变压缩机转速的目的，并不是通过改变频率来改变转速。

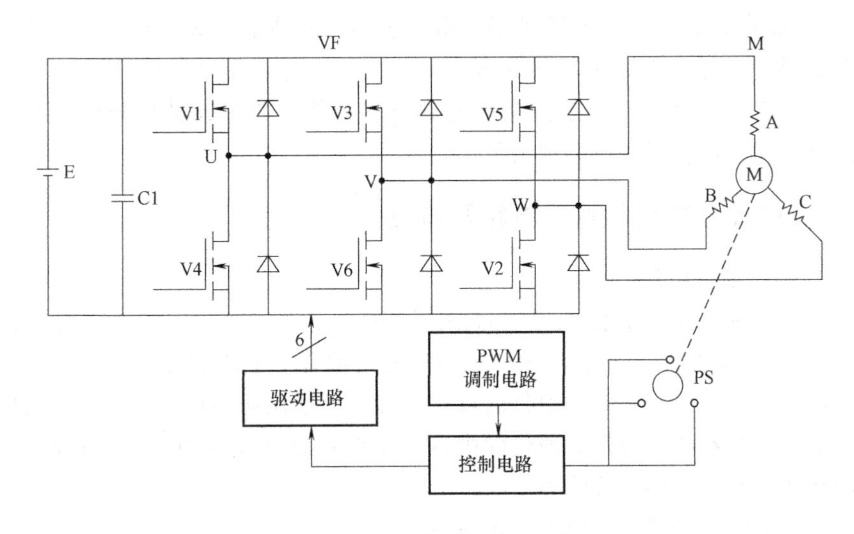

图 1-10　无刷直流电动机系统

永磁电动机按工作波形主要分为方波控制和正弦波控制两种，方波控制永磁电动机又称为永磁无刷直流电动机，其逆变器采用 120°导通的三相六状态驱动方式，存在起动困难、电磁转矩脉动较大等问题。

为了满足人们对高生活品质的不断追求，希望降低空调系统的噪声，目前用于空调系统的驱动压缩机的永磁无刷直流电动机采用了斜槽、分数槽、合理设计磁极形状等技术，使得其反电动势波形更接近正弦波。为了产生理想状态下的恒定的电磁转矩，驱动永磁电动机的逆变器采用了 180°导通的正弦波控制方式，如图 1-10 所示。该电动机称为永磁同步电动机（简称 PMSM）。

PMSM 与 BLDCM（无刷直流电动机）两者各有优缺点。

1）在同样体积的条件下，BLDCM 比 PMSM 功率输出要大 15%，材料利用率高。

2）PMSM 通常采用矢量控制，控制算法复杂，控制器成本高，而 BLDCM 控法和控制器结构简单。

3）PMSM 必须使用高分辨率的转子位置传感器，而 BLDCM 的转子位置传感器简单，成本低。

4）PMSM 电流连续，铁心中附加损耗较小，而 BLDCM 定子磁场非连续旋转，铁心附加损耗增 加。

5）PMSM 只要保证各个向量均为正弦波，就可以消除转矩脉动，而 BLDCM 不能完全消除转矩脉动。

4. 户式中央空调控制芯片 MCU

海信户式中央空调使用控制芯片 M16C/64A，M16C/64A 是 100 引脚的单片微控制器，具有 1MB 的地址空间，能够高速运行指令，包含一个乘法器和一个具有快速指令处理能力的直接存储器存取通道。

M16C/64A 的主要特点为：最小指令执行周期为 41.7ns；具有单片模式、存储器扩充模式和微处理器模式三种运行模式；具有 1MB 的存储空间，可扩充到 4MB；可用作输入、输出端口的引脚为 87 个，仅作输入的引脚为 1 个；内置 5 通道 16bit 的多功能定时器 A 和 6 通道 16bit 的多功能定时器 B；具有 26 通道 16bit 的 A-D 转换器和 2 通道 8bit 的 D-A 转换器；具有 2 路存储器存取通道；具有 29 个中断源；内置四个时钟发生电路。

MCU 是变频空调的大脑，它通过接收外部电路的信号并对其进行分析和处理，最后把信号传到执行电路，保证产品可靠地运行。

三、海信户式中央空调重要电路及特点

1. 室内、外机通信电路

（1）海信户式中央空调通信原理　海信户式中央空调室内、外机通信使用以集成电路 MM1192 为核心的通信模块，每台室内机和室外机内都有 1 个通信模块。

通信模块具有室内、外机双向通信的双工特性，即使用同一通信线，室内机能向室外机通信，室外机也能向室内机通信。通信的内容主要包括温度检测的数据，控制指令的发出、接收，检测空调自身是否存在故障等。

海信户式中央空调采用主从应答式通信原理。

（2）户式中央空调和分体式空调通信的区别　分体式空调通信也是双工通信，但主要是 1 台室内机和 1 台室外机之间的单一通信，如图 1-11 所示，并且通常和交流电源构成通信回路，调试和维修十分不便。

户式中央空调通信不是 1 对 1 的双工通信，而是多联的通信，即多台室外机、多台室内机之间的相互通信。如果还使用分体式空调通信的模式，则通信线路无法构建。

海信户式中央空调通信结构线路非常简单，如图 1-12 所示（以 2 台室外机和 4 台室内机为例）。图中 A、B 为通信信号端口，通信信号和空调器控制电路的直流公共端形成回路，通信的电源电压为直流 +5V，由各自机器自身的电源产生，通过直流公共端将各机器的 +5V电源并联在一起，这样整个户式中央空调通信线只有 3 根，分别是通信线 A、通信线 B 和公共端，使得户式中央空调通信线路非常简单。

（3）海信户式中央空调通信过程　通过外机功能拨码，设定室外机中的 1 台为主机，

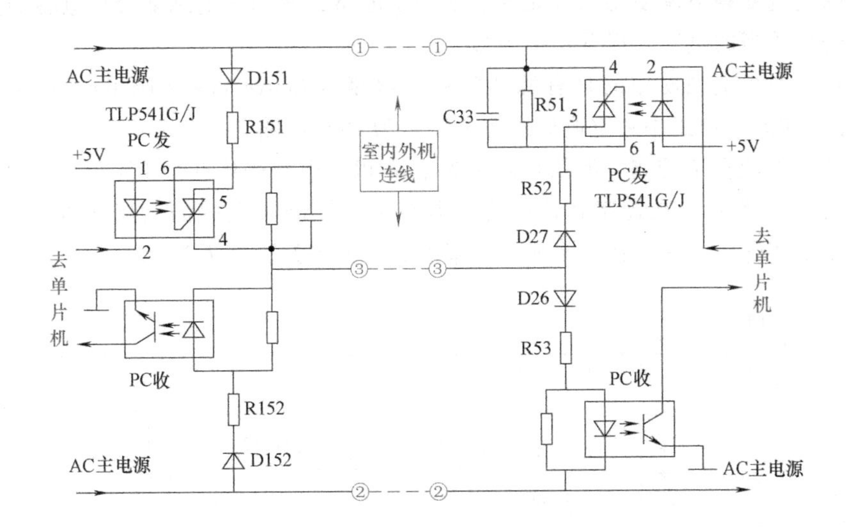

图 1-11　分体式空调通信

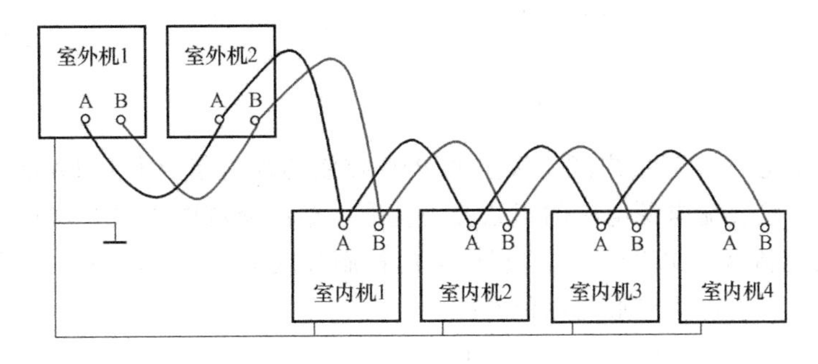

图 1-12　户式中央空调通信结构线路

其他为辅机，构成室外机多联，根据需要的制冷量的大小，主机先工作，辅机备用工作，通信信号以主机为主控，与辅机进行通信联系，决定是否需要开启辅机。

室外机和室内机之间的通信为主从应答。

通过室内机功能拨码，设定所有室内机的地址，地址为 4 位二进制，根据地址从小到大的顺序进行通信。

室内、外机通电开启后，所有室内机等待室外机主机的提问通信，室内机按照地址从低位开始依次得到室外机的通信信号。

每台室内机等到外机的本地地址通信信号，即开始进行回应。回应完毕，室外机结束和本地址室内机的通信，然后外机再和下一地址的室内机进行通信。

整个工作过程中，通信过程循环不断，外机时刻监视内机的工作状态和请求。

2. 功率补偿电路

我国对空调器的使用采用强制的节能环保条件限制，达不到国家标准的不予出厂。变频空调器工作在大电容充放电的脉动电流状态，和交流电压的正弦变化相差很大，造成无功功率损耗过大，功率因数较低。为了克服这个问题，提升交流电源的功率因数，所有的变频空调都必须设置功率补偿电路。

一般的交流变频空调使用的是无源功率补偿电路，使用大电感配合点电容的充放电，对电流波形进行适当的改善，提升功率因数。

海信户式中央空调使用的是有源功率补偿电路（Active Power Factor Correction），简称APFC电路，在海信户式中央空调原理图上表示为PFC电路。

（1）PFC电流调节控制　海信户式中央空调PFC电路采用两个IGBT大功率管进行电流调节，如图1-13所示。在控制芯片的检测调节下，控制大电感的电流接近正弦交流电流，使其和交流正弦电压波形和相位匹配，功率因数大大提升，接近为1。

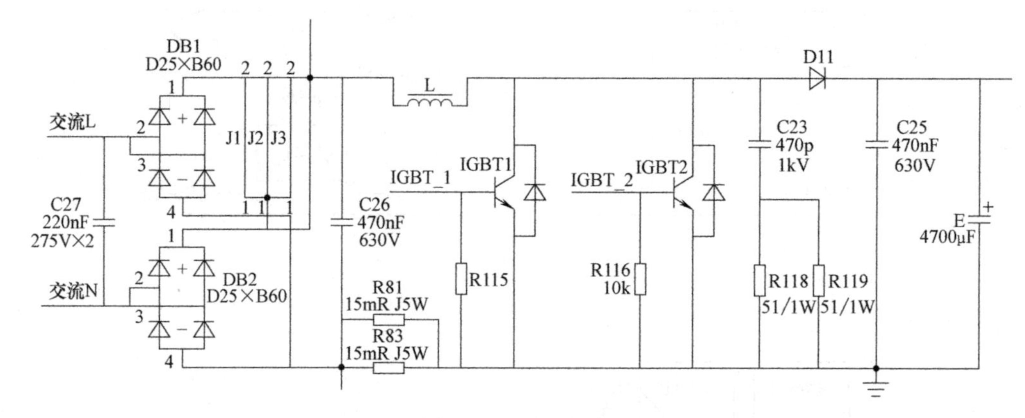

图1-13　PFC电路

（2）PFC控制芯片　海信户式中央空调PFC控制芯片为集成电路FA5502M，如图1-14所示。本电路以正弦交流电源电压的正弦波为基准，检测交流电流在电容充放电时的电流变化，控制PFC的电流调节IGBT管，进行电流的控制和调节，使电流波形根据电压变化而变化，使交流正弦电压、电流波形与相位匹配。

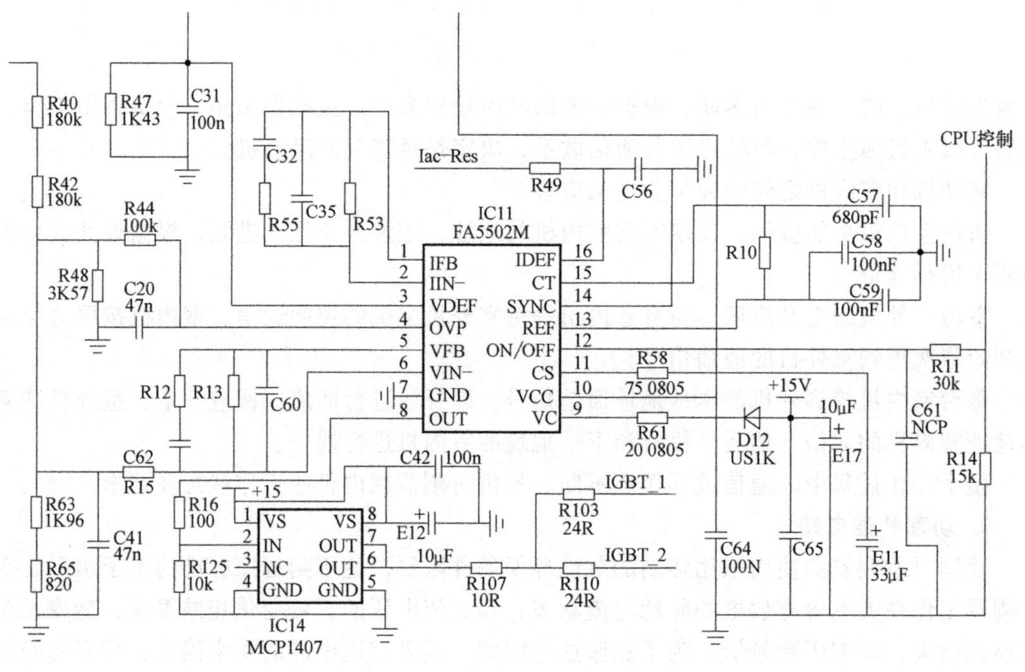

图1-14　PFC控制芯片

3. 直流变频电动机

海信户式中央空调通常是全直流变频。全直流一般是指直流变频压缩机、直流变频外风机、直流变频内风机3台电动机的功能。

海信户式中央空调的3台电动机都是直流无刷永磁转子电动机。

（1）压缩机　压缩机的电动机封闭在压缩机内部，室外机只由3根电源线与电动机相连接。压缩机的控制由压缩机外部的电路完成。

控制压缩机的主要电路由转子位置检测、保护检测、温度检测、CPU、IPM、开关电源等构成。

（2）风机　海信户式中央空调直流无刷永磁转子风机将变频控制电路制作在电动机的内部，使得风机控制电路变得简单，整个风机只和外部5根线路连接，如图1-15所示。由CPU通过两个通信端口进行风速控制和速度检测，检测风机的转速是否正常；+300V电源是风机的变频工作电源；+12V是风机内部通信和变频驱动电路的电源。

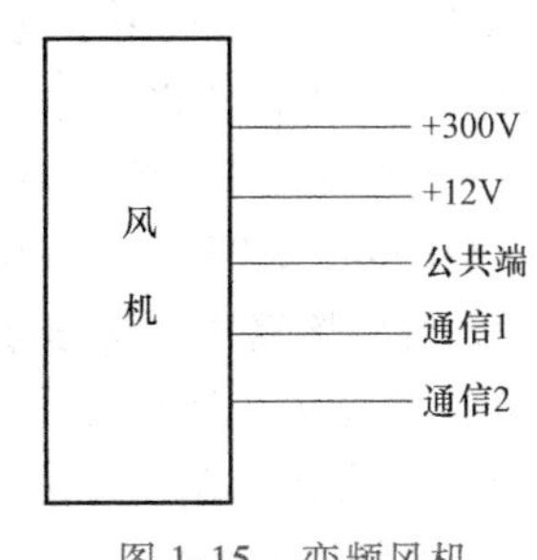

图1-15　变频风机

海信户式中央空调内机风机有的没有使用变频电动机，而是使用普通的单相交流异步电动机，进行晶闸管调压调速，或使用电动机抽头调速，但在内机的控制电路板上都预留了变频电动机的控制端口。

四、亚龙YL-835户式中央空调简介

亚龙YL-835户式中央空调为全国职业院校技能大赛设备，由浙江亚龙教育装备公司开发，使用的是海信户式中央空调DLR-80W系列，将空调器的内外机安装在设计的框架内，框架上部设置网孔板，模拟房间的结构。

1. 改进内容

1）每台内机增加了2个温度传感器和2块温度显示表，以显示室内进风温度和室内出风温度，便于竞赛选手直接读取温度数据。

2）外机增加了压缩机排气温度传感器、压缩机回气温度传感器、热交换器出液温度传感器和显示温度表便于竞赛选手监控制冷系统关键管路的温度。

3）外机增设了高压压力表和低压压力表，便于选手监控制冷系统压力是否正常。

通过以上关键数据的检测，竞赛选手可以利用压焓图完整地分析户式中央空调的工作状态，对制冷剂和工况进行调节。

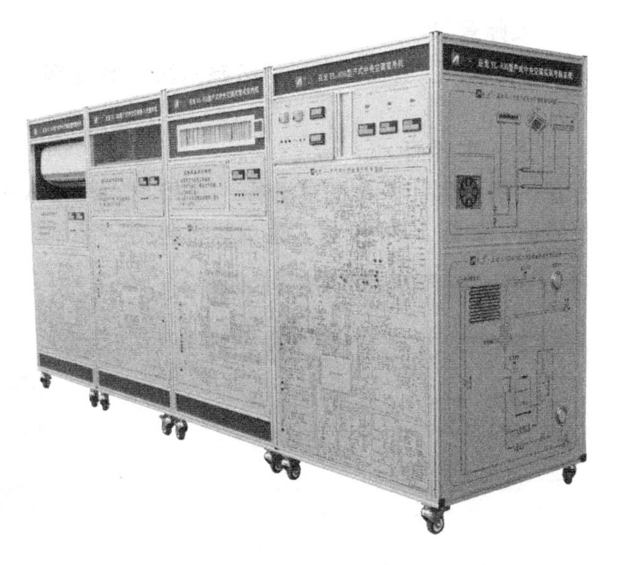
图1-16　亚龙YL-835户式中央空调设备

2. 设计特点

每台内机和外机的框架正面都设

置了本机对应的电路原理图，在原理图上设定了关键点检测的安全插孔。

亚龙 YL-835 户式中央空调设备如图 1-16 所示。

任务三 亚龙 YL-835 户式中央空调考核系统

一、软件概述

亚龙 YL－SW001F 型智能仿真实训考核系统软件获得国家计算机软件著作权，登记号为 2007SR16935，适用于高等院校、中等学校和培训站使用。该系统由学生端软件和教师端软件组成，学生端 PC 通过串口与实训设备相连接，然后再通过以太网与教师端 PC 相连接，实现一台教师端 PC 控制多台学生端 PC。该软件支持 Windows 9X、Windows2000、Windows XP、Windows 2003 操作系统，用 FLASH 动画仿真，操作简单方便。

1. 智能仿真实训考核系统软件的主要特点

1）智能化：随机发送试卷、自动评分、自动将学生成绩发送给学生端。

2）网络化：基于以太网的 C/S 模式，实现教师端 PC 控制多台学生端 PC。

2. 教师端软件的主要功能

1）学生信息模块：添加、修改、查找、删除学生记录。

2）教师信息模块：添加、修改、删除教师记录。

3）试卷管理：添加、修改、删除试题、试卷。

4）考试管理：考试方案的设置、发卷、交卷。

5）成绩管理：成绩查找、导出、删除、打印。

3. 学生端软件的主要功能

1）考试模块：接收试卷、排故、交卷、返回当前成绩。

2）通信模块：通过通信实现接收试卷、发送答案、接收信息。

二、教师端软件

1. 教师登录

在桌面双击“智能仿真实训考核系统（教师端）”运行该软件，出现登录界面，如图 1-17 所示。

2. 进入主界面

在“用户名”下拉框里选择一个用户，再输入密码，单击“登录”按钮，出现软件上的主界面，如图 1-18 所示，菜单栏里包括“系统”“试卷”“学生”“帮助”四项菜单。

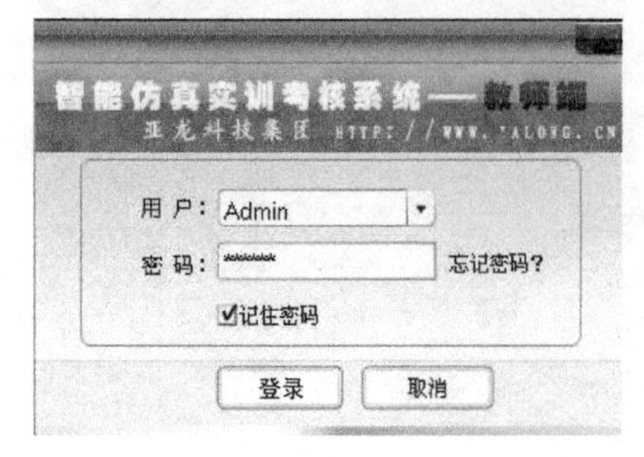

图 1-17 教师登录

图 1-18 进入主界面

3. 系统

1）教师管理：单击此菜单进入教师管理，界面如图 1-19 所示。

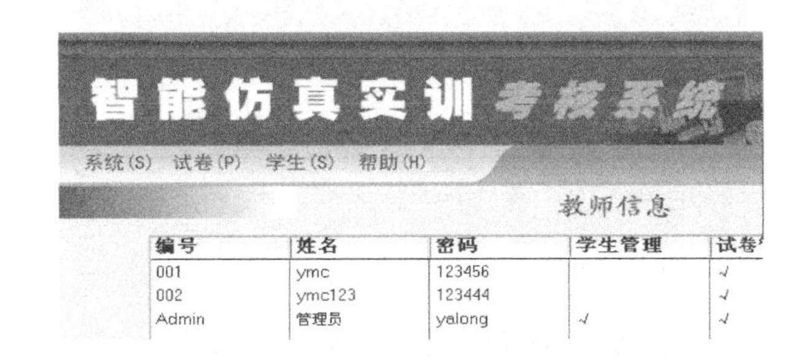

图 1-19　教师管理界面

◆ 添加学生

分别在“编号”“姓名”“密码”文本框中录入学生编号、姓名、密码，并设置权限，然后单击“添加”按钮。

◆ 修改学生

在学生列表中选择其中一行，分别在“姓名”“密码”文本框中录入学生姓名、密码，并设置权限，然后单击“修改”按钮。

◆ 删除学生

在学生列表中选择其中一行，然后单击“删除”按钮。

2）考试管理：单击“试卷”菜单下的“考试管理”按钮，出现考试管理界面，如图 1-20 所示。在表中选择要进行考核的设备，单击“考试设置”按钮。

图 1-20　考试管理界面

在试卷库表中列出某种设备的所有试卷。要选择试卷，只须在试卷所在行的“试卷选择”列单击。也可以选择多份试卷以便进行随机发卷。在“考试名称及时间”框中录入考试名称和考试时间，在答题设置中录入每个故障的答题次数，最后按“确定”按钮返回到图 1-20 所示的界面。选择其中一种设备，单击“开始考试”按钮，学生端就可以开始考试，并可以计时。时间一到系统自动交卷，也可以单击“结束考试”按钮停止考试。

4. 学生操作

1）学生管理：单击“学生”菜单下的“学生管理”按钮，出现学生信息管理界面，如图 1-21 所示。

◆ 添加

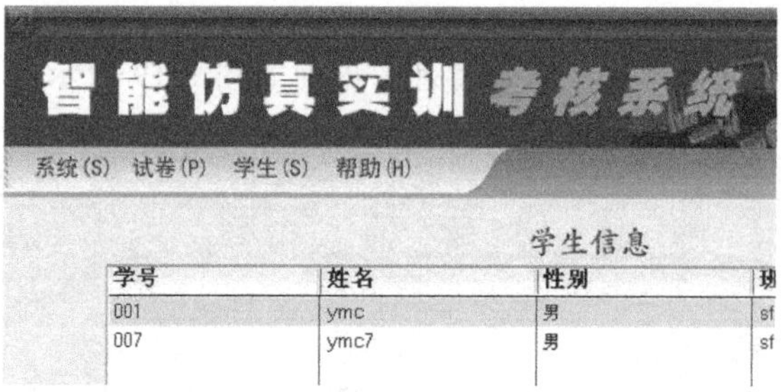

图 1-21　学生信息管理界面

录入学号、姓名、性别、班级、密码，单击“确定”按钮。

◆ 修改

在学生信息表中选择要进行修改的学生，更改要修改的信息，单击“修改”按钮。

◆ 删除

在学生信息表中选中要删除的学生，单击“删除”按钮。

2）成绩管理：单击“学生”菜单下的“成绩管理”按钮，出现学生成绩管理界面，如图 1-22 所示。

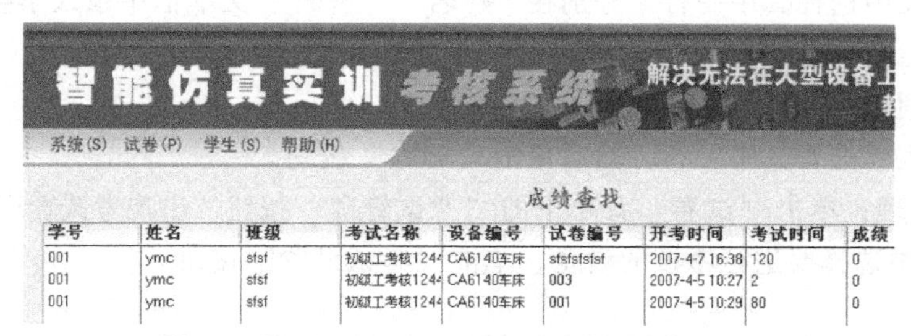

学号	姓名	班级	考试名称	设备编号	试卷编号	开考时间	考试时间	成绩
001	ymc	sfsf	初级工考核1244	CA6140车床	sfsfsfsfsf	2007-4-7 16:38	120	0
001	ymc	sfsf	初级工考核1244	CA6140车床	003	2007-4-5 10:27	2	0
001	ymc	sfsf	初级工考核1244	CA6140车床	001	2007-4-5 10:29	80	0

图 1-22　学生成绩管理界面

◆ 成绩导出

单击“导出”按钮，可将学生成绩导出到 EXCEL 中。

三、学生端软件

1）在桌面双击“智能仿真实训考核系统——学生端”运行该软件，出现登录界面，如图 1-23 所示。

图 1-23　学生登录界面

2）等到连接状态显示“连接成功”时才可以对“登录”“设置”进行操作。如果这台 PC 所连接的实训设备与图中的设备名称不一致，就要对设备进行设置。单击“设置”按钮，弹出设备设置对话框，如图 1-24 所示。在密码框里录入“□#520”，然后选择与 PC 相连接的实训设备，最后单击“确定”按钮。

◆ 领试卷

考试开始后先单击“领试卷”按钮。如果“领试卷”按钮被禁用，说明已经领到了试

卷，在“信息提示”框中将会提示。

◆ 答题

在“试题编号”框中单击选择试题，如果有一道以上题目，可任意选择其中的一道做答。根据设备的工作现象及电路测量判断故障位置，计算机屏幕上显示相应电路图及故障码，如“K1”，如果电路看不清楚可通过单击中的 + 和 - 来对电路进行放大或缩小。确认故障位置后，在“故障区间”的两个方框里分别输入故障码，如“K1”，单击“答题”按钮，完成该题的回答，直到答完所有题目。

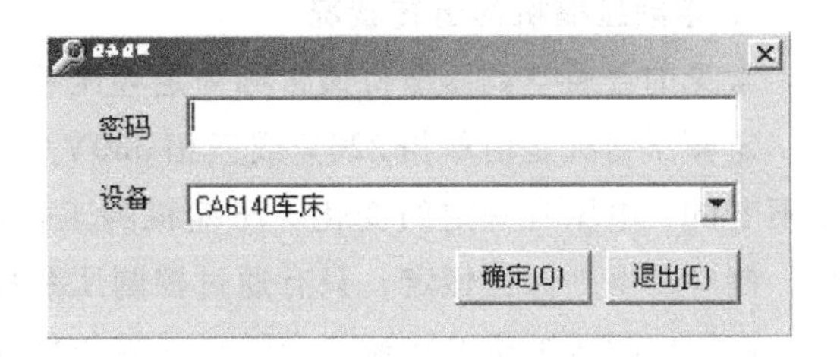

图 1-24　设备设置对话框

◆ 交卷确认答完所有题目后直接单击按钮。考试时间一到，系统将自动交卷。交卷以后，成绩将自动显示在信息框里。

◆ 退出

单击右上角的“×”按钮或“退出系统”按钮。

【知识拓展】

一、定频压缩机运转

1. 市电的电压和频率

市电是指日常生活中使用的交流电源，其工作电压和工作频率是基本固定的。市电三相交流电源的标准是线电压 380VAC，相电压是 220VAC，频率是 50Hz。一般家庭用户的交流电源其实是三相电源的一相，标准电压是 220VAC，频率是 50Hz。

供电线路的损耗及用电时段不同，会使电压的大小有较大的变化，但其频率是保持不变的。

2. 压缩机的运行特点

压缩机的起动和运转、压缩机的转速、输出功率和工作电流，与交流电源的频率、电压有很大的关系。

压缩机能够低压、低频、低速起动和运转，起动电流和运行电流很小。

压缩机在额定交流电压和频率的条件下，能够正常起动和输出额定功率，但在频率不变、电压偏低的情况下，压缩机的起动电流和运行电流增大，输出功率不足，转速偏低。

在频率不变、电压低得过多时，压缩机起动困难，有可能导致压缩机转不起来。压缩机不转，绕组不能产生反向的感应电动势，此时压缩机的电流相当于绕组的阻性电流，而压缩机的绕组阻值几乎为 0，相当于短路电流，这样会烧坏压缩机绕组或损坏电源。

要想使压缩机能够正常地起动和运转，电源的频率和电压要相对应，通常是频率升高，对应的电压也要升高；频率降低，电压也要降低。

在电源频率一定的情况下，通常是转速高，压缩机的输出功率降低，要想使输出功率提升，在提高转速的情况下，应同时提高频率。

由于空调的压缩机使用的是市电，频率固定，要想使压缩机正常起动运行，输出额定功率，对于电源的电压有一定的要求，通常规定电压的变化范围是标准电压的 ±10%。

3. 定频压缩机的运转状况

常见的普通空调压缩机通常称为定频压缩机。

定频压缩机是由单相220V或三相380V交流电源直接供电运转的，交流电的频率是固定不变的，电压有一定的变化。压缩机的工作电源电压和频率保持不变，则压缩机转速不变，制冷功率则保持恒定，只有通过控制压缩机的开、停来控制制冷量。

由于定频压缩机的转速不会随着外界条件的变化而变化，因此在使用过程中有很大的局限性。当室内夏季很热或冬季很冷时，不能快速、高效地工作。空调的压缩机开、停温差是±1℃，这样会导致使用空调的环境温差较大，不舒适感差。当接近设定的温度时，还是以恒定制冷量工作，使压缩机较快地停机，导致压缩机开、停频繁。压缩机起动电流很大，对市电交流电源和供电网络有较大的干扰，频繁的开、停对压缩机的寿命也有较大的影响。

在用电高峰期，由于电压低压缩机起动困难、运转电流大等，都对压缩机有损害。

二、变频压缩机运转

1. 压缩机变频调速

空调设计人员采用变频的控制技术，能使压缩机的运转速度可以调节。在空调起动时，起动电流小，转速慢，在运转时开始进入最大转速。当接近设定温度时，降低转速，这样就能很好地满足人们对空调的要求，克服定频压缩机运转的一些局限性。

变频技术是调节压缩机的工作电源频率。电源频率升高，对应压缩机的工作电压和转速随之提升；电源频率降低，对应压缩机的工作电压和转速变小。压缩机的工作电压一般随频率的变大而变大，随频率的变小而变小。

2. 变频压缩机的运转状况

变频压缩机使用三相交流电源，此三相电不是三相市电，而是由空调外机变频电路产生的，其工作频率和电压幅度可以随空调的工作条件变化而变化，工作频率一般在10~120Hz范围可变，因此压缩机的转速是可变的，这样空调的制冷功率可以随之变化。

变频压缩机在起动时是低频低压，起动电流很小，即使是3HP的空调，交流供电电源的电流也不超过3A。

起动后的压缩机运转频率，根据设定温度和实际温度的温差来控制。温差在3℃以上时，压缩机高频高压运转，输出制冷最大功率；温差达到3℃以内，压缩机降频运转，降低输出制冷功率。实际温度越接近设定温度，压缩机运转频率越低，这样压缩机不会很快停机，使实际温度接近设定温度的时间最长化，使用舒适性提高，同时可避免压缩机频繁起动。

当实际温度降低到设定温度以下1℃时，压缩机也是停机，压缩机的开机运行也需要实际温度大于设定温度1℃。

若设定好空调的工作状态，例如风速大小、设定温度高低、使用环境相对稳定等，压缩机则可以长时间地工作在低频、低压状态，达到变频不停机性能。

压缩机的变频运转是由空调的内、外两块CPU控制的。

3. 交流变频和直流变频

空调变频控制技术主要分为交流变频和直流变频两大类。

交流变频压缩机的电动机是三相异步交流电动机，直流变频压缩机的电动机是直流无刷永磁转子电动机，其绕组结构也是三相的。

两种变频都是由 CPU 控制直流电经过变频功率模块输出压缩机变频工作电源，不同的是交流变频输出频率可变的三相正弦交流电，直流变频输出频率可变的三相脉动交流电。

控制直流电源产生变频压缩机工作电源的电路，统称为空调的变频电路。

变频电路的直流电源是由交流电源转变而来的。

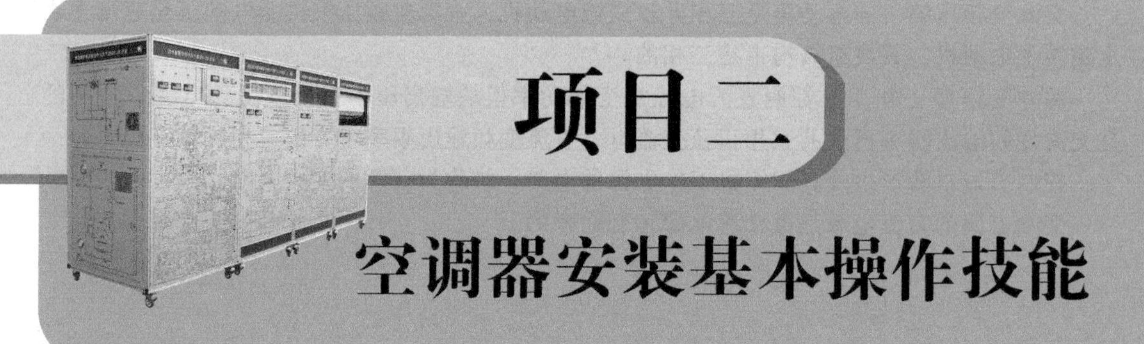

项目二 空调器安装基本操作技能

项目内容

1. 空调器维修常用检修仪表和维修工具的使用。
2. 空调器制冷系统铜管的加工和制作。
3. 空调器制冷系统管路的焊接。
4. 空调制冷系统管路的吹污、检漏和抽真空。

任务一 常用检测仪表及制冷专用工具

【基本知识】

一、万用表

万用表一般以测量电压、电流和电阻为主要目的，是一种多功能、多量程的测量仪表，一般万用表可测量直流电流、直流电压、交流电流、交流电压、电阻和音频电平等，有的还可以测电容量、电感量及半导体的一些参数等。万用表按显示方式分为指针万用表和数字万用表，如图 2-1 所示。

使用万用表应遵循以下规程。

1）使用前应熟悉万用表的各项功能，根据被测量的对象，正确选用档位、量程及表笔插孔。

2）当被测数据大小不明时，应先将量程开关置于最大值，而后由大量程档往小量程档切换，使仪表指针指示在满刻度的 1/2 以上处即可。

3）测量电阻时，在选择了适当倍率档后，将两表笔相碰使指针指在零位，如指针偏离零位，应调节“调零”旋钮，使指针归零，以保证测量结果准确。如不能调零或数字万用表发出低电压报

图 2-1 指针万用表与数字万用表

警，应及时检查。

4）在测量某电路电阻时，必须切断被测电路的电源，不得带电测量。

5）使用万用表进行测量时，要注意人身和仪表设备的安全，测试中不得用手触摸表笔的金属部分，不允许带电切换档位开关，以确保测量准确，避免发生触电和烧毁仪表等事故。

二、兆欧表

兆欧表主要用来检查电气设备、家用电器或电气电路对地及相间的绝缘电阻，以保证这些设备、电器和电路工作在正常状态，避免发生触电伤亡及设备损坏等事故。兆欧表是电工常用的一种测量仪表，因大多采用手摇发电机供电，故又称摇表。常见的兆欧表如图 2-2 所示，其刻度是以兆欧（MΩ）为单位的。

1. 工作原理

兆欧表是用一个电压激励被测装置或网络，然后测量激励所产生的电流，利用欧姆定律测量出电阻。

2. 选用方法

规定兆欧表的电压等级应高于被测物的绝缘电压等级，所以测量额定电压在 500V 以下的设备或线路的绝缘电阻时，可选用 500V 或 1000V 兆欧表；测量额定电压在 500V 以上的设备或线路的绝缘电阻时，应选用 1000～2500V 兆欧表；测量绝缘子时，应选用 2500～5000V 兆欧表。一般情况下，测量低压电气设备绝缘电阻时可选用 0～200MΩ 的兆欧表。

三、钳形电流表

1. 钳形电流表的组成

钳形电流表与普通电流表不同，由电流互感器和电流表组成。它可在不断开电路的情况下测量负载电流，但只限于在被测电路电压不超过 500V 的情况下使用。

2. 原理简介

简单地说，钳形电流表是利用电磁感应的原理工作的，被测导线相当于带电主线圈，钳口相当于铁心。钳口卡住导线时，带电导线有电流通过时，导线自身产生的磁场感应到钳口的铁心，使铁心内部产生磁通。而电流表铁心上面还缠绕着一个副线圈，磁通会使副线圈也产生一个磁通。在铁心内部两个磁通相互阻碍，会使副线圈两端产生一个与主线圈有变比倍率的电流数据。这个数据再经电流表内部集成电路处理，就会在显示屏上显示导线（也就是主线圈）所流过的电流大小的数据。常用钳形电流表的结构如图 2-3 所示。

图 2-2　兆欧表

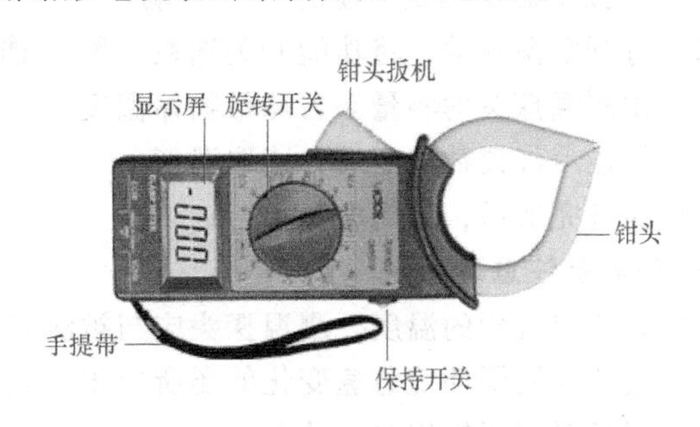

图 2-3　常用钳形电流表的结构

四、电子温度计

1. 电子温度计的结构

电子温度计通常由感温部件、数字式温度显示器、电源开关按钮和单元电路四部分组成。常见的电子温度计如图 2-4 所示。

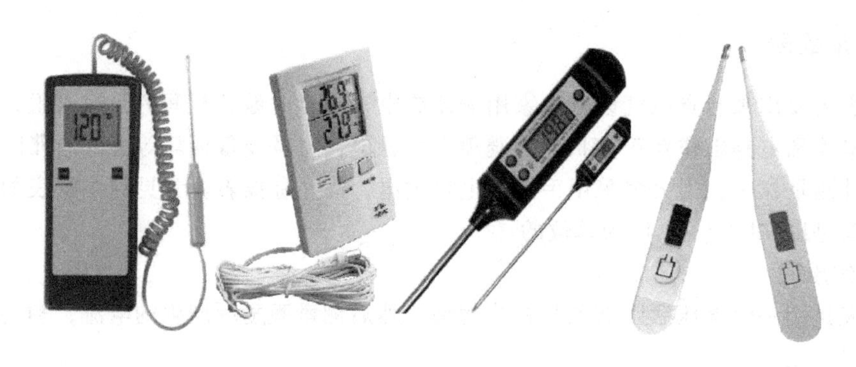

图 2-4　常见的电子温度计

2. 工作原理

电子温度计采用温度敏感元件也就是温度传感器（如铂电阻、热电偶、半导体、热敏电阻等），将温度的变化转换成电信号的变化，如电压和电流的变化。温度变化和电信号的变化有一定关系，可以使用模数转换的电路即 A-D 转换电路将模拟信号转换为数字信号，数字信号再送给处理单元，如单片机或者 PC 机等，处理单元经过内部的软件计算将这个数字信号和温度联系起来，成为可以显示出来的温度数值，然后通过显示单元，如 LED、LCD 或者计算机屏幕等显示出来给人观察，这样就完成了电子温度计的基本测温功能。其工作原理框图如图 2-5 所示。

电子温度计根据使用的传感器、A-D 转换电路及处理单元的不同，其精度、稳定性、测温范围等都有区别，因此要根据实际情况选择符合规格的电子温度计。

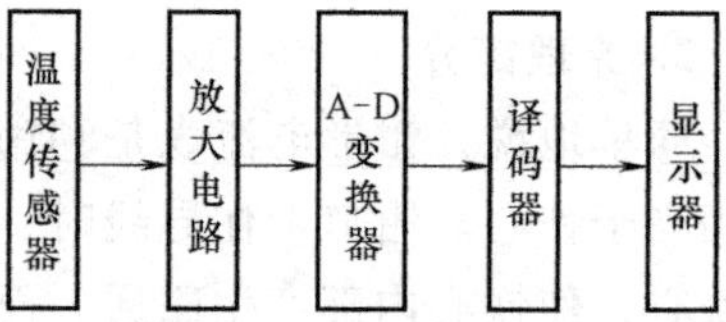

温度传感器 → 放大电路 → A-D 变换器 → 译码器 → 显示器

图 2-5　电子温度计工作原理框图

3. 使用方法

1）连接测温探头：测温探头连接端的“+”端需接于温度测量插座的“+”端，测温探头连接端的“-”端需接于温度测量插座的“-”端。

2）打开电源开关，将功能开关选在“℃”档或“℉”范围档。

3）用测温探头的测量端去测量物体温度。

4）待显示屏读数稳定后，读取温度。

5）测量完成后，关闭电源。

4. 保养及注意事项

1）为测得准确的温度，测温探头应与被测表面紧密接触。

2）避免在周围环境急速变化的场所使用，且勿存放在高温、高湿、振动严重的场所。

3）当长时间不使用时，请取下电池。

4）禁止做任何电压、电流的测量。

5）附着于测温探头上的灰尘、油污等会使热电偶的热传导变迟钝，形成测试误差，故需定期检查与清除。

五、复式修理阀

复式修理阀又称为歧管压力表或三通检修阀，是一种用于制冷系统气密性检查、抽真空和充注制冷剂的专用工具。复式修理阀的螺纹接口有英制（¼）in、公制 M12×1.25 管螺纹两种。它主要由两个表阀、两块压力表、三根加液管和一个挂钩组成，如图 2-6 所示。有些双表修理阀阀体中央还有一个视液镜，用于观察制冷剂流动状况。低压压力表带负压指示，一般用于抽真空和测量低压侧压力；高压压力表通常用于测量高压侧压力。

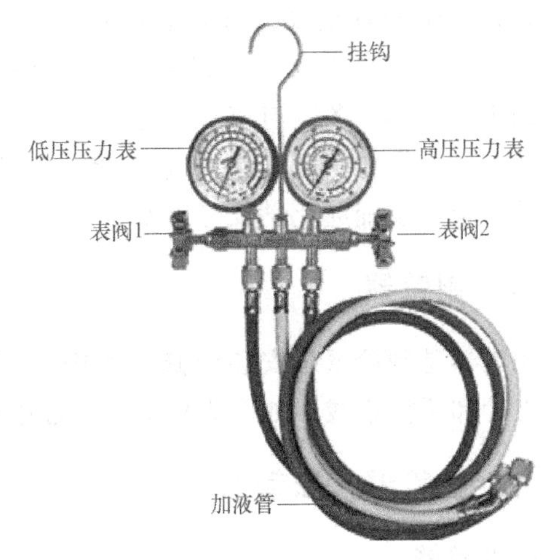

图 2-6　复式修理阀

六、卤素检漏仪

卤素检漏仪是一种最常用的制冷设备检漏仪器，如图 2-7 所示。它是用含有卤素（氟、氯、溴、碘）气体作为示漏气体的检漏仪器，主要用于对已加注制冷剂的制冷设备进行检漏，可检出年泄漏量在 50g 以上的漏孔。示漏气体有氟利昂、氯仿、碘仿、四氯化碳等，其中氟利昂属最好。传感器是个二极管，加热丝、阴极（外筒）、阳极（内筒）均用铂材制成。金属铂在 800～900℃温度下会发生正离子发射，当遇到卤素气体时，这种发射会急剧增加。这就是所谓的“卤素效应”，利用此效应制成了卤素检漏仪。

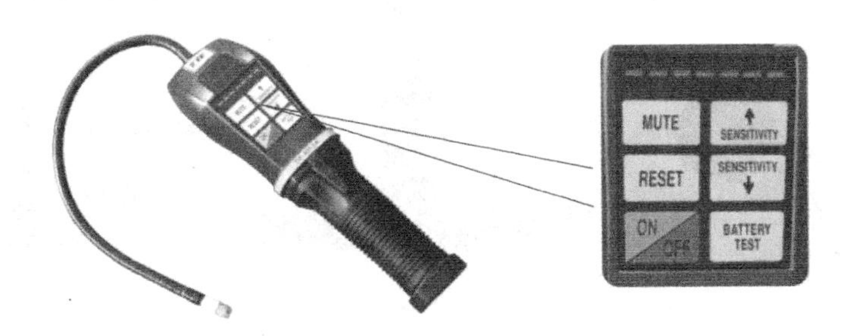

图 2-7　卤素检漏仪

阳极被加热丝加热后发射正离子，被阴极接收的离子流由检流计（或放大器）指示出来，且有音响指示。电气部分由加热电源、直流电源、离子流放大器、输出显示及便携式的吸气装置电源等组成。

七、真空泵

真空泵是利用机械、物理、化学的方法对被抽容器进行抽气而获得真空的器件或设备。随着真空应用的发展，真空泵的种类日益增多，其工作速度从每秒零点几升到每秒几十万、数百万升。

图 2-8 单级旋片式真空泵

真空泵种类很多，制冷系统抽真空常用的是旋片式真空泵（简称旋片泵），如图 2-8 所示。它是一种油封式机械真空泵，属于低真空泵，可以单独使用，也可以作为其他高真空泵或超高真空泵的前级泵。旋片泵可以抽除密封容器中的干燥气体，若附有气镇装置，还可以抽除一定量的可凝性气体。但它不适于抽除含氧量过高的、对金属有腐蚀性的、会与泵油起化学反应以及含有颗粒尘埃的气体。

八、割管器

割管器是制冷系统安装维修过程中专门切割制冷系统管路的工具。它一般由支架、导轮、刀片和手柄组成，如图 2-9 所示。常用割管器的切割范围为 3～45mm。

九、扩管器、胀管器

1. 扩管器

扩管器是将小管径铜管（19mm 以下）端部扩胀形成喇叭口的专用工具，由扩管夹具和扩管顶锥组成，如图 2-10 所示。扩管夹具有公制和英制两种。

2. 胀管器

胀管器主要用来制作杯形口，由胀管夹具和胀管顶锥组成，同样有公制和英制之分。胀管夹具分成对称的两半，夹具的两端使用紧固螺母和螺栓紧固。两半对合后形成的孔按不同的管径制成螺纹状，目的是便于更紧地夹住铜管，如图 2-11 所示。

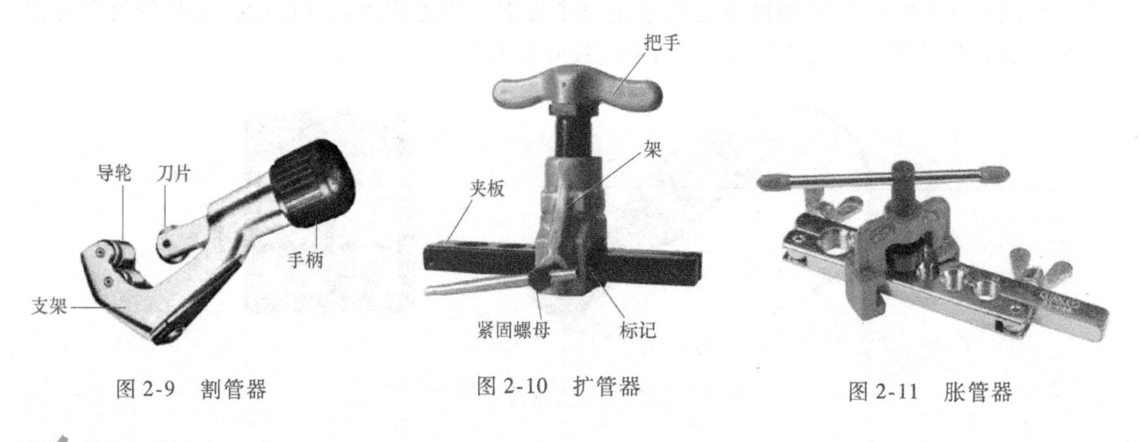

图 2-9 割管器　　图 2-10 扩管器　　图 2-11 胀管器

【操作技能】

一、兆欧表的使用

1. 使用方法

1）测量前必须切断被测设备电源，并对地短路放电，决不能带电进行测量，以保证人身和设备的安全。对可能感应出高电压的设备，必须消除这种可能性后，才能进行测量。

2）被测物表面要清洁，减少接触电阻，确保测量结果的精确性。

3）测量前应将兆欧表进行一次开路和短路试验，检查兆欧表是否良好。即在兆欧表未接上被测物之前，摇动手柄使发电机达到额定转速（120r/min），观察指针是否指在标尺的“∞”位置；然后将接线柱“线（L）”和“地（E）”短接，缓慢摇动手柄，观察指针是否指在标尺的“0”位。如指针不能指到上述位置，表明兆欧表有故障，应检修后再用。

4）兆欧表使用时应放在平稳、牢固的地方，且远离大的外电流导体和外磁场。

5）必须正确接线。兆欧表上一般有三个接线柱，其中“L”接在被测物和大地绝缘的导体部分，“E”接在被测物的外壳或大地，“G”接在被测物的屏蔽上或不需要测量的部分。测量绝缘电阻时，一般只用“L”和“E”端。但在测量电缆对地的绝缘电阻或被测设备的漏电流较严重时，就要使用“G”端，并将“G”端接屏蔽层或外壳。线路接好后，可按顺时针方向转动摇把，摇动的速度应由慢而快。当转速达到120r/min左右时（ZC-25型），保持匀速转动，1min后读数，并且要边摇边读数，不能停下来读数。

6）摇测时将兆欧表置于水平位置，摇把转动时其端钮间不许短路。摇动手柄应由慢渐快，若发现指针指零，说明被测绝缘物可能发生了短路，这时不能继续摇动手柄，以防表内线圈发热损坏。

7）读数完毕，将被测设备放电。放电方法是将测量时使用的地线从兆欧表上取下来与被测设备短接一下（不是兆欧表放电）。

2. 操作注意事项

1）禁止在雷电时或高压设备附近测绝缘电阻，只能在设备不带电，也没有感应电流的情况下测量。

2）摇测过程中，被测设备上不能有人工作。

3）兆欧表线不能绞在一起，要分开。

4）兆欧表未停止转动之前或被测设备未放电之前，严禁用手触及。拆线时，也不要触及引线的金属部分。

5）测量结束时，对于大电容设备要放电。

6）兆欧表接线柱引出的测量软线绝缘应良好，两根导线之间和导线与地之间应保持适当距离，以免影响测量精度。

7）为了防止被测设备表面泄漏击穿，使用兆欧表时应将被测设备的中间层（如电缆壳芯之间的内层绝缘物）接于保护环。

8）要定期校验其准确度。

二、钳形电流表的使用

1. 使用方法

1）测量前，应先检查钳形铁心的橡胶绝缘是否完好无损。钳口应清洁、无锈，闭合后无明显的缝隙。

2）测量时，应先估计被测电流的大小，选择适当的量程。若无法估计，可先选较大的量程，然后逐档减小，转换到合适的档位。转换量程档位时，必须在不带电的情况下或者在钳口张开的情况下进行，以免损坏仪表。

3）测量时，被测导线应尽量放在钳口中部，钳口的接合面如有杂声，应重新开合一次；仍有杂声，应处理接合面，以使读数准确。另外，正常测量时不可同时钳住两根导线。钳形电流表的使用如图 2-12 所示。

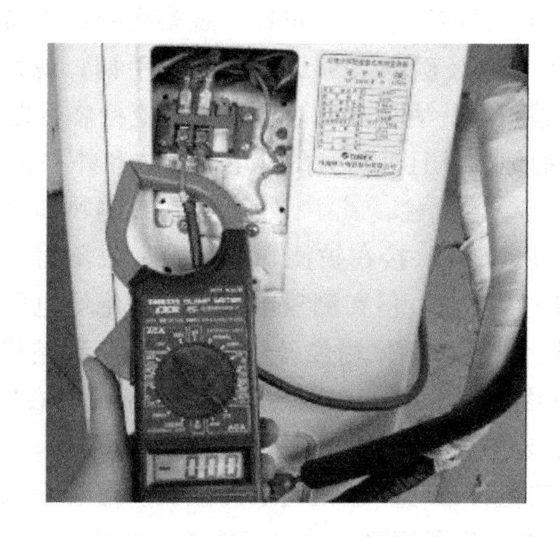
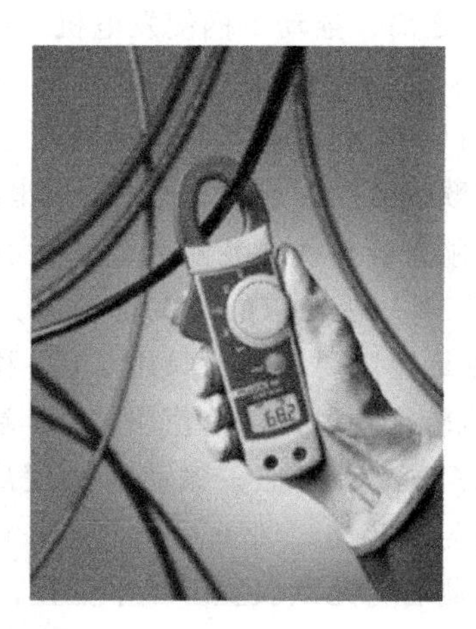

图 2-12　钳形电流表的使用

4）测量 5A 以下电流时，为得到较为准确的读数，在条件许可时，可将导线多绕几圈，放进钳口测量，其实际电流值应为仪表读数除以放进钳口内的导线根数。

5）每次测量前后，要把调节电流量程的切换开关放在最高档位，以免下次使用时，因未经选择量程就进行测量而损坏仪表。

2. 操作注意事项

1）被测电路的电压要低于钳表的额定电压。

2）测高压电路的电流时，要戴绝缘手套，穿绝缘鞋，站在绝缘垫上。

3）钳口要闭合紧密，不能带电换量程。

三、卤素检漏仪的使用

1. 操作方法

1）将电池装入卤素检漏仪，打开电源开关，此时电源指示灯亮，同时听到检漏仪发出缓慢间断的“嘀、嘀”声。此时表示检漏仪处于正常工作状态。如果打开电源，仪器啸叫，按一下复位键，便可恢复正常。

2）通过观看电源指示灯，核对电池电压。

3）选择合适的灵敏度，然后沿系统连接管道慢慢移动检漏仪的探头进行检漏，速度不大于 25 ~ 50mm/s，并且探头与被测表面的距离小于 5mm。

4）如检漏仪发出“嘀……”的长鸣，说明该处存在泄漏。为保证准确无误地确定漏点，应及时移开探头，重新调节灵敏度到合适位置，待检漏仪恢复正常后，在发现漏点处重复检测 2 ~ 3 次。

5）找到一个漏点后，一定要继续检查剩余管路。

2. 操作注意事项

1）当泄漏不能被检出时，可调高灵敏度。当复位不能使检漏仪“回位”时，可调低灵敏度。

2）泄漏警示时如果探头长时间停留在检测口处，将被自动跟随电路逐渐平衡。

3）在被气体严重污染的区域，应复位检漏仪以消除环境气体浓度的影响。

4）在有风的区域，即使大的泄漏也难发现。这种情况下，最好遮挡住潜在泄漏区域。

5）在使用过程中严防检漏仪吸入大量的制冷剂，过量的制冷剂会污染电极，使灵敏度大为降低。

6）使用卤素检漏仪时应注意保持探头的清洁，避免灰尘或油污污染探头，探头切不可与水接触。

7）不要随意拆卸探头，以免损坏或影响检漏仪的灵敏度。

8）检漏仪长期不用时，应取出电池，并将其置于干燥处保存。

四、真空泵的使用

1. 真空泵的使用步骤

1）使用前应检查油位，保证油位不低于油位线，低于油位线应及时加油。

2）取下进气帽，连接被抽容器或系统，所用管道宜短，密封可靠，不能有渗漏现象。

3）插上电源插头，打开开关即可使用。

4）使用结束后及时拔掉电源插头，拆除连接管道，盖紧进气帽。

5）抽气口接头采用米制螺纹，若连接系统的管道为英制时，须采用米英制转换接头转接。

2. 真空泵的操作注意事项

1）严禁抽除易燃、易爆及有毒气体。

2）严禁抽除对金属有腐蚀性及能与真空泵油起化学反应的气体。

3）严禁抽除含有颗粒尘埃及大量蒸气的气体。

4）严禁抽除温度超过80℃的气体，真空泵使用环境温度为－5～60℃。

5）真空泵靠油膜密封，应定期加油，保证其油位在工作范围内，严禁无油运行。

6）真空泵运行时，严禁堵塞排气口。

7）进气口与大气相通运转不允许超过3min。

8）真空泵在长时间不用时，应将其进气口和排气口密封，以免落入灰尘和使真空泵吸水，导致真空泵油变质。

任务二 铜管的加工与制作

【基本知识】

一、制冷铜管特性介绍

1. 铜管的力学性能

在国家标准中规定了铜管在不同状态时的力学性能，一般有两项指标，即抗拉强度和延伸率。这两项指标，首先决定了铜管要满足的使用性能，即铜管应当有足够的强度和韧性，又反映了铜管在加工过程中必需的工艺性能，如铜管在经受弯曲、胀管、扩口过程中的可塑性、成形性。

2. 铜管的晶粒度

这是对铜管金相组织方面的一项要求，它的大小与铜管的成分和生产工艺过程有关，晶粒的大小关系到铜管的性能。

3. 铜管的涡流探伤

国家标准规定了铜管必须进行100%的涡流探伤，并规定了校核探伤仪用的样品管上的人工缺陷（通孔）直径，以保证涡流探伤的灵敏度，防止超标的缺陷被漏检。

4. 铜管的清洁度

制冷铜管对内腔清洁度有很严格的要求，这种高清洁度使空调、电冰箱生产厂家使用铜管时无需清洗。

5. 铜管的外观和表面质量

国家标准中，一般要求“表面清洁光亮，不应有影响使用的有害缺陷”。可将其理解为：表面包含内外表面；“清洁”就是不应有油污；“有害缺陷”就是机械损伤，包括划伤、碰伤、压伤。

二、铜管的切割方法及工艺要求

铜管的切割如图2-13所示，旋转割管器手柄可以调节刀片与导轮之间的距离。

将铜管放置在导轮与刀片之间，铜管的侧壁贴紧两个导轮的中间位置，旋转手柄使刀片的切口与铜管垂直夹紧，然后继续转动手柄，使刀片的切削刃切入铜管管壁，随即均匀地将割管器整体环绕铜管旋转，旋转割管器与旋转手柄同时进行，直至割断铜管，如图2-13所示。

所加工的铜管一定要平直、圆整，否则会形成螺旋切割。由于所加工的铜管管壁较薄，调整手柄进刀时，不能用力过猛否则会导致内凹收口和铜管变形，影响切割。铜管切割加工过程中出现的内凹收口和毛刺需做倒角处理。

三、铜管的弯制方法及工艺要求

弯管时，根据管径尺寸先将已退火的管子放入弯管器的导槽内，扣牢管端后，慢慢旋转杆柄，一直弯到所需的弯曲角度为止，然后将弯管退出导槽，并取下管路，如图2-14所示。操作时要注意不可用力过猛，以防压扁铜管。

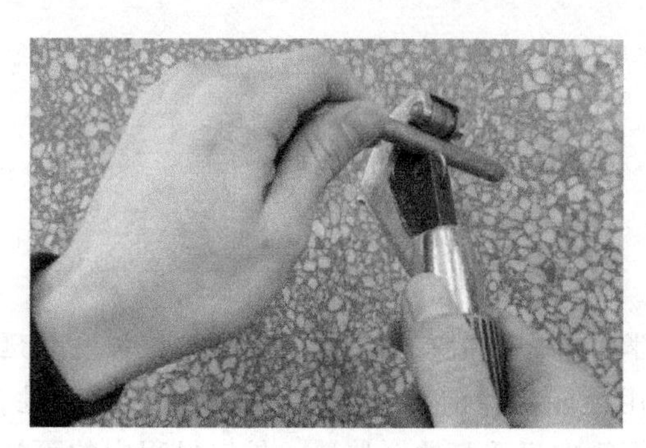
图2-13 铜管的切割

图2-14 铜管的弯管

加工的管件的壁厚不宜过薄，操作时用力要均匀，避免出现死弯或裂痕，铜管规格应与弯管器规格相符合。

四、铜管切口的处理方法及工艺要求

铜管的切口易产生收口和毛刺，应将倒角器一端的刮刀尖伸进管口的端部，左右旋转数次，直至去除毛刺和收口，如图 2-15 所示。

倒角时管口尽量向下，避免金属屑进入管道，若金属屑进入管道内，需将其清除干净。

图 2-15　铜管切口的处理

五、铜管扩胀口方法及工艺要求

1. 扩喇叭口

扩口前首先去掉管口毛刺，然后把铜管放置于相应管径的夹具孔中，管口朝向喇叭口面，铜管露出喇叭口斜面高度 1/3 的尺寸，用锥形支头压在管口上，旋紧顶杆螺母，把铜管紧固牢，然后慢慢旋动顶压装置螺杆，做成喇叭口。扩成的喇叭口应圆正、光滑、没有裂痕，以免连接时密封不好，影响制冷设备的使用效果。如图 2-16 所示，扩成的喇叭口应大小适宜，太大容易撕裂且螺母不易夹紧，太小容易脱落或密封不严。

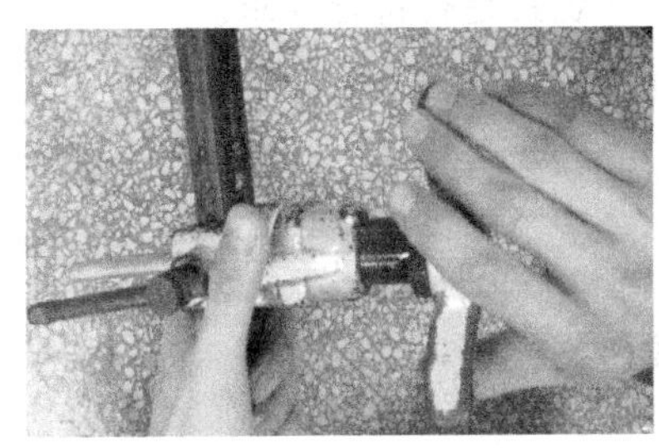

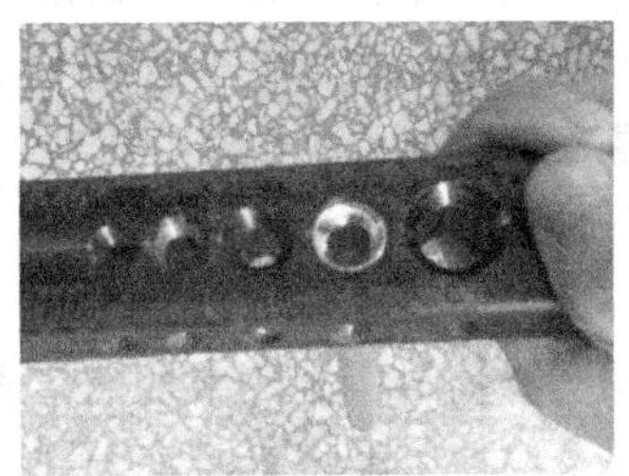

图 2-16　铜管扩喇叭口

2. 胀杯形口

胀管时首先将铜管胀口端用锉刀锉修平整，然后把铜管放置于相应管径的夹具孔中，铜管端部露出夹板面略大于铜管直径长度，拧紧夹具上的紧固螺母，将铜管牢牢夹死，然后缓慢地顺时针方向旋转手柄；使锥头下压，直至形成杯形口。具体的胀杯形口的操作方法如图 2-17 所示。注意铜管端部露出夹板面以略大于铜管直径长度为宜。

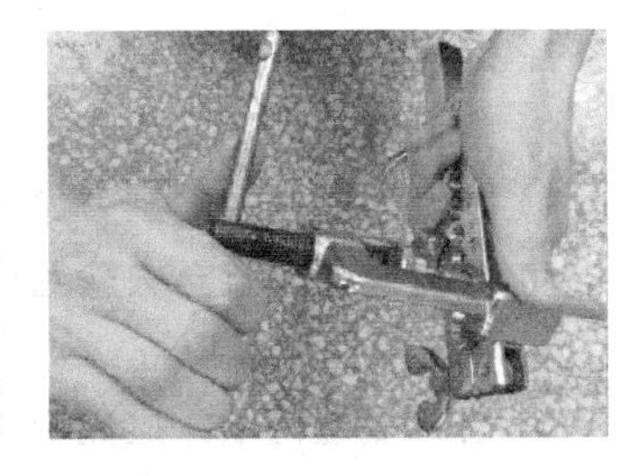

图 2-17　铜管胀杯形口

【操作技能】

一、铜管的切割

1. 切割铜管的操作步骤

1）将所需加工的铜管夹装到割管器手柄至铜管边缘。

2）将整个割管器绕铜管以顺时针方向旋转。

3）割管器每旋紧1~2圈，需调整手柄1/4圈。

4）重复2）、3）步骤，直至将铜管割断。

5）另取不同规格的铜管进行切割练习，直至熟练。

2. 用割管器切割铜管的注意事项

1）铜管一定要架在导轮中间。

2）所加工的铜管一定要平直、圆整，否则会形成螺旋切割。

3）由于所加工的铜管管壁较薄，调整手柄进刀时，不能用力过猛，否则会导致内凹收口和铜管变形，影响切割。

4）铜管切割加工过程中出现的内凹收口和毛刺需做倒角处理。

二、铜管的弯制

1. 用弯管器弯制铜管的操作步骤

1）用割管器切割60cm长、直径为（3/8）in的铜管。

2）将铜管放置到弯管器（3/8）in导轮中，并调整好位置，用活动手柄的搭扣扣住所加工的管件。

3）慢慢旋紧活动手柄，使管件弯曲至所需角度。

4）松开搭扣和活动手柄，将管件退出，并观察是否符合要求。

5）另取不同规格的铜管进行弯管练习（不同角度），直至熟练。

2. 用弯管器弯制铜管的操作注意事项

1）加工的管件应预先退火。

2）加工管件的壁厚不宜过薄。

3）操作时用力要均匀，避免出现死弯或裂痕。

4）铜管规格应与弯管器规格相符合。

三、铜管切口的处理

1. 倒角操作步骤

1）用割管器切割10cm长、直径为（3/8）in的铜管。

2）将倒角器一端的刮刀尖伸进管口的端部，左右旋转数次。

3）反复操作，直至去除毛刺和收口。

2. 倒角的注意事项

1）管口尽量向下，避免金属屑进入管道。若金属屑进入管道内，需将其清除干净。

2）倒角器使用后应除去金属屑，并在切削刃处涂上防锈油。

四、铜管扩胀口

1. 扩喇叭口的操作步骤

1）用割管器切割10cm长、直径为6mm的铜管。

2）用倒角器去除铜管端部的毛刺和收口。

3）将需要加工的铜管夹装到相应的夹具卡孔中，铜管端部露出夹板面$H/3$左右（H为夹具坡面高度)，旋紧夹具螺母直至将铜管夹牢。

4）将扩口顶锥卡于铜管内，顺时针方向慢慢旋转手柄使顶锥下压，直至形成喇叭口。

5）退出顶锥，松开螺母，从夹具中取出铜管观察扩口面应光滑圆整，无裂纹、毛刺和折边。

6）另取不同规格的铜管进行扩喇叭口练习，直至熟练。

2. 扩喇叭口的操作注意事项

1）注意铜管与夹板的公英制形式要对应。

2）有条件最好在扩管器顶锥上加上适量冷冻油。

3）铜管材质要有良好的延展性（忌用劣质铜管），铜管应预先退火。

4）喇叭口应大小适宜，太大容易撕裂且螺母不易夹紧，太小容易脱落或密封不严。

5）铜管壁厚不宜超过 1mm。

6）常见的不合格喇叭口形式如图 2-18 所示。

3. 胀杯形口的操作步骤

1）用割管器切割 10cm 长、直径为（3/8）in 的铜管。

2）用倒角器去除铜管端部的毛刺和收口。

3）选定所需（3/8）in 的胀头，将其旋到杠杆上。

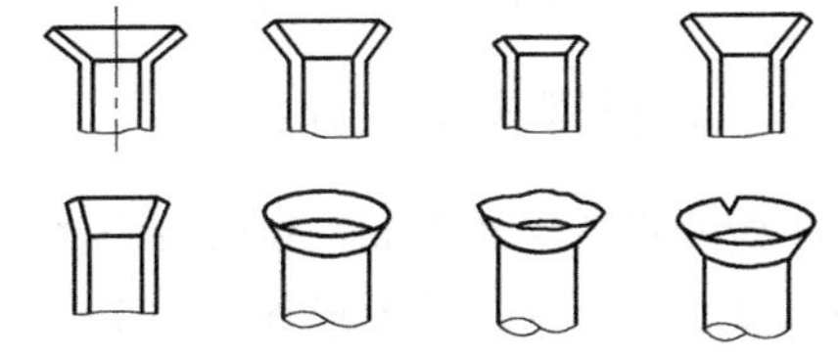

图 2-18　不合格喇叭口形式示例

4）将需要加工的铜管夹装到相应的夹具卡孔中，铜管端部露出夹板面长度略大于铜管直径，旋紧夹具螺母直至将铜管夹牢，顺时针方向慢慢旋转手柄使胀头下压，直至形成杯形口。

5）将手柄逆时针方向慢慢旋转，使胀头从铜管中退出，松开夹具螺母。

6）取下铜管，观察杯形口是否符合要求（相同管径的铜管能否插入）。

7）另取不同规格的铜管进行胀杯形口练习，直至熟练。

4. 胀杯形口操作的注意事项

1）注意铜管与夹板的公英制形式要对应。

2）有条件最好在扩管器顶锥上加上适量冷冻油。

3）所选胀头与铜管直径规格要对应。

4）铜管端部露出夹板面长度以略大于铜管直径为宜。

任务三　铜管的焊接

【基本知识】

一、铜管的焊接工艺要求及安全规范

铜管的焊缝应圆滑、均匀，颜色为金黄色或银白色，不得有流粒及颗粒。焊接时，不得用气焊火焰直接加热焊条。

焊接的安全知识如下。

1）安全使用高压气体，开启钢瓶阀门时应平稳缓慢，避免高压气体冲坏减压器。调整

焊接用低压气体时，要先调松减压器手柄再打开钢瓶阀，然后调压；工作结束后，先调紧减压器再关闭钢瓶阀。

2）氧气瓶严禁靠近易燃品和油脂；搬运时要拧紧瓶阀，避免磕碰和剧烈振动；接减压器之前，要清理瓶上的污物。

3）氧气瓶内的气体不允许全部用完，至少要留0.2～0.5MPa的余气量 。

4）燃气钢瓶的放置和使用与氧气瓶的方法相同，但要特别注意高温、高压对燃气钢瓶的影响，一定要将其放置在远离热源、通风、干燥的地方，并且一定要竖立放置。

5）焊接操作前要仔细检查瓶阀、连接胶管及各个接头部分，不得漏气。焊接完毕要及时关闭钢瓶上的阀门。

6）焊接工作时，火焰方向应避开设备中的易燃、易爆部位，远离配电装置。

7）焊炬应存放在安全地点，不要将焊炬放在易燃、有腐蚀性气体及潮湿的环境中。

8）不得无意义地挥动点燃的焊炬，避免伤人或引燃其他物品。

二、便携式焊炬介绍

焊接设备主要有氧乙炔气焊设备、氧液化石油气焊设备、便携式焊炬等。本实训主要以便携式焊炬为主，其外形如图2-19所示。

便携式焊炬由氧气钢瓶、丁烷钢瓶、焊炬、减压器、充注过桥等组成。该设备操作简单、安全方便，特别适用上门维修使用。其以液化石油气、丁烷气体为燃气，氧气助燃，火焰最高温度为2500℃左右。

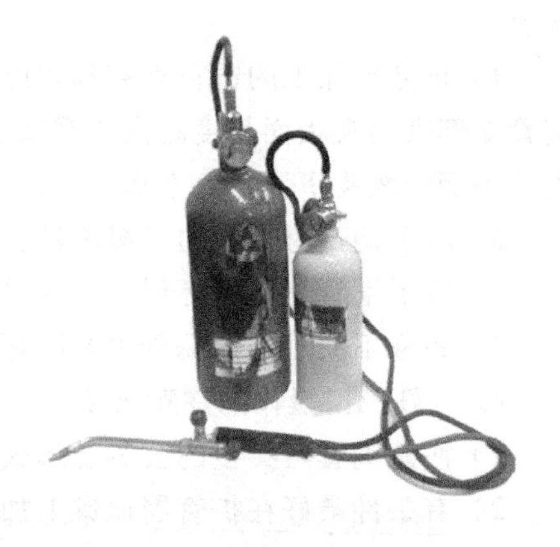

图2-19　便携式焊炬的外形

三、常用焊料及焊剂的特点

制冷系统对密封性要求很高，而系统的密封性主要靠高质量的焊接来保证，合理地选用焊料是保证焊接质量的重要环节。焊接管路的常用焊料类型有Ag-Cu-P类、Ag-Cu类、Ag-Cu-Zn类、Cu-P类和Cu-Zn类等。铜管与铜管焊接可选用磷铜焊料或低含银量的磷铜焊料。这种焊料价格比较便宜，具有良好的漫流、填缝和湿润性能，而且不需要焊药（也称自性焊料）。铜管与铜管或钢管与钢管的焊接，可选用银铜焊料和适当焊药，焊后必须将焊口附近的残留焊药用热水或水蒸气刷洗干净，以防产生腐蚀。使用焊药时不宜用水稀释，最好用酒精稀释，调成糊状，涂于焊口表面。焊接时酒精迅速蒸发而形成平滑薄膜不易流失，同时也可避免水分侵入制冷系统，防上出现危险。

四、制冷系统管路的焊接方法

铜管的焊接属于钎焊。钎焊是采用比焊件金属熔点低的金属钎料，将焊件和钎料加热到高于钎料、低于焊件熔化温度，利用液态钎料润湿焊件金属，填充接头间隙并与母材金属相互扩散实现连接焊件的一种方法。

氧乙炔焰的调节和选择

由于氧气和乙炔的混合比不同，氧乙炔焰可分为中性焰、氧化焰和碳化焰3种，如图

2-20所示。

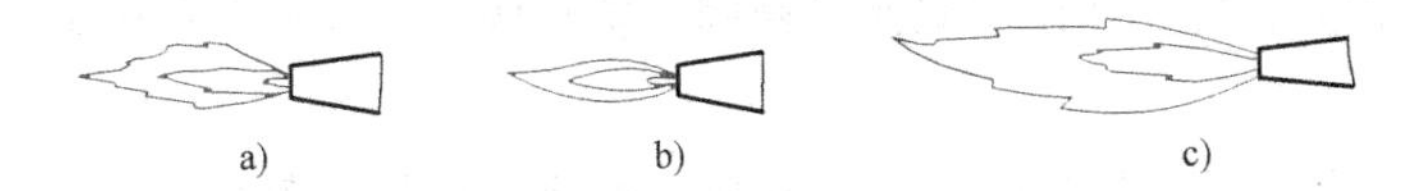

图 2-20 氧乙炔焰形式

a）中性焰 b）氧化焰 c）碳化焰

（1）中性焰 氧气和乙炔的混合比为 1.1∶1 ~ 1.2∶1 时燃烧所形成的火焰称为中性焰。它由焰心、内焰和外焰三部分组成，火焰各部分的温度分布如图 2-21 所示。

焰心靠近喷嘴孔，呈尖锥状，色白明亮，轮廓清晰；内焰呈蓝白色，轮廓不清，与外焰无明显界限；外焰由里向外逐渐由淡紫色变为橙黄色。中性焰焰心外 2 ~ 4mm 处温度最高，达 3150℃左右，因此气焊时应使焰心离开工件表面 2 ~ 4mm，此时热效率最高，保护效果最好。中性焰应用最广，适于低碳钢、低合金钢、灰铸铁以及不锈钢、纯铜、锡青铜、铝及铝合金、铅等材料的焊接。

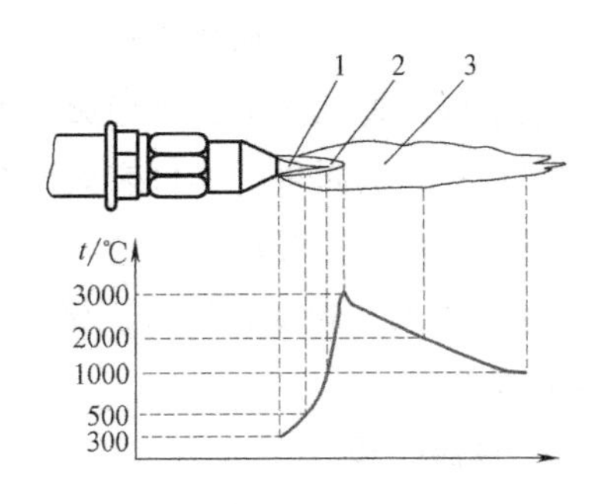

图 2-21 中性焰温度分布图

1—焰心 2—内焰 3—外焰

（2）碳化焰 氧气和乙炔的混合比小于 1∶1 时燃烧所形成的火焰称为碳化焰。碳化焰的火焰比中性焰长，也由焰心、内焰和外焰构成。点火后，可将乙炔调节阀开得稍大一点，然后控制氧气调节阀的开启程度。随着氧气供应量的增加，内焰的外形逐渐减小，火焰的挺直度也随之增强，直至焰心呈蓝白色、内焰呈淡白色、外焰呈橙黄色为止。由于氧气较少，燃烧不完全，整个火焰比中性焰长，且温度也较低，最高温度为 2700 ~ 3000℃。由于碳化焰中的乙炔过剩，所以内焰中有多余的游离碳，具有较强的还原作用，也有一定的渗碳作用。轻微碳化焰适用于气焊高碳钢、铸铁、硬质合金等材料。焊接其他材料时，会使焊缝金属增碳，变得硬而脆。

（3）氧化焰 氧气和乙炔的混合比大于 1.2∶1 时燃烧所形成的火焰称为氧化焰。随着氧气调节阀开启程度的增大，内焰将消失，焰心和外焰缩短，焰心变尖并呈淡紫色，火焰挺直，燃烧时发出急剧的“嘶嘶”声。由于氧气较多，氧化焰燃烧比中性焰剧烈，温度比中性焰高，可达 3100 ~ 3300°C。氧化焰有过量的氧，因此有氧化性，一般不宜采用。轻微氧化的氧化焰适用于气焊焊接黄铜和镀锌铁皮等，因为此时可使熔池表面覆盖一层氧化性薄膜，防止锌的蒸发。

五、铜管的焊接操作步骤

制冷系统管路焊接是制冷设备维修中的重要内容，管路焊接大致分成三个阶段，即焊前准备、实际焊接、焊后处理，下面进行详细介绍。

1. 焊前准备

1）认真检查焊炬的橡胶软管接头、氧气表、减压阀等，确保紧固、无泄漏。严禁油脂、泥垢沾染气焊工具、氧气瓶。

2）严禁将氧气瓶、燃气瓶靠近热源和电闸箱；切勿在强光下曝晒，应放在操作工点的

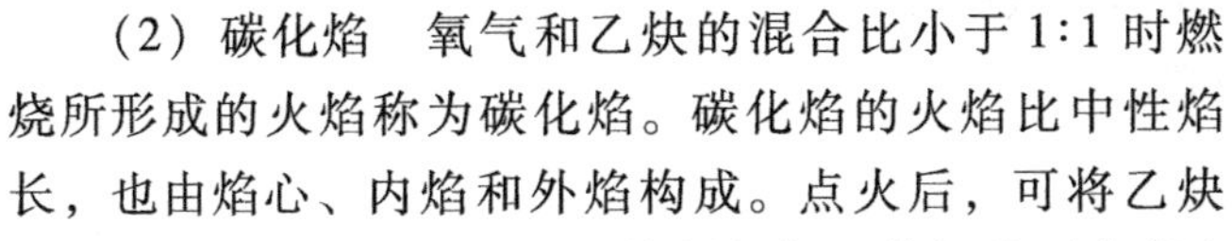

上风处。

3）氧气瓶应直立放置，并设支架使其稳固，防止倾倒；横放时瓶嘴应垫高。

2. 实际焊接

（1）点火　手持焊枪，焊头不要朝人或物，稍微开启燃气旋钮，点火燃烧，然后将燃气旋钮开大，使火焰适中。

（2）调节火焰　适当地调节氧气旋钮，若火焰不满足焊接要求，再调节燃气旋钮进行燃气量的调节。

（3）施焊　调整焰心距离，使火焰焰心尖端距工件2~4mm，摆动焊枪加热铜管结合处。当管子接头均匀加热到焊接温度时（显微红色），加入钎料（铜磷焊条）。焊料熔化时要注意掌握铜管的温度，并用火焰的外焰来维持接头的温度。待钎料适量后移开焊头，稍微冷却后检查焊接质量。焊口表面应整齐、圆润、美观，无凹凸不平和气泡夹渣，否则重新施焊，直至符合工艺要求。

（4）关火　焊接完毕后，将火焰移开，减少氧气量，再减少燃气量直至关闭火焰，最后关闭氧气。

3. 焊后处理

1）关闭氧气和燃气的总阀，再关闭两个减压阀。

2）收集好焊炬，并放回指定的位置。

3）做好废品回收，打扫实训室。

【操作技能】

一、便携式焊炬的使用操作

1）安装好焊接设备。

2）在确保设备完好的情况下，打开丁烷气瓶阀和氧气瓶阀，此时氧气瓶内的压力由压力表显示出来，再沿顺时针方向调节氧气减压器上的旋钮，调到所需要的压力，检查各调节阀和管接头处有无泄漏。丁烷气瓶不需要减压调节。氧气压力要求（0.45±0.05）MPa；乙炔压力要求（0.05±0.01）MPa。

3）点火操作，右手拿焊炬，先打开燃气气阀，然后用打火机点火，最后打开氧气气阀。点火时，焊嘴的气流方向应避开点火用手，焊炬火焰与点火打火机火焰垂直。

4）焊接火焰的调整。调节氧气和丁烷气体的混合比，使火焰呈中性焰，焰心呈光亮的蓝色，火焰集中，轮廓清晰，焰心长度控制在30~40mm。如果焰心较短，可以先关小氧气阀门，然后开大丁烷气体阀门，拉长火焰长度，再次开大氧气阀门；如果焰心较长，先关小氧气阀门，然后关小丁烷气体阀门，缩短火焰长度，再次开大氧气阀门，经过反复调整，使焰心长度达到要求。

5）焊接完毕后，先关闭焊炬上的氧气阀，再关闭焊炬上的丁烷气阀，然后关闭氧气瓶上的减压阀，最后关闭氧气瓶与丁烷气瓶上的高压压力旋钮，反复练习，直至熟练为止。如果长时间不用焊炬，可以再次打开焊炬上的阀门，将连接胶管内的压力气体释放出来。

二、铜管的焊接

1. 焊接铜管的加工处理

1）扩管、去毛刺，旧铜管还必须用砂纸去除表面的氧化层和污物。焊接铜管管径相差较大时，为保证焊缝间隙不宜过大，需将管径大的管道夹小。

2）确认管与接头的间隙是否合适，以插入管道，即使管向下，依靠相互之间的摩擦也不会脱落为最佳，如图 2-22 所示。

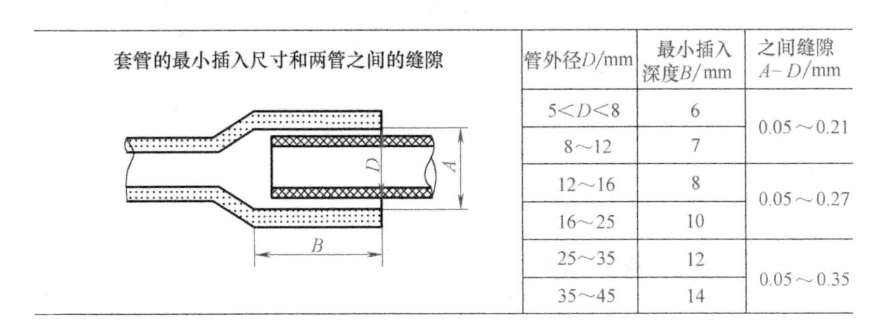

管外径 D/mm	最小插入深度 B/mm	之间缝隙 $A-D$/mm
$5<D<8$	6	0.05～0.21
8～12	7	
12～16	8	0.05～0.27
16～25	10	
25～35	12	0.05～0.35
35～45	14	

图 2-22　套管插入深度与间隙要求

2. 氮气保护焊接

氮气是一种惰性气体，在高温下不会与铜发生氧化反应，而且不会燃烧，使用安全，价格低廉。而铜管内充入氮气后进行焊接，可使铜管内壁光亮、清洁，无氧化层，从而有效控制系统的清洁度。不充氮焊接与充氮焊接的比较如图 2-23 所示。

a)　　　　b)

图 2-23　不充氮焊接与充氮焊接的比较
a）不充氮　b）充氮

氮气保护焊接接管如图 2-24 所示，其操作步骤如下。

1）打开焊炬点火，调节氧气和乙炔的混合比，选择中性焰。

2）先用火焰加热插入管，稍热后把火焰移向外套管，再稍摆动加热整个铜管。当铜管接头均匀加热到焊接温度时（显微红色），加入钎料（银焊条或磷铜焊条），如图 2-25 所示。钎料熔化时要掌握管子的温度，并用火焰的外焰维持接头的温度，而不能采用预先将焊料熔化后滴入焊接接头处，再加热焊接接头的方法，否则会造成钎料中的低熔点元素挥发，

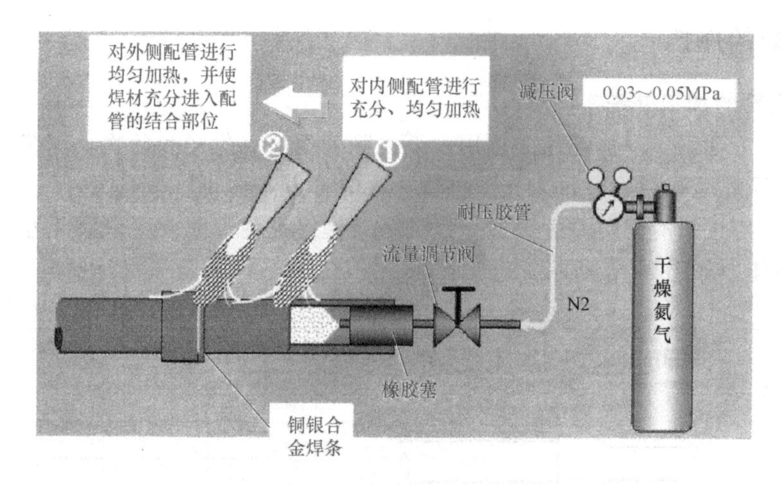

图 2-24　氮气保护焊接

改变焊缝成分，影响接头的强度和致密性。焊接过程中尽量保持火焰与铜管垂直，避免对管内加热。

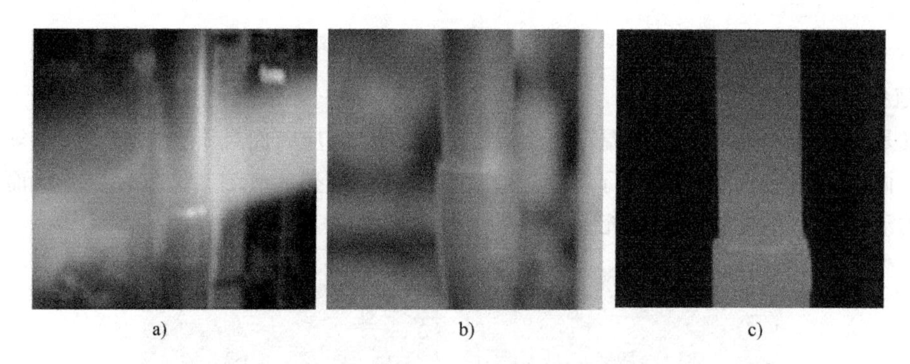

图 2-25　添加钎料时机的比较

a）添加钎料时间过早　b）标准添加钎料时间　c）添加钎料时间过晚

3）焊接完毕后，将火焰移开，关好焊炬。

4）检查焊接质量，如发现有砂眼或漏焊的缝隙，则应再次加热焊接。图 2-26 所示为符合工艺要求的焊缝。

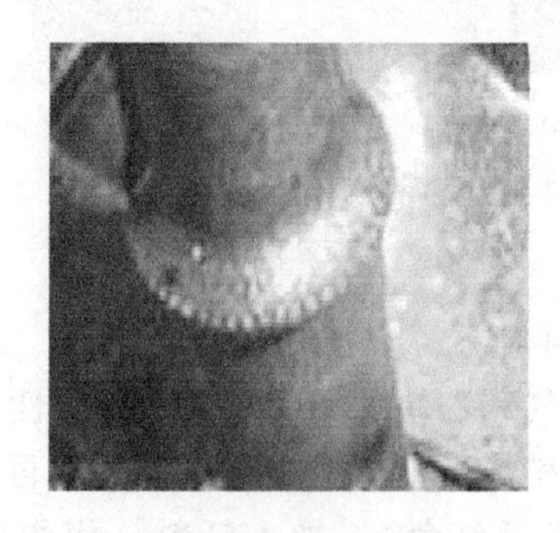

图 2-26　光滑的焊缝

5）反复练习焊接，直至熟练为止。

任务四　系统吹污、检漏、抽真空

【基本知识】

一、系统吹污方法与工艺要求

制冷系统吹污即是用氮气（0.5～0.6MPa）对制冷系统的内部污物进行吹除，以使之清洁畅通。制冷设备安装后，其系统内可能会残存焊渣、铁锈及氧化皮等物。这些杂质、污物残存在制冷系统内，与运动部件相接触会造成部件的磨损，有时会在膨胀阀、毛细管或过滤器等处发生堵塞（脏堵）。污物与制冷剂、冷冻油发生化学反应，还会导致腐蚀。因此，在制冷系统正式运转以前，必须进行吹污处理。

吹污最好分段进行，先吹高压系统，再吹低压系统。对于孔径较小的毛细管、节流阀须单独吹污。为了减少气体流动阻力，便于排污工作进行彻底，排污口以选择系统最低处为宜。检查排污效果可用白纱布浸湿后固定在木板上，放在离排污口 300～500mm 处，直到白纱布不变颜色为止。排污工作需多次反复进行。

二、系统检漏方法与工艺要求

1. 外观检漏

外观检漏又称为目测检漏。由于氟利昂类制冷剂和冷冻机油具有一定的互溶性，制冷剂泄漏时，冷冻机油也会渗出。使用过一段时间的制冷设备，在装置中的某些部件有渗油、滴油、油迹、油污等现象时，即可判断该处有氟利昂制冷剂泄漏。外观检漏只用于制冷设备组装和维修时的初步判断，且仅限于暴露在外的连接处的检查。

2. 肥皂液检漏

肥皂液检漏又称为压力检漏。肥皂液检漏简单易行，并能确定泄漏点，可用于已充注制冷剂的制冷装置的检漏，也可作为其他检漏方法的辅助手段。肥皂液检漏是目前制冷设备组装和维修人员常用的比较简便的方法。具体操作是：先用小刀将肥皂削成薄片，浸泡在热水中，不断搅拌使其溶化成稠状浅黄色溶液待用。在系统中充入规定压力的氮气（针对 VRF 系统，R410A 冷媒：4.15MPa；R22 冷媒：2.8MPa），并将被检测部位上的油污擦干净，用毛刷或海绵浸蘸肥皂液涂抹于被检部位四周，静待一段时间，并仔细进行观察。如果发现被检测部位有气泡，说明该部位就是泄漏点，做好标记，继续对其他部位进行检漏。目前，常采用洗洁精来代替肥皂液。因为洗洁精具有方便携带、调制迅速、黏度适中、泡沫丰富等优点。

3. 卤素灯检漏

卤素灯检漏是一种最常用的制冷设备检漏方法，主要用于对已加注制冷剂的制冷设备进行检漏，可检出年泄漏量在 50g 以上的漏孔。最常用的是内充液化丙烷气体卤素灯。其原理是氟利昂气体与喷灯火焰接触即分解成含氟、氯元素的气体，氯气与灯内炽热的铜接触，火焰颜色也相应地从浅绿色变成深蓝色，再变成紫色，从火焰颜色的变化可以反映出渗漏量是微漏还是严重泄漏。用卤素灯检出泄漏点后，应将卤素灯移到无氟利昂气体处，待火焰颜色恢复正常的浅绿色后，再对此泄漏点重复进行验证，以便确定泄漏点的准确位置。卤素灯检漏不适用于制冷剂 R600a 的制冷系统，因为 R600a 遇到明火会发生爆炸。

4. 电子检漏仪检漏

电子检漏仪为吸气式，故将电子检漏仪探头对着所有可能的渗漏部位移动数秒停止，当检漏仪发出报警时，即表明此处有泄漏。用电子检漏仪检漏必须保证室内通风良好（无卤素气体），以免产生错误判断。在使用电子检漏仪的过程中，一定要注意轻拿轻放。不用时，取出电池，以避免因长期不用导致电池熔化而损坏电子检漏仪。对更换了部件的制冷系统来说，应先向制冷系统内充入 0.05MPa 左右的制冷剂，再充入规定压力的氮气进行检漏。

5. 充压浸水检漏

充压浸水检漏主要用于零部件，根据零部件的耐压值，向被检零部件中充入低于其耐压值的氮气，并将其放入 40～50℃的温水中，浸入水面 20cm 以下深度，仔细观察水面有无气泡，时间应不少于 30min，检漏场所的光线应充足。

6. 抽真空检漏

对于确实难判断是否泄漏的制冷系统，可将制冷系统抽真空至一定真空度，放置约 1h，看压力是否明显回升，如系统回升明显说明制冷系统有泄漏。如果没有回升，再放置较长时间（24h）后，看压力是否明显回升。

三、系统抽真空方法与工艺要求

系统在气密性试验后必须抽真空。制冷剂管路应抽真空两次，第一次抽真空时压缩机截止阀应和进行气密性试验一样保持关闭；然后打开压缩机截止阀，将包括压缩机在内的整个系统再次抽真空。两次抽真空之间可加入适量制冷剂以吸收管路内可能存在的水分。

建议在系统的低压侧（吸气管路）和高压侧（冷凝器或贮液器截止阀）安装抽真空工艺阀并从高、低压侧同时进行抽真空运行。抽真空连接管道应选用足够的内径、尽量短且不能有急剧弯曲或狭窄的地方。应使用专用真空表，且真空表尽量远离真空泵的吸气口。进行抽真空操作时应格外仔细，否则系统内部可能残留空气（使排气温度升高而使润滑油容易结炭进而影响润滑质量）。而且空气中存在的水分可腐蚀金属、分解润滑油及形成酸性物质。不允许用压缩机自行抽真空，因为润滑油可被系统中可能存在的水分污染，而且真空度也不能达到要求。

抽真空主要有两种方法，分别为低压单侧抽真空和高、低压双侧抽真空。

1. 低压单侧抽真空

低压单侧抽真空的特点是工艺简单，操作方便。但高压侧的气体受毛细管流动阻力的影响，高压侧的真空度会低于低压侧的真空度，所以整个系统达到所要求的真空度的时间会比较长，如图 2-27 所示。

采用低压单侧抽真空时，为保证抽真空的质量，也可以采用二次抽真空的方法，就是在第一次抽真空结束后，向系统内注入一定量的制冷剂气体，使其与系统内残留的空气混合，待排出后，再进行第二次抽真空。这样，在第二次抽真空结束后，残留在系统中的就是制冷剂气体与残留空气的混合气体，而残留空气所占比例很小，从而达到减少残留空气的目的。

2. 高、低压双侧抽真空

所谓高、低压双侧抽真空，就是在系统高、低压两侧同时进行抽真空。双侧抽真空克服

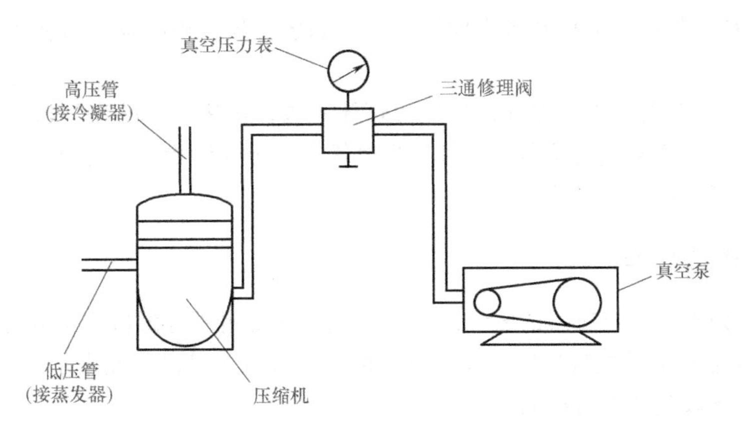

图 2-27　低压单侧抽真空法示意图

了低压单侧抽真空对高压侧真空度的影响。在双尾干燥过滤器的工艺加液管上，焊接带有真空压力表的修理阀，让其与压缩机上的工艺加液管并联在同一台真空泵上，同时进行抽真空，达到系统要求的真空度后，先用封口钳将干燥过滤器的工艺加液管封死，再关闭修理阀，然后继续抽真空，30～60min 后，即可结束抽真空操作，如图 2-28 所示。

【操作技能】

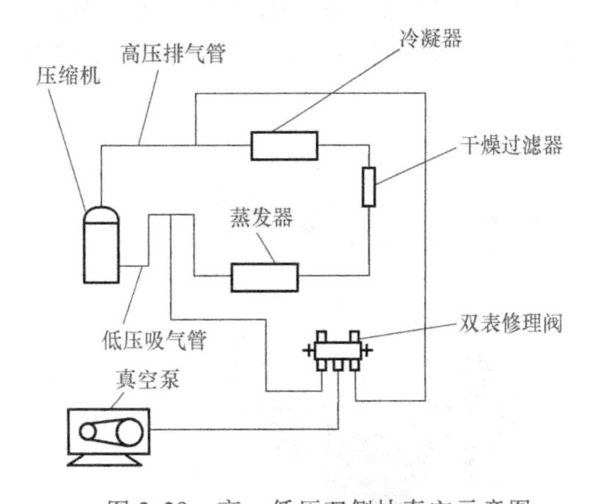

图 2-28　高、低压双侧抽真空示意图

一、系统吹污操作

各类制冷系统由于各种原因受到污染以后，必须进行系统吹污。下面以空调器为例说明制冷系统的吹污操作，其他制冷设备也可以借鉴。

1. 氮气气源传输系统的连接

氮气钢瓶、减压器、耐压橡胶输气软管及（¼)in 连接式手阀组成氮气气源传输系统，将其按顺序连接起来，连接时应注意以下几点。

1）连接减压器上的输出管接口与耐压橡胶软管的过程中，为减小阻力，可适当地加少量冷冻油，这样会很方便地将管子连接起来，然后用抱箍压紧。

2）将耐压橡胶软管另一端与连接式手阀相连，连接时同样可采取上述方法。连接式手阀的另一端待接，连接时要注意手阀的方向要与氮气传输的方向一致，即箭头朝向连接式手阀待接端。

2. 系统吹污的操作步骤

1）将连接式手阀待接端用专用的米英制加液管相连，顺时针方向调节连接式手阀阀门旋钮，关闭连接式手阀，逆时针方向调节减压器压力调节螺杆，关闭减压器。

2）逆时针方向调节氮气钢瓶上的手柄（拧到全开的位置），打开氮气钢瓶，这时压力表会指示氮气钢瓶内氮气气体的压力大小，然后顺时针方向调节减压器上的压力调节螺杆，调到所需的压力大小打开连接式手阀，就可以对系统进行加压或吹污等处理。

3）打开系统，拆除压缩机及各大件连接处，如蒸发器、冷凝器、过滤器、毛细管和四通阀等。

4）将氮气输气软管与被吹器件连接好后打开手阀，堵住器件的出气口，待手指无法堵住出气口时松手，让高压氮气从器件出气口释放排出，带走污物。如此反复进行，直至吹洗干净，如图2-29所示。

二、系统检漏操作

向被检系统内充入一定压力的氮气或干燥空气，并封闭所有出口。一般情况空调系统中充入1.25MPa左右压力的氮气进行试压，试压时间为24h（根据情况来定）。看压力有没有下降，若有压力下降就要进行检漏。

用肥皂水检漏是目前维修人员常用的比较简便的方法，下面简要介绍肥皂水检漏法。

1）用小刀将肥皂削成薄片，浸泡在热水中，不断搅拌使其溶化成稠状浅黄色溶液后再使用。

2）检漏时，在空调系统中充入1.25MPa左右的氮气或干燥空气，用纱布擦去被检部位的污渍。

3）用干净的毛笔蘸上肥皂液，均匀地抹在被检部位四周，仔细观察有无气泡溢出，如图2-30所示。如有肥皂泡出现，说明该处有泄漏。

图2-29　吹污操作

图2-30　检漏操作

4）对检查出来的泄漏部位进行重新焊接，然后再进行检漏，直到系统密封，试压检漏完成。

三、系统抽真空操作

制冷系统抽真空操作的目的是排除制冷系统里的湿气和不凝气体。一般抽真空的方法有低压单侧抽真空法、高低压双侧抽真空法和二次抽真空法三种。下面简要介绍低压单侧抽真空法。

按图2-31所示，将三通修理阀的对应接口分别与压缩机充灌制冷剂的工艺管、制冷剂钢瓶和真空泵的管路接上，并在锁紧管路接头前，从充灌器放出微量制冷剂，将连接管路中的空气驱逐出后再锁紧。

打开通往真空泵的三通修理阀，关闭通往充灌器的三通修理阀，然后起动真空泵，假设

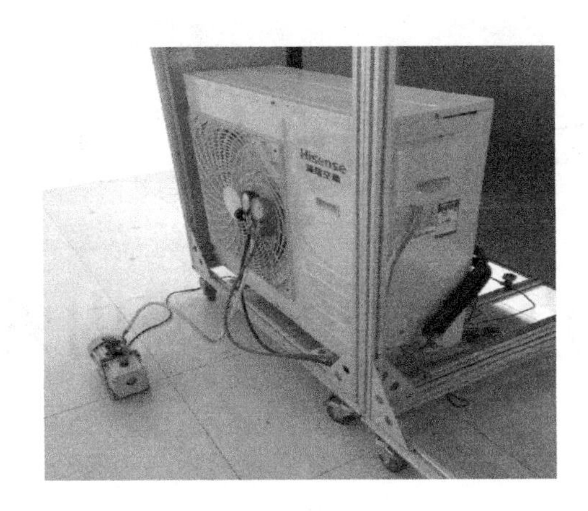

图 2-31　抽真空操作

真空压力表指示在 133Pa 以下，放置 5～10min，如果压力上升大于 3kPa，说明系统有泄漏，应检查排除后，再进行抽真空工序，如果低压表指针保持不动，继续抽真空 30min 以上，然后关闭通往真空泵的三通修理阀，并关闭真空泵停止抽真空。

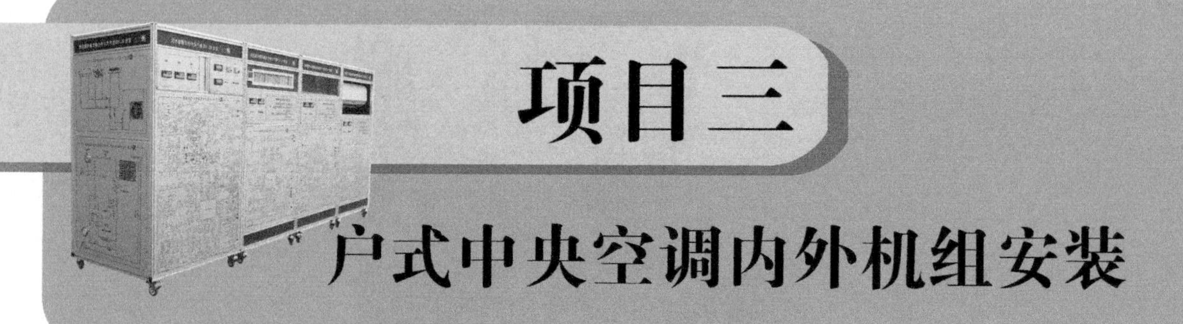

项目三 户式中央空调内外机组安装

项目内容

1. 亚龙 YL-835 型户式中央空调系统室外机的安装。
2. 亚龙 YL-835 型户式中央空调系统室内机的安装。
3. 亚龙 YL-835 型户式中央空调制冷系统基本操作。

任务一 室外机安装技术标准

【基本知识】

一、机组验收

所有多联室外机组均用瓦楞纸箱或板条箱包装，各室外机内均预先注有精确剂量的制冷剂，以确保机组的正常运行。

收到机组后，应立即对运输过程中可能发生的损坏进行检查。如有明显损坏，应立即以书面形式向运输公司申报；接到机器后，应检查型号、规格、数量是否与合同相符。

1. 家用中央空调设备入场验收单

家用中央空调设备入场验收单见表 3-1。

2. 搬运与吊装

5P（含）以下的室外机可手动搬运，5P（不含）以上的建议吊运。

吊运时禁止拆去任何包装，应用两根绳索在有包装的状态下吊运，保持机器平衡，安全、平稳地提升。在无包装的情况下搬运时，应用垫板或包装物进行保护。

搬运、吊装室外机时应注意保持垂直，倾斜角度不应大于 45°，并注意在搬运、吊装过程中的安全，如图 3-1 所示。

二、室外机安装环境的选择

1）机组在运行过程中会产生噪声并排气，应安装在不影响他人的地方。

表 3-1　家用中央空调设备入场验收单

【某某家用中央空调】设备进场验收单

——×××电器有限公司

客户姓名：____________

联系方式：____________

小区名称及楼房号：____________

序号	型号	单位	数量	备注
1				
2				
3				
4				
5				
6				
7				

合计：

室外机：______件；室内机：______件；总计______件

说明：

1. 本人已经现场验收上述货物，货物外观完好，数量、规格与合同一致，本人予以签收。
2. 货物签收后将按照合同的约定进行款项的支付。
3. 供货方需要按照合同的约定保质、保量地完成施工工作。

客户签字/盖章：________

验收日期：________

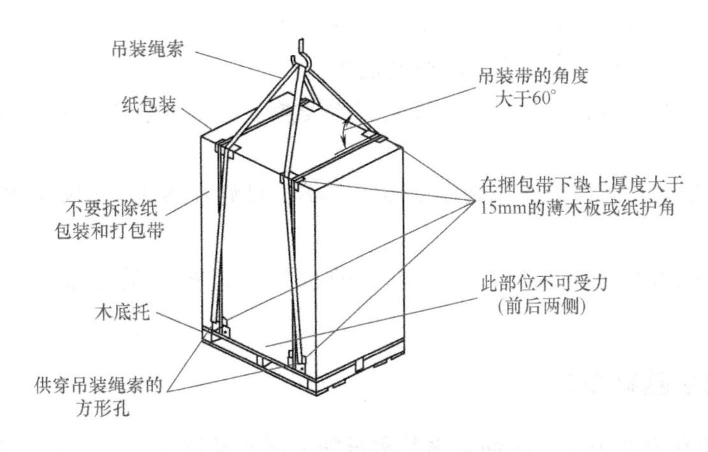

图 3-1　室外机搬运、吊装

2）机组周围不应有其他热源，避免机组的换交热性能受到影响；机组周围应有排水道，以便排除雨水和除霜造成的积水。

3）机组不可安装在有易燃易爆物品、腐蚀性气体、盐雾以及严重灰尘等污染性空气的地方，不能安装在海边，避免对机组造成损坏，机组不可安装在污染等级为 4（GB 14048.1—2012 中规定的环境条件）的工作环境中。

4）安装室外机时尽量选择节约铜管的地方。

5）机组的位置应选择在远离电磁波辐射源的地方，以免干扰机组的正常工作。

6）当机组必须安装在室内时，应设置机组的冷凝热排风系统，确保室外机组的换热。

7）当机组安装在屋顶时，应确保避雷针高于机组，避免雷击造成机组的损坏。

8）当机组安装在屋顶时，应尽量避免强风对机组正常运行的影响。

9）机组安装在屋顶或阳台的情况下，天气寒冷时排水会结冰，应避免在人常走动的地方排水，以防人滑倒。

10）安装室外机时要保证其有足够的维修空间。

11）机组的四周必须有足够的空气流动空间，确保足够的出风、回风空间并且防止空气短路循环。

12）室外机应远离电磁波辐射源，间距至少在3m以上。

13）在冰雪覆盖地区安装室外机时，要在室外机排风侧和热交换器吸风侧加防雪罩。

14）室外机应安装于阴凉处，避开有阳光直射或高温热源直接辐射的地方。

15）应将室外机安装在屋顶等除了维修人员以外其他人不易靠近的地方。

三、机组安装间距的要求

1）应该保证机组周围留有1m以上的维修空间，四周障碍物高度不得超过800mm。

2）室外机模块中必须将主机放在最远端，多台机组组合式应按要求顺序摆放整齐，面板朝向一致。

3）考虑到散热效果和检修方便，同一行外机间距需要增至200mm，两行外机间应留有1000mm以上的维修空间。

4）机组上方3m内有障碍物时，必须加装导风管将排风引出。

5）室外机原则上不允许安装在由百叶窗封闭的空间内，若必须安装，则叶片间距应≥30mm，百叶不得倾斜，且尽量加大百叶窗的面积。

6）室外机上下安装时，上层外机应加装排水设施，防止上层化霜水滴到下层机组上影响空调效果。

7）外机安装于空心砖外墙，应做穿墙固定支架，最好在墙内外侧焊接钢板，增加墙体的承重强度。

8）VRF模块机组顺序排列时，最小容量的机组应该排在最远端，同时将其设定为主机。

四、机组安装基础要求

机组需要安装在表面平整、足够支撑其重量的混凝土基础上，且必须是实心的，同时满足以下安装条件。

1）安装室外机时必须预埋螺栓固定孔，并使用螺栓固定。机组高度至少高于地面150mm以上，宽度应大于机组支撑脚宽度的1.5倍。

2）地基水平牢固，室外机与地基接触严密，室外机安装的水平度误差小于1/100。

3）机组不能放在木质平板上，以防产生噪声。

4）基础与机组支撑脚之间安装减振器，如选用橡胶减振垫时，其厚度应为5～10mm。

5）固定室外机时，用 M12 的固定螺栓，5HP、8HP、10HP 室外机为 4 个固定点；16HP、20HP 室外机为 6 个固定点；24HP、30HP 室外机为 8 个固定点。

【操作技能】

亚龙 YL-835 型户式中央空调系统室外机的安装

一、室外机安装工具准备

安装亚龙 YL-835 型户式中央空调系统室外机所需的工具见表 3-2。

表 3-2　安装户式中央空调系统室外机所需的工具

序号	名称	规格	数量	备注
1	YL-835 型户式中央空调室外机实训系统		1 套	
2	活扳手	250mm	2 把	
3	螺钉旋具	300mm	2 把	一字、十字
4	卷尺	3m	1 把	
5	手套		1 副	

二、室外机安装操作步骤

1）锁紧铝合金型材框架（此处框架模拟现实场景中地基）的地脚万向轮，检查设备是否完好。

2）由两人将室外机搬起，放置于铝合金型材上，上下孔对齐。

3）抬起室外机一侧，抬起高度以能放入减振垫为宜，在室外机这一侧 4 个螺孔位置底座下，逐一放入减振垫。

4）插入地脚螺栓，放入弹簧垫片，拧紧螺母。拧紧螺母时，以对角线上的两个螺母为一组，交替紧固，不宜先同时紧固同一侧的两个螺母。

安装后的 YL-835 型户式中央空调室外机如图 3-2 所示。

3-2　安装后的户式中央空调室外机

任务二　室内机施工技术标准

【基本知识】

一、户式中央空调室内机的种类

室内机模块就是一个个风机盘管（夏季为冷凝器，冬季为蒸发器），根据室内机安装形式可分为嵌入式、风管式、壁挂式等。

1. 嵌入式室内机

嵌入式室内机一般用于空间较大且房间中央部分有吊顶处理的场合，吊顶高度要满足嵌入式室内机的高度尺寸，如图 3-3 所示。

2. 壁挂式室内机

壁挂式室内机一般适用于面积较小、室内没有装饰吊顶的房间，采用的是明装，机器直接裸露在室内，安装和使用与普通分体式空调器壁挂式室内机相同，如图 3-4 所示。

图 3-3　嵌入式室内机

图 3-4　壁挂式室内机

3. 风管式室内机

风管式室内机更适用于长形房间，这样气流组织更加合理，制冷、制热效果好，一般安装于房间短边装饰吊顶内，如果房间较长，可以在室内机出风口加装风管延长送风管路，以获得较好的空气调节效果，如图 3-5 所示。

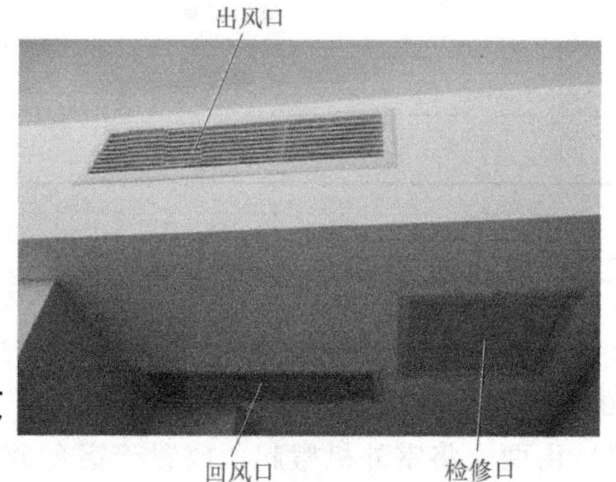

图 3-5　风管式室内机

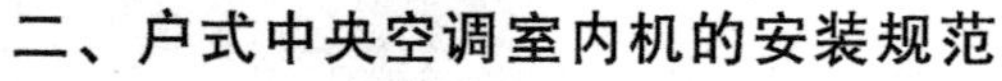

二、户式中央空调室内机的安装规范

1. 装卸及搬运技术要求

1）空调器在运到安装地点之前不得拆封；如不得不拆封，拆封后应采取措施以免损坏或擦伤空调器；安装完毕后，装修还没有完成时应该用塑料袋将室内机包扎保护起来，如图 3-6 所示。

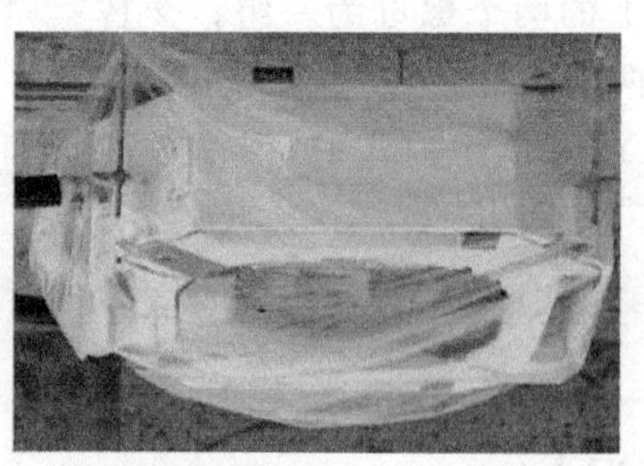

图 3-6　室内机使用前用塑料袋包扎保护

2）拆封时或拆封后，搬动空调器时不得加力于制冷剂配管、排水管或其他塑料部件，以免损坏空调器。

2. 室内机安装位置

1）不要将室内机安装于室外，否则会发生漏电或触电事故。

2）不要将室内机安装于设备机或厨房，防止油气或雾气进入室内机。

3）当室内机安装于医院或其他有电磁波的医疗设备附近时，应避免电磁波直接照射电控箱、遥控器和遥控线，要用铁盒、铁管保护并接地，距离在 3m 以上。当电源有杂波时，应安装滤波器消除杂波。

4）酸碱对换热器有腐蚀作用，不得将室内机安装于酸碱环境中。

5）安装步骤：确定安装位置—划线标位—打膨胀螺栓—吊装室内机。

6）室内机必须单独固定，不得与其他设备、管线共用支吊架或悬挂在其他专业的吊架上。

7）吊装时应使用 4 根吊杆，吊杆直径不得小于 ϕ10mm。当吊杆长度超过 1.5m 时，必须在对角线处加两条斜撑以防止晃动，如图 3-7 所示。

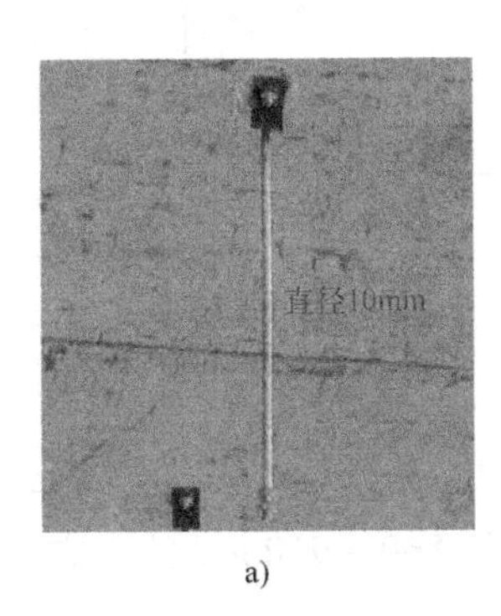

a)

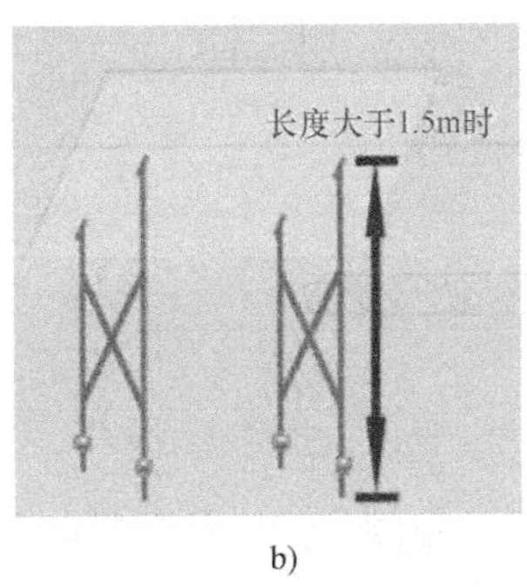

b)

c)

图 3-7　吊杆安装

a）吊杆直径不得小于 ϕ10mm　b）加斜撑防止晃动　c）吊装内机图

8）吊装在封闭吊顶内时，室内机电控箱位置处应预留不小于 450mm × 450mm 的检修口。

9）室内机相互之间最大高度差不得超过 15m。

10）室内机安装位置附近不能有热源直接辐射。

11）能够提供足够的安装和维修空间。

12）机器安装于噪声要求非常低的环境，应考虑直接与反射的噪声声平。

13）保证通风良好，气流不受障碍物遮挡。

14）冷凝水能顺利排出。

三、室内机的安装技术要求

1. 嵌入式室内机的安装

1）将室内机安装在易于操作及维护的空间位置，在天花板上与管线连接位置附近开一个检修口，用于检查安装出风面板的天花板表面是否平滑，吊装时与天花板保持最少 10～20mm 的净距离，如图 3-8 所示。

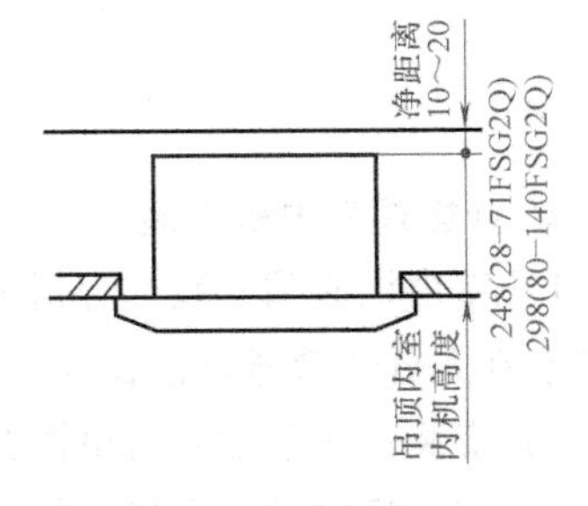

图 3-8　嵌入式室内机与天花板距离

2）考虑室内机出风分布，选择合适的位置使室内机各处温度达到均匀。建议最好将室内机安装在距地面 2.5m 左右的位置。超过 3m 时应加设一个空气循环器。

室内机与左右墙壁距离不得小于100mm。

3）选择合适的位置和方向安装室内机，保证接管、布线、维修方便，气流分布合理，如图3-9所示。

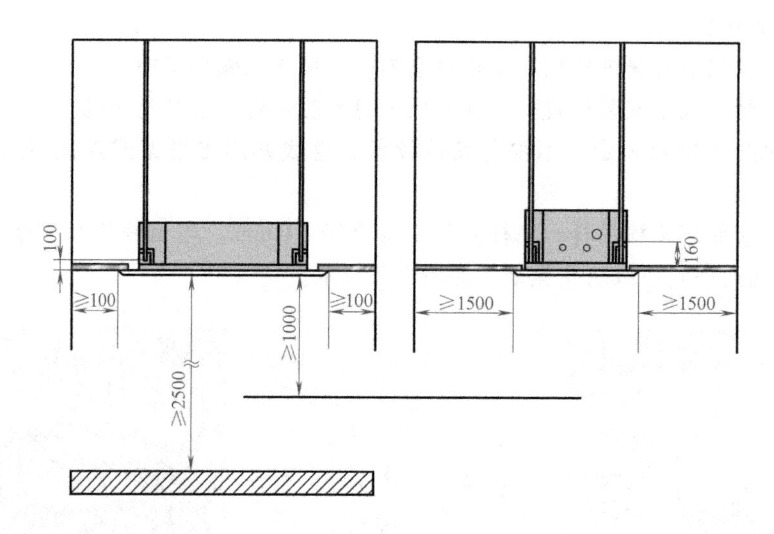

图3-9 嵌入式室内机安装尺寸要求

4）嵌入式内机天花板预留维修室内机的洞口尺寸为边长860～910mm的正方形，最好为890mm×890mm，如图3-10所示。

5）吊装室内机时，不要施力于接水盘，以防破损。

6）用水平仪检查接水盘，以防排水装置安装有误。排水管侧要比其他部分低5mm。

7）调整完毕后，将悬吊螺母拧紧，必须涂上螺纹锁固剂以防螺母松动，否则会产生噪声或室内机可能掉下，如图3-11和图3-12所示。

图3-10 嵌入式室内机维修口尺寸

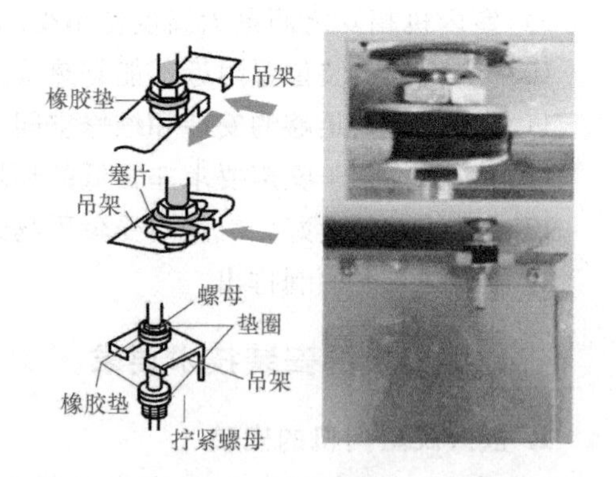

图3-11 悬吊螺母

2. 壁挂式室内机安装

1）室内机必须安装在合适的位置，使室内温度分布均匀，气流合理，避免直吹，且不得安装在人员经常通过位置的上方。

2）安装位置附近要有电源插座。

3）室内机的进出风口不得有障碍物阻挡空气流动。

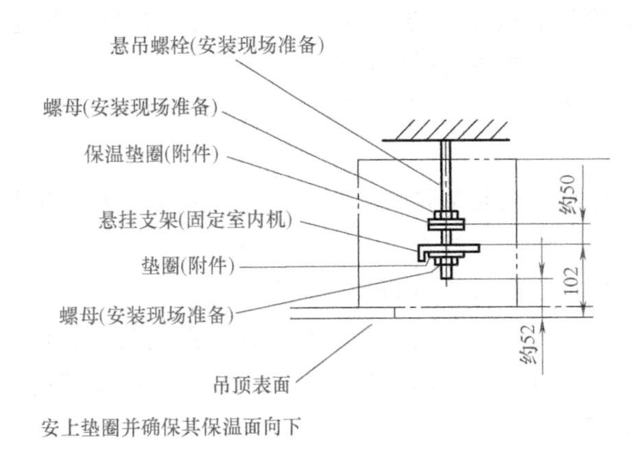

图 3-12　悬吊螺母的安装

4）将室内机安装在易于操作及维护的空间位置，上方空间不小于 50mm，左右空间不小于 100mm，如图 3-13 所示。

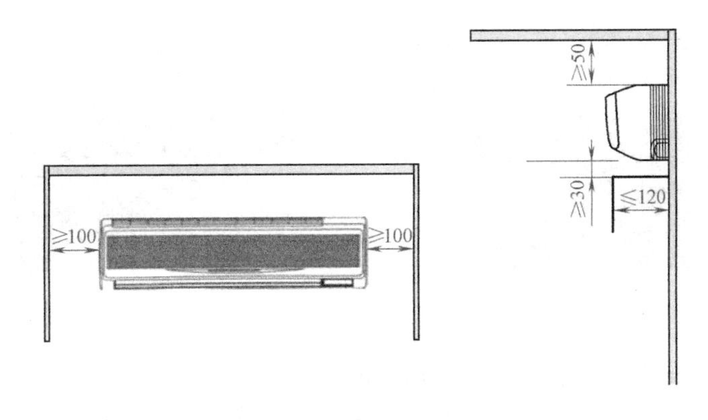

图 3-13　壁挂式室内机安装尺寸要求

5）采用悬挂板安装室内机，挂板可以装在墙上或柱子间，如图 3-14 所示。

6）挂板要有足够的承重能力，至少要用 4 个固定点固定，排水管侧要比另一侧低 5mm，以防不正确的位置引起冷凝水倒流（排水管左右均可）。

7）把室内机勾在挂板上，并保持垂直，如图 3-15 所示。

8）检查室内机是否完全挂在挂板上，避免其从挂板上掉下来导致事故发生。

9）安装时不应破坏饰面结构。

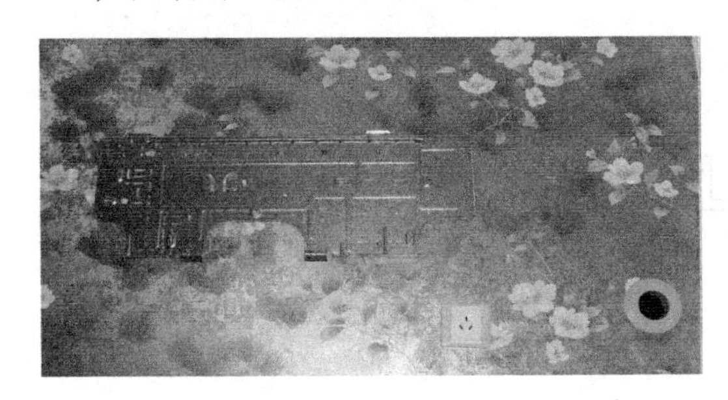

图 3-14　挂机背板的安装

图 3-15　保证室内机垂直

10）为连接制冷剂管道、电线、检查冷凝水的流动，需要打开前面板。打开时，按照设备的指示格式操作，注意不要碰伤树脂材料。

11）室内机可从3个方向接管，分别是后边、左边和右边。因此，可选择最合适的室内机接管方向。

12）连接排水管的标准方向是从排气格栅看过去的右侧，也可以从左侧和后面连接。

13）排水管连接完毕，注水入接水盘并进行检查，确保水流畅通。

14）安装管路时不要把冷凝水管与制冷管绑在一起。

15）对于进入室内机的配线，要用胶带等材料封住接线孔，防止冷凝水及昆虫进入。

16）对电线、排水管、电器件等部位加以保护，以防老鼠及其他小动物破坏。

3. 风管式室内机的安装

1）将室内机安装在易于操作及维护的空间位置。

2）室内机必须安装在合适的位置，使室内温度分布均匀。

3）室内机的进出风口不得有障碍物阻挡空气流动，如图3-16所示。

图3-16　安装位置保证气流流动顺畅

图3-17　风管式室内机的安装

4）应将室内机安装在高于地面2.3m的位置。

5）吊装时应使用4根吊杆，吊杆直径不得小于10mm，并保证有一定的长度调节余地。吊杆长度超过1.5m时，必须在对角线处加两条斜撑以防止晃动，如图3-17所示。

6）要用两个螺母分别在室内机悬挂支脚的上下两侧固定室内机，螺母与支脚间分别加垫圈以减小振动。为防止松动，将吊杆和螺母部分涂螺纹锁固剂，否则会产生噪声或室内机可能掉下，如图3-18所示。

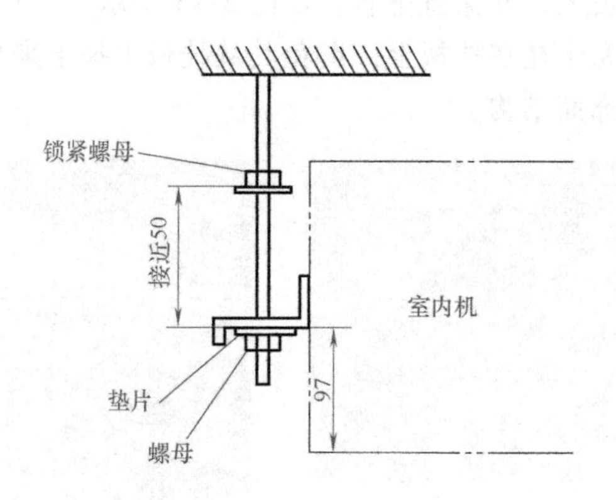

图3-18　悬挂螺栓和垫片

7）分管机电器盒离墙壁至少≥300mm，方便接线、地址拨码和有故障时进行维修，风管机送、回风口侧必须预留一定的空间安装送风管和回风管，如图 3-19 所示。

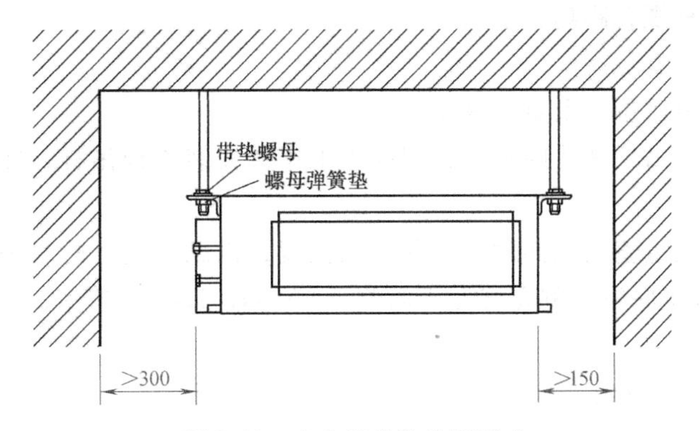

图 3-19　室内机安装位置要求

8）室内机吊装应保持水平，如图 3-20 所示。但允许室内机后侧低于前侧 0～5mm，以利于排水。调整完毕后，将悬挂螺母拧紧。

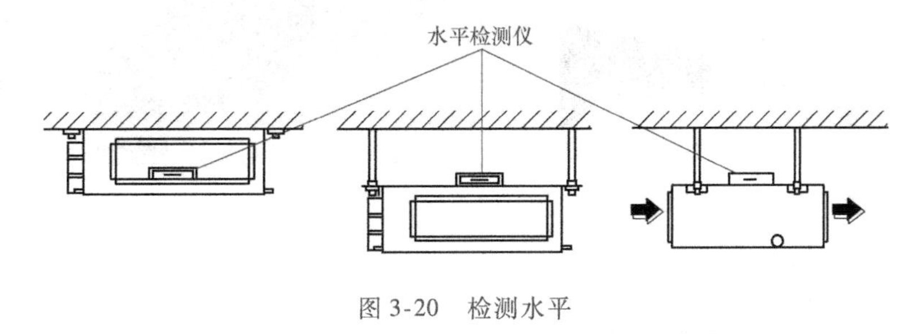

图 3-20　检测水平

9）内藏式风管机安装完毕后，吊顶时必须在室内机电器盒预留检修口，检修口尺寸应大于 500mm×500mm，以方便检修。

【操作技能】

完成亚龙 YL-835 型户式中央空调系统室内机的安装。YL-835 型户式中央空调实训与考核系统的室内机，在装置中均独立安装于铝合金型材制作的框架内，可利用网孔板与吊杆进行吊装。

一、风管式空调器室内机的安装（DLR-22F/11FZBp1）

风管式室内机安装所需材料及工具见表 3-3。

表 3-3　风管式室内机安装所需材料及工具

	名称	规格	数量	备注
1	风管式空调器室内机	DLR-22F/11FZBp1	1 台	
2	吊杆	M10	4 组	
3	螺钉旋具	300mm	1 把	
4	活扳手	150mm	2 把	
5	卷尺	3m	1 把	
6	水平尺	300mm	1 把	

1）根据清单检查设备是否完好，吊杆及紧固螺钉长度、数量是否正确，依据要求，确定位置，锁紧铝合金型材框架地脚的万向轮，如图 3-21 所示。

2）测量 4 个吊杆螺孔距离。

3）确定排水口位置。

4）选择合适的悬吊位置及悬吊高度。

5）根据室内机上吊杆螺孔距离，在网孔板上牢固安装 4 根吊杆，在他人配合下，将内机与 4 根吊杆固定。

6）用卷尺分别测量室内机四边距离网孔板高度，以调节整机的水平度，或用水平仪辅助调整水平度。注意室内机后侧允许低于前侧 0～5mm，以利于排水，锁紧吊杆螺钉，如图 3-22 所示。

图 3-21　锁紧地脚的万向轮

图 3-22　风管式室内机的安装

7）安装完工，进行工位清理。

二、调整嵌入式空调器室内机（DLR-36Q/21FZBp1）方向

嵌入式室内机安装所需材料及工具见表 3-4。

表 3-4　嵌入式室内机安装所需材料及工具

	名称	规格	数量	备注
1	嵌入式空调器室内机	DLR-36Q/21FZBp1	1 台	
2	螺钉旋具	300mm	1 把	
3	活扳手	150mm	2 把	
4	卷尺	3m	1 把	
5	水平尺	300mm	1 把	

1）根据清单检查设备是否完好，吊杆及紧固螺钉长度、数量是否正确，依据要求，确定位置，锁紧铝合金型材框架地脚的万向轮。

2）拆下嵌入式内机面板。

3）两人配合，松开吊杆紧固螺母，取下吊杆。

4）旋转室内机，使排水口方向旋转 180°。

5）根据室内机吊杆螺孔距离，在网孔板上牢固安装 4 根吊杆。

6）两人配合，将室内机固定在吊杆上。

7）选择合适的悬吊高度。

8）利用卷尺测量室内机顶部与网孔板距离，或利用水平尺来调节整机的水平度。

9）锁紧吊杆螺钉，扣好面板，安装完毕。

10）清理工位。

将工具整齐摆回原位，清理工具箱，清洁现场。

三、壁挂式空调器室内机（DLR-36G/21FZBp1）安装

壁挂式空调器室内机安装所需材料及工具见表3-5。

表3-5　壁挂式空调器室内机安装所需材料及工具

	名称	规格	数量	备注
1	挂壁式空调器室内机	DLR-36G/21FZBp1	1台	
2	螺钉旋具	300mm	1把	
3	活扳手	150mm	2把	
4	卷尺	3m	1把	
5	水平尺	300mm	1把	
6	手电钻		1把	

1）根据清单检查设备是否完好，吊杆及紧固螺钉长度、数量是否正确，依据要求，确定位置，锁紧铝合金型材框架地脚的万向轮。

2）选择合适的安装高度，确定背板安装尺寸，在黑色安装板上进行标注。

3）钻孔

4）用自攻螺钉或木工螺钉将挂板固定在黑色安装板上（依据亚龙实际设备安装背板），安装时用卷尺测量挂板顶边左右侧距离顶部网孔板的尺寸，保证水平度，或用水平尺辅助调整水平度。

5）将壁挂式内机挂在背板上，将底部两侧卡扣卡紧，安装完毕。

6）清理工位。

任务三　风管制作

【基本知识】

一、风管设计原则

风管通过柔性短管与室内机连接，能有效地隔离噪声和振动。

柔性短管应符合下列规定。

1）应选用防腐、防潮、阻燃、不透气、不易霉变的柔性材料，用于空调系统的材料应采取防止结露的措施，用于净化空调系统的材料还应是内壁光滑、不易产生尘埃的材料。

2）柔性短管的长度一般宜为150～300mm，其连接处应严密、牢固、可靠。

3）柔性短管不宜作为找正、找平的异径连接管。

4）设于结构变形缝的柔性短管，其长度宜为变形缝的宽度加100mm及以上，室内机配有带孔法兰，可以方便地与柔性短管连接。

5）送风管、回风管都要保温，保温层厚度根据保温材料、设计参数、空调情况计算得出。

6）软管应该保温，防止结露。回风口必须加过滤网。

7）采用下回风时，应将机器后下部的挡板拆下，把机器后面的法兰拆下安装在机器下面，然后把挡板安装在后面。

8）本机型标准配置为自然排水，也可以利用排水泵机械排水，与室内机排水口连接的排水管外径为32mm。

9）未安装排水泵时，排水管直接与室内机排水管用粘合剂承插连接，并用卡箍卡紧，排水管向下倾斜1:25～1:100。

10）安装排水泵时，将原有排水口用橡胶塞封堵，并把水泵排水管引至室内机上侧备用的排水口，排水管可以直接与排水口连接按向下的坡度排出，也可以上返不超过200mm以后再按照向下的坡度排出。

11）当进风口或周围空气相对湿度超过80%时，安装现场应做一个辅助接水盘，置于室内机下边，防止凝结水漏入房间。

12）对于进入室内机的配线，要用胶带等材料封住接线孔，防止冷凝水及昆虫进入。

13）对电线、排水管、电器件等部位加以保护，以防老鼠及其他小动物破坏。

二、回风管安装技术要求

1）机组出厂时采用后回风方式，回风盖板装在下部，如需要采用下回风时，将方形盖板和回风盖板互换位置，如图3-23所示。

2）用铆钉将回风管连接在室内机回风口上，另一端与回风口连接。为了便于自由调节高度并减少风机的振动，可制作一段帆布风管，用8号铁丝加强成折叠状。可根据安装和维修空间选择采用下回风或后回风方式，如图3-24所示。

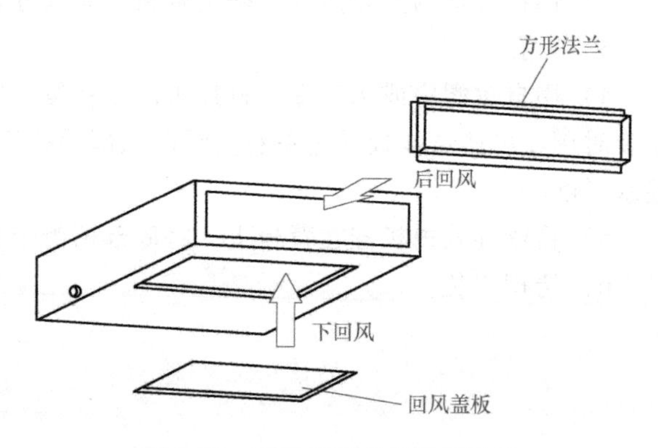

图3-23　更换风管式内机回风口

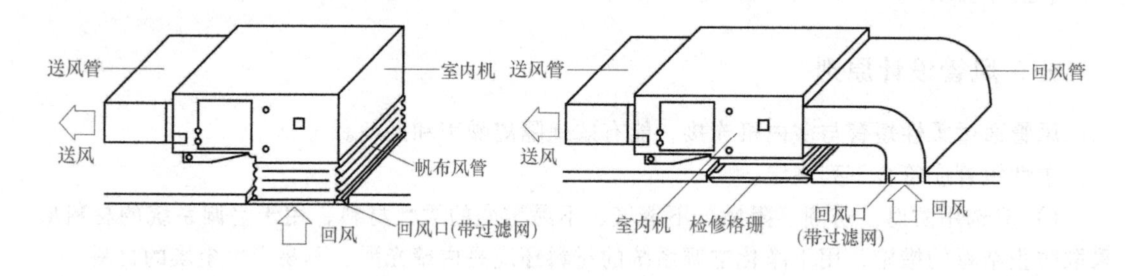

图3-24　回风口安装

三、新风管安装方式

当需要接新风管时，去除新风挡板，如图 3-25a 所示。如果不用新风管时，用海绵将新风挡板缝隙堵住。

安装圆形法兰以及新风管，如图 3-25b 所示。

风管及圆形法兰管均需要很好地密封及保温。

新风需是经过过滤处理后的空气。

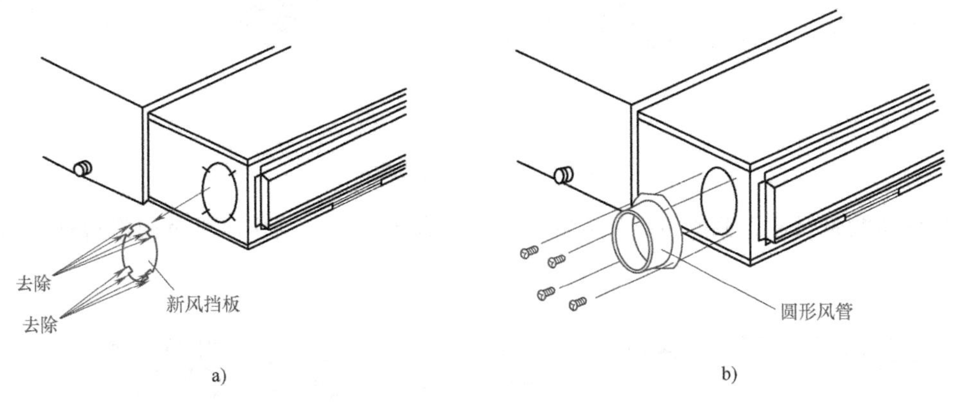

图 3-25　新风管

【操作技能】

风管式空调器室内机（DLR-22F/11FZBp1）回风口制作

将亚龙 YL-835 型户式中央空调系统风管式室内机回风方式由后回风改成下回风方式，并制作帆布回风软管。

风管式室内机风管制作安装所需材料及工具见表 3-6。

表 3-6　风管制作安装所需材料及工具

	名称	规格	数量	备注
1	风管式空调器室内机	DLR-22F/11FZBp1	1 台	
2	铝合金边框		若干	
3	帆布		若干	
4	针线		若干	
5	手电钻			
6	老虎钳			
7	斜口钳			
8	剪刀			
9	螺钉旋具	300mm	1 把	
10	卷尺	3m	1 把	

将回风位置改成下回风方式（并制作风管长度 150mm）的操作如下：

1）拆下侧回风百叶回风口，并测量其长、宽尺寸，如图 3-26 所示。

a)　　b)

图 3-26　回风口测量

a）长度测量　b）宽度测量

2）依据测量尺寸，截取相应长度的帆布与铝合金边框，制作风管及固定边框，如图 3-27 所示。

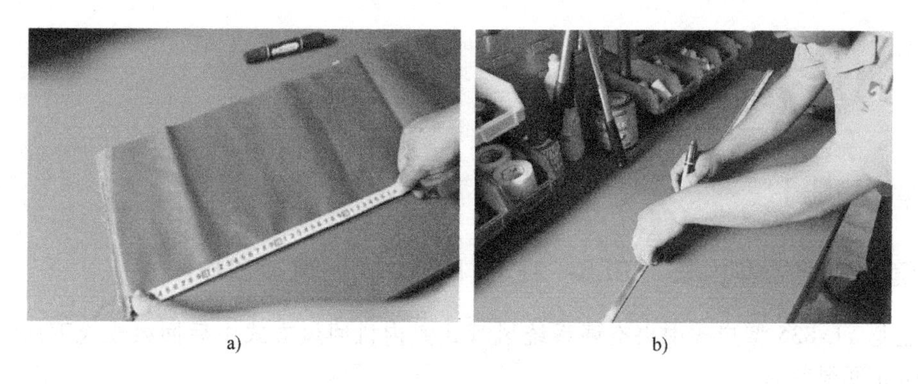

a)　　b)

图 3-27　裁剪帆布和固定框

a）剪裁帆布　b）剪裁固定框

3）剪下一块帆布用针线进行缝制，其周长对应回风口周长，宽度为 170mm（其中 20mm 用于固定及封口），如图 3-28 所示。

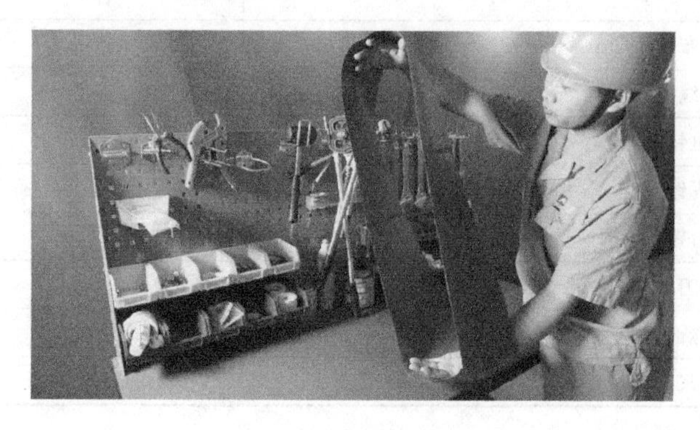

图 3-28　缝制帆布

4）依据回风口尺寸量取L形铝合金边框，并截断一条边，做出两个L形边框，形成闭合固定框，如图3-29所示。

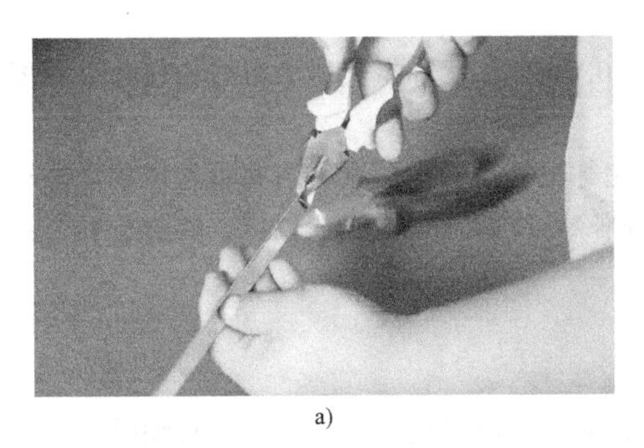
a)

b)

图3-29　L形边框
a）弯制边框　b）完成边框制作

5）钻孔并利用螺钉，使用L形边框将制作好的帆布风管固定在外机回风处及拆下的风口上，如图3-30所示。

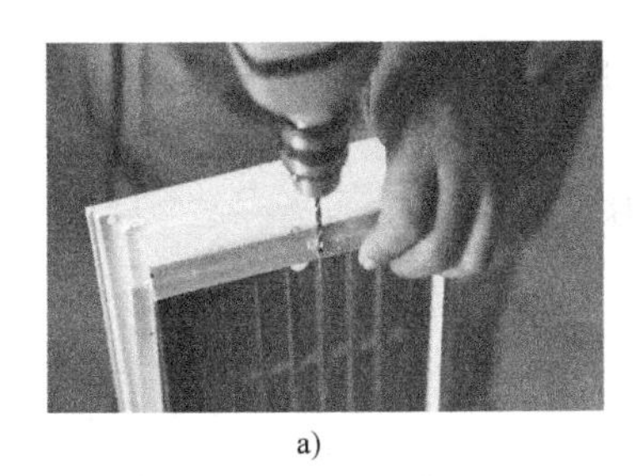
a)

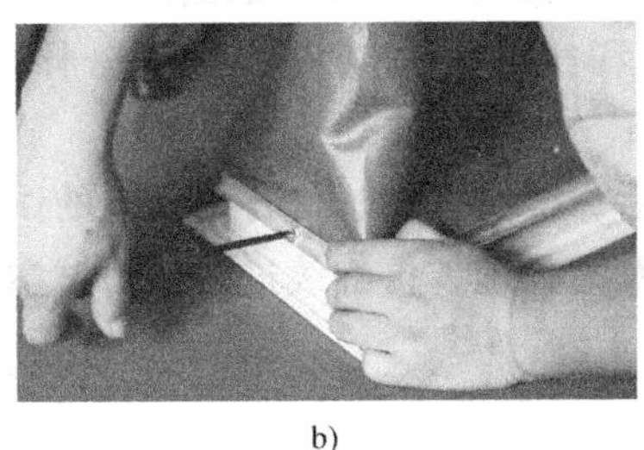
b)

c)

图3-30　风管安装
a）对铝合金边框钻孔　b）固定帆布风管　c）安装回风管

任务四　户式中央空调制冷系统基本操作

【基本知识】

空调器内外机及制冷系统管路安装完成后，要进行制冷系统管路清理、试漏、检漏、抽真空等基本操作，在确保制冷系统管路密封、干净、干燥、真空度符合要求的情况下，才能释放制冷剂进入制冷系统管路。

本任务主要是以YL-835户式中央空调为训练设备，以全国职业院校技能大赛要求为基准，与实际中的户式中央空调操作有一定的差异性，特此说明。

一、制冷系统管路清洗与吹污

技能大赛为了环境和选手的安全，没有使用气焊设备进行管路连接，而是使用喇叭口连接，所以在制冷系统管路的清洗上没做要求，只是要求进行吹污处理。

为了保证管路的干净，在制作管路的过程中对喇叭孔口的制作和铜管穿保温管有技术要求。制作喇叭口在刮内陷切口时，要求管口倾斜朝下；穿保温管前，要求先使用堵头封堵管口。

吹污使用高压氮气，压力调节控制在 0.5～0.8MPa。实际氮气压力以现场任务书的要求为准，训练过程中可以使用 0.6MPa 的压力。

吹污基本要求有两个方面：一是单独制作完每根管路时，要及时对每根管道单独进行吹污，然后才能进行制冷系统管道的组装；二是制冷系统管道组装完成以后，要进行整个系统的管路吹污。

二、压力试漏和检漏

制冷系统管路组装完成及吹污完成后，要将整个制冷系统密封，夹紧所有喇叭口。为了确保制冷系统的密封性，要进行高压压力和真空压力试漏，在确保没有漏点的情况下，才能进行后续的操作。

高压压力试漏时，为了确保竞赛现场的安全，氮气的压力和实际的压力要求有一定的差异。用实际压力进行试漏时，R410C 制冷系统的管路试压最大压力为 4.15MPa，YL-835 中央空调在训练和竞赛时，要求压力在 0.5～1MPa 范围内。

高压压力在充注过程中，和实际中央空调的操作一样，压力逐渐增加，从 0.5MPa、0.8MPa 到 1MPa，并保压 20min，中间间隔 5min。

真空压力试漏是在抽真空后，保持真空，进行 10min 的试压。

试漏过程中，发现漏点要及时处理，再继续进行压力试漏。

三、抽真空

抽真空的目的主要有两个：一是抽掉制冷系统管路内的空气，达到制冷系统的真空度，真空度的要求是 -65cmHg；二是抽掉管路内的水分，保证系统无水运行，因为有水运行会损坏直流变频压缩机，制热时引起节流阀冰堵。

制冷管路内的空气会引起压力波动和大小异常，影响制冷系统及压缩机运行。

抽真空使用设备配备的真空泵完成。

YL-835 户式中央空调采用双侧同时抽真空。外机在气、液两个阀上都有工艺口，便于采用双侧同时抽真空。

抽真空时间在训练和竞赛时要求为 20～30min，即可达到 -65cmHg 的真空度。

四、释放和回收制冷剂

YL-835 户式中央空调使用的制冷剂为 R410C。

制冷剂被封闭在 YL-835 户式中央空调的外机盘管内，在制冷系统密封、真空达到要求后，就可以将外机封闭的制冷剂释放到整个制冷系统管路中，然后即可进行空调运行调试。

每次使用完空调以后，要将制冷剂再回收到外机盘管中封闭起来，以便进行下一次的制冷管路训练。

制冷剂回收可以采用两种方法：一是制冷状态直接进行回收；二是在停机通电状态下，使用外机的强制回收功能。

回收制冷剂的原理如图 3-31 所示，制冷剂制冷时按照箭头方向流动，先关闭液阀，制冷剂不再从外机外流，内机的制冷剂顺着箭头回收到外机内，再关闭气阀，将整个制冷系统管路内的制冷剂回收到外机盘管内，并封闭起来。

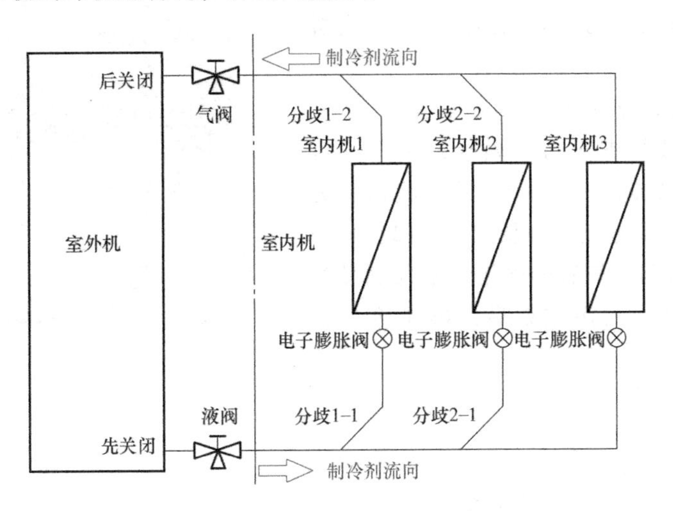

图 3-31　回收制冷剂的原理

【操作技能】

一、制冷系统管路吹污

1. 氮气压力调节

1）开启氮气瓶压力表阀。

2）打开连接氮气瓶的气管管口控制手阀，使氮气吹出。

3）调节流动的氮气压力，氮气控制表阀低压表指针调节到 0.6MPa。

4）关闭手阀待用。

2. 单根管道的吹污

1）选取已经制作好的一根铜管。

2）将氮气出气管的管头对准铜管管头的喇叭口，用手稍压紧。

3）开启氮气控制手阀，高压氮气从铜管的一端吹向另一端，保持 3～5s，关闭手阀，再开启手阀保持 3～5s，即可完成单根管道的吹污。

单根管道的吹污不需要两头都吹，从一端吹即可。

3. 制冷系统管道吹污

由于户式中央空调管道复杂，所以需要两名选手配合吹污才能很好地完成吹污操作。

对制作的铜管进行吹污，3 台内机不需要吹污。

1）氮气压力调节和单根管道吹污的压力一致。

2）连接设备配置的检修双表阀，如图 3-32 所示，将表阀的红色高压连接管连接到外机液阀的工艺口，蓝色低压连接管连接到外机气阀的工艺口（注意要使用专用的 R410C 加液管转接头），中间黄色连接管连接到氮气的出气口连接头上，将 3 个接口用手拧紧，确保没有漏气。

3）两名选手确定好自己所处的位置，1 人检修表阀附件，控制表阀气流的通断，同时靠近一台内机，准备吹污，另 1 人到另外的 2 台内机附近，准备吹污。

两人吹污的原理如图 3-33 所示。

进气管 1 从液阀进入高压氮气，从出气口 1、3、5 出气，完成制冷管路中液管的吹污；进气管 2 从气阀进入高压氮气，从出气口 2、4、6 出气，完成制冷管路中气管的吹污。室内机没有和气管、液管连接，吹污结束后，再连接 3 台内机。

图 3-32　连接检修双表阀

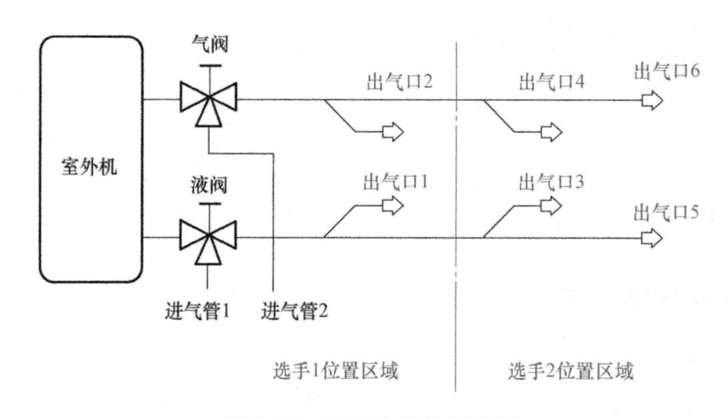

图 3-33　两人吹污的原理图

室外机两个液阀、气阀单向阀是关闭状态，没有和制冷管路连通，同时两阀在室外机关闭时，工艺口和室内机连接管连通。

4）液管吹污。

选手 1 开启检修表阀的低压旋钮，氮气通过液阀进入液管。

选手 1 用大拇指堵住出气口 1，选手 2 使用两手大拇指分别堵住出气口 3 和 5。

在选手 1 的统一指挥下，先由选手 2 分别在出气口 3、5 位置进行断续放气，每个管口放气 3 ~ 5 次，由选手 1 查看压力表的吹污压力，通知选手 2 进行放气吹污。

选手 2 吹污完成后，选手 1 进行管道出气口 1 的断续放气，完成液管的吹污。

5）气管吹污。气管吹污的操作过程和液管吹污的操作过程一致。

吹污结束后，不要将连接在气阀、液阀上的检修表阀卸下来，将氮气连接管也连接到检修表阀上，以便对制冷管路进行高压保压试漏。

二、制冷系统管路高压保压

在制冷管路吹污结束后，将制冷管路连接到 3 台室内机的盘管接头上，拧紧喇叭口，开始进行制冷管路的密封试漏和高压保压检漏。

1. 高压试漏的准备工作

1）调节氮气压力为1.2MPa。

2）空调室内机上电60s后再断电。

室内机电源断路器在室外机的面板上，室内机上电，室外机不需上电。室内机上电的目的是将室内机的电子节流阀开启，使整个制冷系统管路处于联通状态。正常关机状态下，室内机的电子节流阀处于关闭状态，若不通电打开，则很难进行制冷系统管路的试漏。

若不在规定时间内断电，3min后电子节流阀又将自动关闭。在整个制冷系统操作过程中，尽可能保持电子节流阀开启（及时断电即可保证其开启）。

2. 三段压力高压保压

（1）低压力试漏　开启检修表阀的旋钮，将氮气充入制冷管路内。最好能同时开启两个旋钮，使气阀、液阀两端同时向管路内送气。

控制压力为0.5MPa，停止充气，撤掉氮气连接。

氮气低压保压5min，观察压力是否下降。若有下降说明有漏点，要进行漏点检查和修复。若没有下降，则继续充入氮气。

（2）中压力试漏　其操作方法与低压力试漏一样，连接氮气管道，压力控制到0.8MPa，撤掉氮气连接，进行5min试漏。

（3）高压力试漏　为了训练和竞赛的安全，高压试漏压力控制在1~1.2MPa，比实际的4.15 MPa压力要低很多。中压力5min试压不漏后，进行高压试漏。

继续充入氮气，压力控制到1MPa。

关闭检修表阀的旋钮，撤掉氮气连接管。

高压氮气试漏时间20min。

高压力试漏开始后，一是观察压力是否降低，二是使用肥皂水检查连接的所有喇叭口是否有漏点。即使没有漏点，也要进行喇叭口的检漏。

注意：进行3个阶段的压力试漏时，都要将氮气连接管撤掉；将3个阶段的压力试漏的压力值、开始和结束时间、压力变化情况等记录到任务书的表格上。

任务书上吹污、压力试压检漏表格见表3-7。

表3-7　任务书上吹污、压力试压检漏表格

吹污操作						
吹污压力			确认签字			
试压检漏						
次数	保压开始			保压结束		
	时 间	压力值	确认签字	时 间	压力值	确认签字
氮气检漏						

三、制冷系统管路抽真空和真空试漏

使用真空泵进行抽真空，真空泵和两个气、液单向阀的连接如图3-34所示。

1. 抽真空

（1）放出高压保压的高压氮气　为了节省时间，可以将检修表阀的两个旋钮同时打开，

图 3-34　使用真空泵抽真空

将制冷管路内的高压氮气放出。在放气的同时，取出真空泵，准备连接。

（2）连接真空泵　高压放气结束后，将真空泵连接到检修表阀的中间连接管道上。

（3）通电抽真空　使用高、低压双侧同时抽真空。

连接好真空泵后，接通真空泵电源，开始抽真空。

抽真空时间控制在 20～30min 即可。

抽真空结束后，记录时间和真空压力值，压力值不高于-650mmHg。若压力偏高，说明抽真空过程有漏点存在，通常是连接表阀的接头接触不良。

2. 真空试漏

制冷系统管路经过高压试漏后，为防止管道的反向泄漏，通常在抽真空后，再进行真空保压 10～20min，以确保管路的密封性。

抽真空结束后，先关闭检修表阀的两个旋钮，表阀连接不动，然后将真空泵断电，卸掉真空泵。

记录压力和时间。

真空保压试漏 10min。

试压压力没有回升即可，若有压力回升，则要查找原因并修复。

在真空试漏过程中，还要进行其他的操作，在操作过程中，要注意不要触碰到保压的管道及接头，防止漏气，以免保压失败。

抽真空及真空保压的表格见表 3-8。

表 3-8　抽真空及真空保压的表格

<table>
<tr><td colspan="7">抽真空</td></tr>
<tr><td colspan="2">抽真空开始时间</td><td colspan="2"></td><td>确认签字</td><td colspan="2"></td></tr>
<tr><td colspan="2">抽真空结束时间</td><td colspan="2"></td><td>确认签字</td><td colspan="2"></td></tr>
<tr><td colspan="7">真空保压操作</td></tr>
<tr><td rowspan="2">次数</td><td colspan="3">保压开始</td><td colspan="3">保压结束</td></tr>
<tr><td>时 间</td><td>压力值/mmHg</td><td>确认签字</td><td>时 间</td><td>压力值/mmHg</td><td>确认签字</td></tr>
<tr><td>第一次</td><td></td><td></td><td></td><td></td><td></td><td></td></tr>
<tr><td>第二次</td><td></td><td></td><td></td><td></td><td></td><td></td></tr>
</table>

四、释放制冷剂

制冷系统管路密封性和真空度达到要求后，即可将室外机的制冷剂释放到整个制冷系统管路中。

1. 再抽真空 3～5min

真空保压时间内，管路内残存的水分在真空下持续汽化，真空试压时间结束后，再抽真空 3～5min 为好。

2. 释放制冷剂

1）停止抽真空，保持检修表阀连接在气阀、液阀不变。

2）开启液阀再关闭，撤掉检修表阀。使用内六角扳手，开启液阀 90°角，可以听见制冷剂从室外机的液阀流进外接管道中。观察检修表阀的低压表，压力数值超过 0.1MPa 后，关闭液阀。

将检修表阀从气阀、液阀上撤掉，将工艺口盖帽拧紧。

3）开启液阀阀芯，持续将制冷剂释放到管路中，液阀开启到底。

4）开启气阀阀芯到底。完成制冷剂释放，将阀芯的盖帽拧紧。

5）释放制冷剂后进行管路检漏。释放制冷剂后，使用肥皂水检查工艺口、阀芯位置是否有漏点。

虽然前面已经进行高压和真空的保压，但在释放制冷剂后，还要对所有喇叭口进行再次检漏，确认没有漏点后，进行管路喇叭口的保温操作。

五、回收制冷剂

1. 回收制冷剂时空调器的工作状态

1）制冷状态下回收制冷剂。制冷状态下才能回收制冷剂，将制冷剂回收并封闭在室外机盘管内。要求 3 台室内机都处于制冷吹风状态下，进行制冷剂回收。

2）强制回收制冷剂。使用空调器室外机的回收制冷剂短路针 CN16，进行空调器制冷剂回收。整机处于制冷状态，同时室外机电路板的数码显示数字减少，代表制冷剂的低压压力。

2. 制冷状态下回收制冷剂

1）空调器制冷运行，3 台室内机都开机，达到吹风制冷状态。

2）关闭液阀。观察室外机自带的压力表，可见低压压力持续减少。当低压压力减少到 0.1MPa 时，可以听到室外机内有电磁阀（电磁旁通阀）动作的声音，说明制冷剂回收完成。

3）关闭气阀。

4）空调器整机停机断电，完成制冷剂回收。

这种制冷剂的回收不彻底，原因是低压偏低时，电磁旁通阀动作，室外机管路内的制冷剂无法回收，剩余 0.1MPa 的制冷剂。

3. 强制回收制冷剂

1）拆开室外机顶壳，在主控电路板上找到 CN16 插头，如图 3-35 所示。插头是裸漏的两根插针，在电路板上标注“CN16 Reback”。

a)

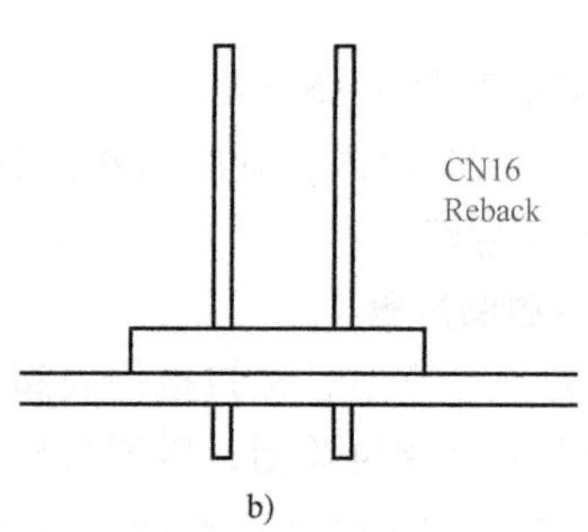

b)

图 3-35 强制回收制冷剂插针

a）插针在主控电板上的位置 b）插针序号和定义名

2）空调器内外机全部上电，但不要开启室内机。

3）手动关闭室外机液阀。

4）使用螺钉旋具或万用表的表笔探针，将两根插针短路 3s。压缩机自动起动，室内机自动运转，制冷剂回收开始。室外机主控电路板的数码管显示制冷系统的低压压力，且数据随着压缩机的旋转逐渐减小。

5）低压压力显示数字显示到 0，说明制冷剂回收完成，关闭室外机气阀。

6）内外机断电，完成制冷剂回收。

六、制冷系统制冷剂缺失模拟

YL-835 户式中央空调设置有制冷剂缺失故障模拟。在 YL-835 户式中央空调室外机的机体外，设置 1 个制冷剂储液罐，使用两个手阀控制储液罐的进出口，如图 3-36 所示。

手阀 1 控制室外机冷凝器后流出的液态制冷剂进入储液罐，手阀 2 控制制冷剂流出储液罐进入压缩机的回气管路。储液罐在抽真空过程中要和整个制冷系统一起抽真空。抽真空后，关闭两个手阀待用。

模拟制冷剂缺失操作如下：

1）空调器制冷运行稳定后，记录电流、高低压力、压缩机排气回气温度。

2）开启手阀 1，将制冷管路内部分制冷剂储存到罐中，关闭手阀 1。

3）记录电流、高低压力、压缩机排气回气温度，并与制冷剂量正常时记录的参数进行比较。

4）开启手阀 2，使储液罐的制冷剂流回到制冷系统中，30s 后，关闭手阀 2。

5）记录电流、高低压力、压缩机排气回气温度，和上面两次记录的数据进行比较。

6）分析制冷剂缺失时，空调器运行有哪些影响。

亚龙 YL-835 户式中央空调由于采用直流变频和节流阀的精确控制，实际调试过程中发现，制冷剂的量多或少整机性能没有太大的变化和差异，只有在制冷剂的量变化较大时，制冷系统的压力和电流才有明显的变化。

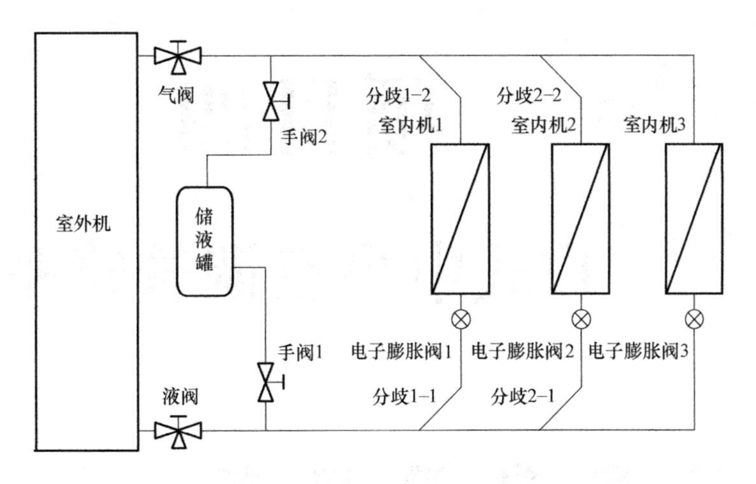

图 3-36　制冷剂缺失故障模拟

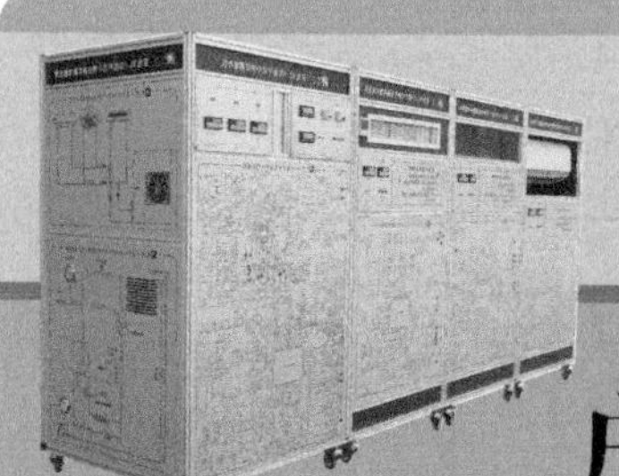

项目四

户式中央空调管路系统安装

项目学习目标

1. 亚龙 YL-835 户式中央空调冷媒管道的安装。
2. 亚龙 YL-835 户式中央空调冷凝水管道的安装。
3. 户式中央空调冷媒管道、冷凝水管道保温处理。

任务一　户式中央空调冷媒管道安装与施工

【基本知识】

一、冷媒配管的选择

空调冷媒管是指在空调系统中，制冷剂流经的连接换热器、阀门、压缩机等主要制冷部件的管路。冷媒管通常采用铜管，对于直接走制冷剂的系统，如 VRV 系统，冷媒管道将直接进入空调空间，连接室外主机和室内机，冷媒管路较长。

使用 R410a 冷媒的空调，压力比传统的 R22 冷媒的空调要大得多，所以在选择材料方面，一定要与 R410a 相适应。其材质、规格应满足现行国家标准 GB/T 1527—2006《铜及铜合金拉制管》和 GB/T 17791—2007《空调与制冷设备用无缝铜管》。

1）材料：磷酸脱氧无缝纯铜管。

进场时应具有出厂合格证、检测报告，管道两端必须封口。

管道内、外表面应无针孔、裂纹、起皮、起泡、夹杂、铜粉、积炭层、绿锈、脏污和严重氧化膜，且不允许存在明显的划伤、凹坑、斑点等缺陷。

2）设计压力：4.0MPa 以上（运行压力比 R22 高约 1.6 倍）。

3）洁净要求：杂质含量 <30mg/10m。

4）必须经过脱脂处理（要求铜管供应商提供清洗证明）。

5）管径的确认。连接配管的尺寸不得大于制冷剂主配管的尺寸，分歧管之间的配管根据下游连接的所有室内机总容量进行选择。分歧管与室内机之间的配管尺寸需与室内机上的

连接配管相匹配。

二、分歧管的选择与安装

分歧管又称为分支器、分歧器，为一头输入、有多条输出的管子，主要用在中央空调VRV系统的管道安装中，其作用是在中央空调多联机安装系统中，将管道中的制冷剂分流到室内机中，起到分流的作用。

1. 分歧管的选择

根据室内机的负荷大小从末端开始向前确定，即最末端的分歧管型号选定后再选定前一级分歧管，依此类推。如果最终的分歧管管径大于该系统室外机的管径，则分歧管管径与室外机管径相同，如图4-1所示。

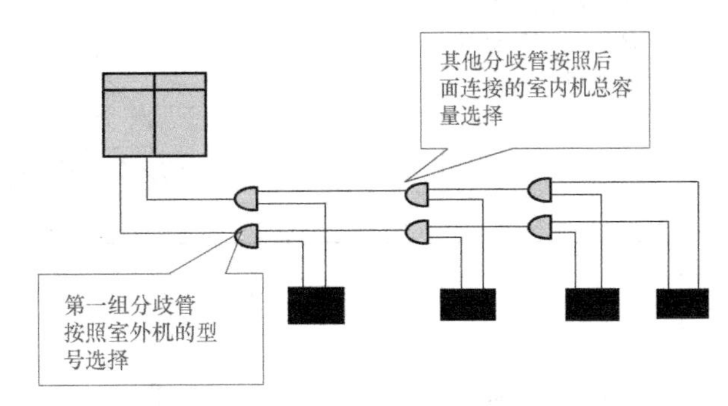

图4-1　分歧管的选择

1）室外机与分歧管之间：与室外机制冷剂管道接口尺寸相同。

2）分歧管之间：取决于其后面连接的所有室内机的总容量。

3）分歧管与室内机之间：与室内机制冷剂管道接口尺寸相同。

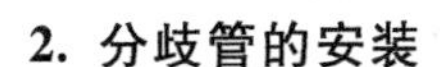

2. 分歧管的安装

分歧管的安装见表4-1。

表4-1　分歧管的安装

序号	项目	操　作
1	分歧管尽量靠近室内机	分歧管尽量靠近室内机
2	分歧管必须与设备配套，不得使用设备厂家规定以外的产品	

（续）

序号	项目	操　作
3	安装前一定要核对分歧管的型号，不能用错	
4	水平安装，左右不得倾斜，上下倾斜不得超过15°	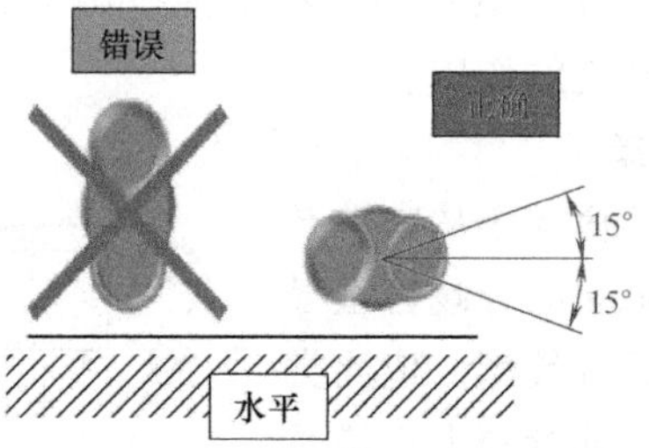
5	垂直安装，可以向上或者向下分支，但不允许倾斜	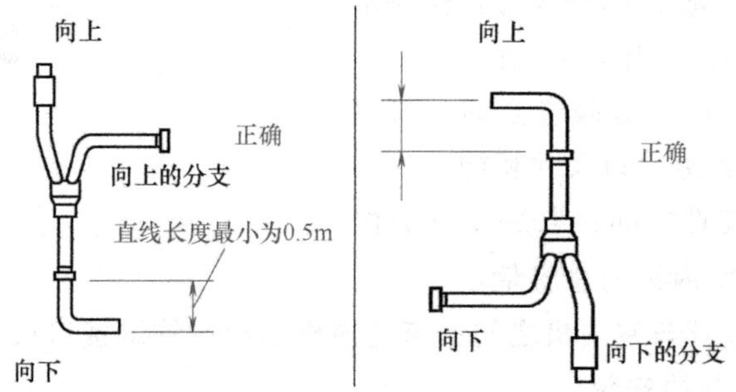
6	第一分歧管到最远端室内机（最不利回路）的距离：室外机为 5HP、8HP、10HP、16HP、20HP时为30m，室外机为24HP、 30HP 时为40m	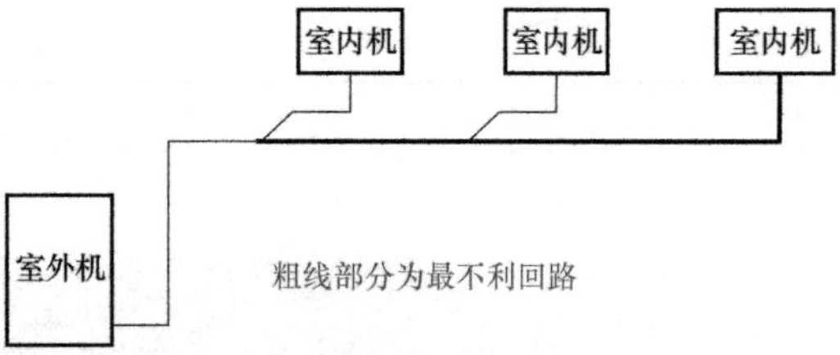
7	液管与气管应当有同样的管长，并且铺设线路相同、平行铺设	
8	相邻两根分歧管之间的直管段长度不得小于500mm	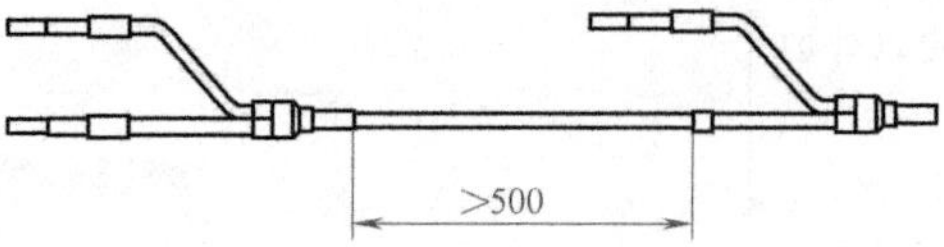

（续）

序号	项目	操　　作
9	分歧管主管端口前的直管段长度不小于500mm，否则容易引起冷媒偏流和冷媒流动噪声	>500mm　>500mm
10	支吊架距离分歧管的焊接处应大于300mm	300～500　300～500　300～500　支撑点　支撑点

三、VRF 多联机系统冷媒配管安装规范

1. 冷媒管施工原则

冷媒管施工要遵守三原则：干燥性、清洁性、气密性。

2. 冷媒配管的清洗方法

（1）绸布拉洗　此法适用于直管。用细钢丝缠上一块洁净绸布，绸布缠成球状，布团直径略大于铜管直径。清洗时，将绸布浸入三氯乙烯制剂后，从铜管的一端进入，然后从另一端拉出。每拉出一次，布团都要用三氯乙烯浸洗，以将绸布上的灰尘和杂质洗掉。反复清洗直至管内无灰尘、杂质，如图 4-2 所示。

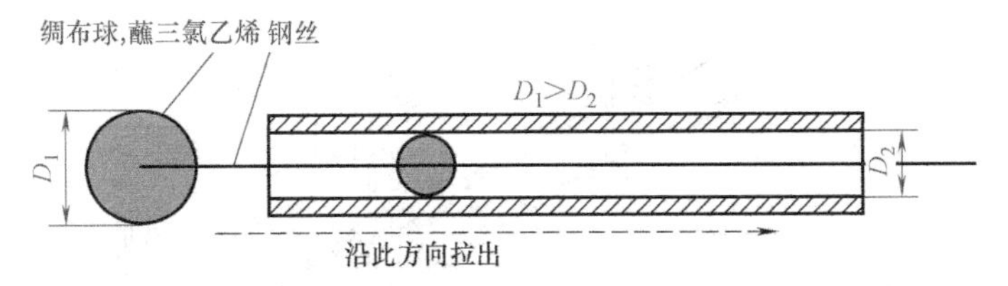

图 4-2　绸布拉洗

（2）氮气吹扫　适用于盘管，用氮气吹去管内的灰尘和异物，如图 4-3 所示，氮气压力为 5kgf/cm^2。

注意：清洗完毕后，铜管管端应使用盖套或胶带及时封堵，如果长时间不连接，应箍缩焊接封口。

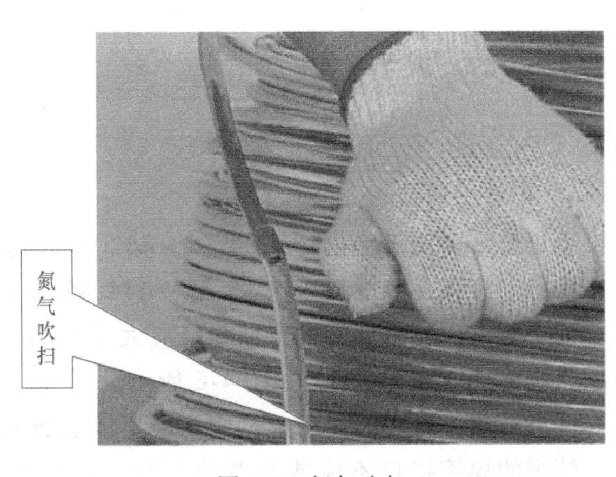

图 4-3　氮气吹扫

3. 冷媒配管加工

1）原则。走向正确、分支合理、长度最短、不得出现管道扁曲或褶皱。

2）最长配管（最不利回路）长度不得超出该系统室外机允许的最大长

度。室外机为 5HP、8HP、10HP、16HP、20HP 时为 100m；室外机为 24HP、30HP 时为 120m。

3）配管连接方式如图 4-4 和图 4-5 所示。

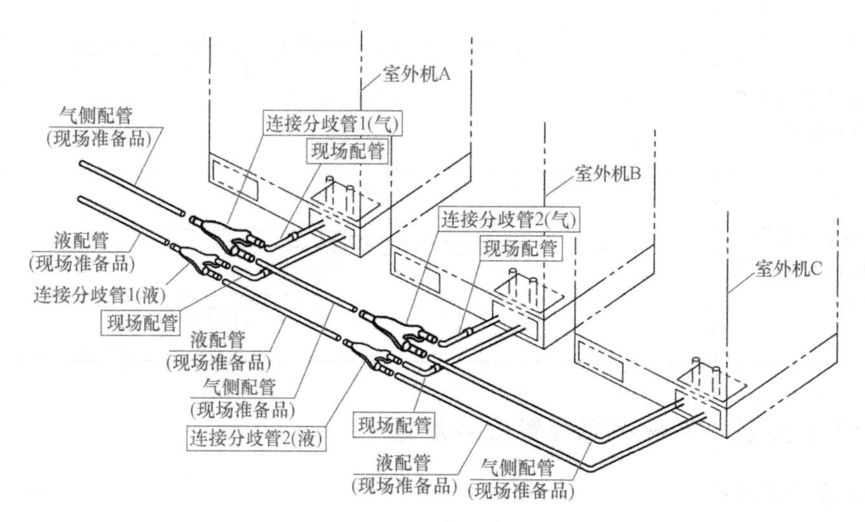

图 4-4　室外机配管连接方式一

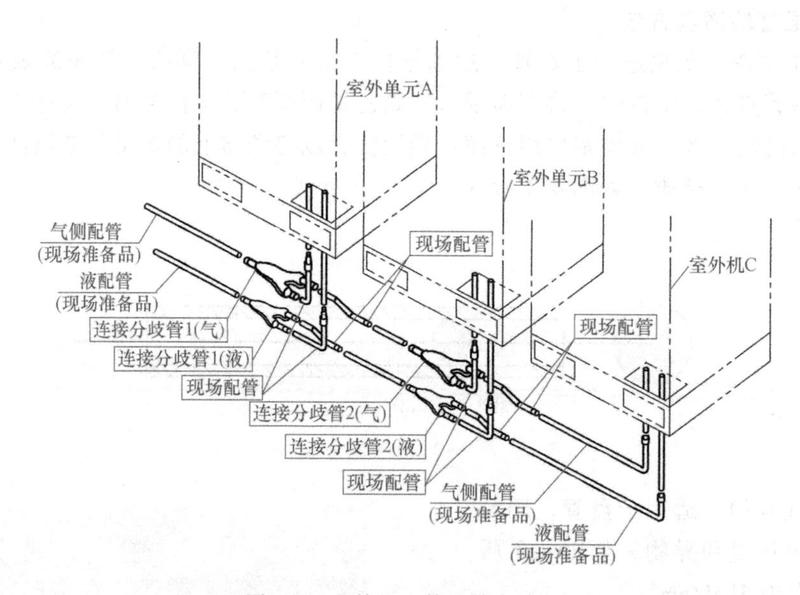

图 4-5　室外机配管连接方式二

4）配管弯管。

手工弯管适用于细铜管（ϕ6.35～ϕ12.7mm）。

机械弯管适用范围较广（ϕ6.35～ϕ44.45mm）。

加工要求：管道弯管的弯曲半径应大于 3.5D（D 为管道直径），配管弯曲变形后的短径与原直径之比应大于 2/3，如图 4-6 所示。

注意事项：弯曲加工时，铜管内侧不能起皱或变形。

管道的焊接接口不应放在弯曲部位，接口焊缝距管道或管件弯曲部位的距离不应小

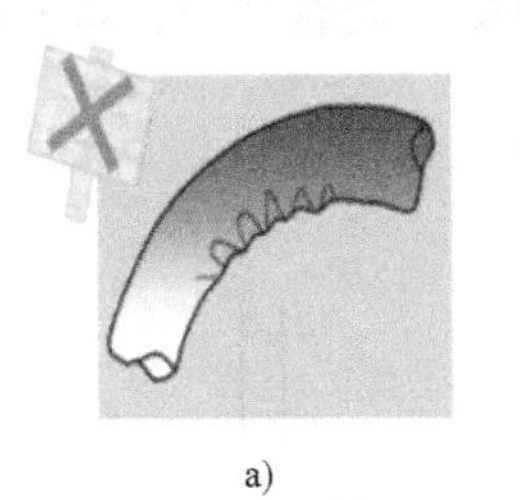

a)

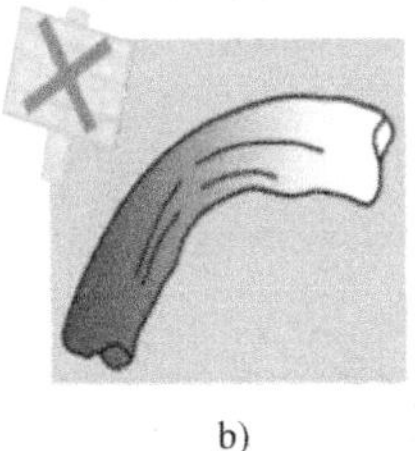

b)

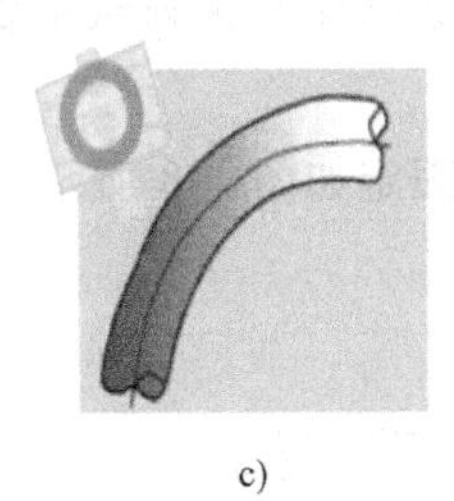

c)

图 4-6 铜管弯曲变形与正确弯曲

a）内侧皱折变形 b）内侧破损变形 c）正确的弯折

于 100mm。

4. 冷媒管固定、吊装规范

吊装目的：减少管路因热胀冷缩而造成的应力负荷。

配管完成后，不得出现管道扁曲、褶皱现象。

冷媒干管和支管的固定，必须使用 U 形管卡，不能用包扎带绑扎。

气管、液管分开固定，不能捆绑在一起固定。

铜管、水管、通信线不允许穿同一个穿墙洞，过墙处应加装套管。

固定管井内的铜管使用的 U 形管卡应该是扁钢制作的，铜管不能直接与吊架接触，中间必须垫有隔热层或者其他固定方式。

支吊架表面要涂两遍铁丹防锈漆，然后再在表面刷一遍银粉。

配管固定采用角钢支架、托架或圆钢吊架，U 形管卡或扁钢在保温层外固定，保温材料原则上不允许压缩，以保证其效果。建议较大工程采用角钢做支撑。

管箍：在包扎处，保温棉外侧再包扎一层保温棉，然后用管箍固定。

冷媒管与室内机连接 300～500mm 处应固定。

安装冷媒管，冷媒管转弯处应固定，如图 4-7 所示。

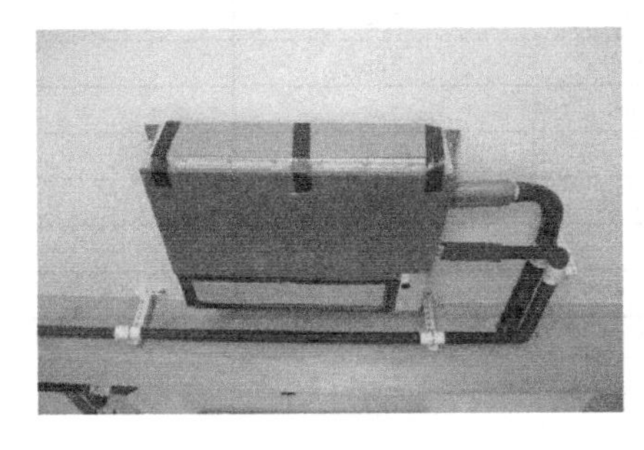

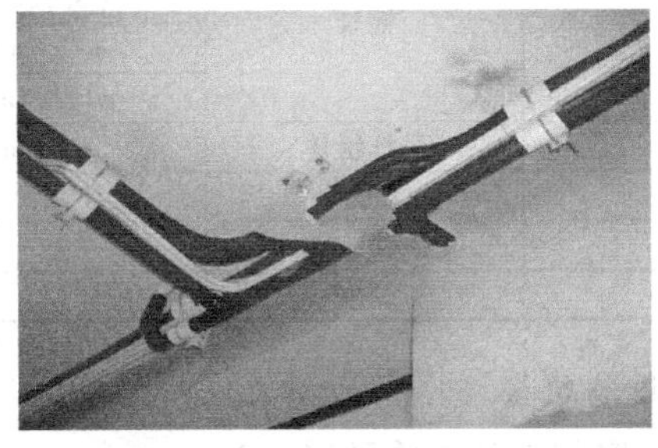

图 4-7 冷媒管的固定

冷媒管、排水管的固定间隔要统一美观（吊架固定）。

支、吊、托架型式、做法要符合设计要求。设计没有要求的，可按以下规定处理。

横管固定，可采用斜撑角钢支架、倒 T 形或 L 形角钢托架或者圆钢吊架。

角钢采用 30mm×30mm×3mm 的等边角钢，圆钢直径为 ϕ 8mm。

立管固定，管卡处应使用圆木垫代替保温材料，U 形管卡在圆木外固定，圆木应进行防腐处理。

支、吊、托架制作要达到承重要求，安装前进行除锈、防腐处理，埋入墙内的部分不得刷防腐油漆。

冷媒管局部固定如图 4-8 所示。

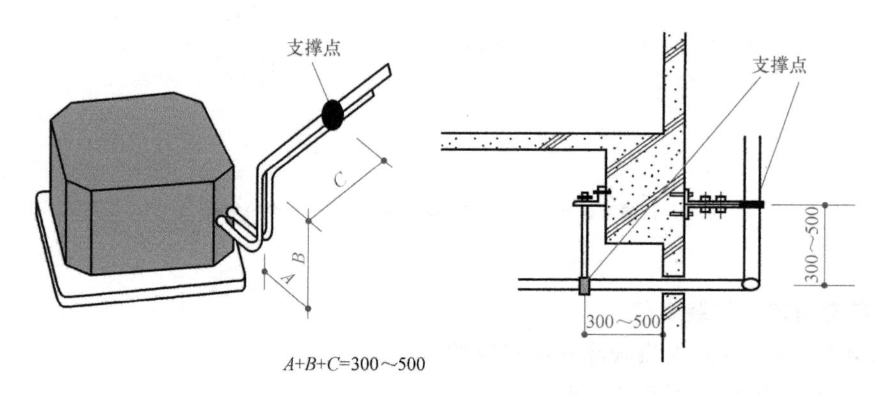

图 4-8　冷媒管局部固定

为了防止管道及保温管划伤，产生冷凝水，冷媒管道必须加穿墙套管。

【操作技能】

一、冷媒管安装的材料与工具

1. 材料清单

冷媒管安装材料清单见表 4-2。

表 4-2　材料清单

序号	名称	规格	数量	备注
1	铜管	ϕ6.35mm	5m	
		ϕ9.52mm	5m	
		ϕ12.7mm	5m	
		ϕ15.88mm	5m	
2	吊杆组件	ϕ8mm	若干	
3	保温管	配合铜管规格	若干	
4	绝缘胶带		2 卷	
5	胶水		1 瓶	

2. 工具清单

冷媒管安装工具清单见表 4-3。

表 4-3　工具清单

序号	名称	规格	数量	备注
1	活扳手	250mm	2 把	
2	螺钉旋具	一字、十字	1 把	
3	卷尺	5m	1 把	
4	弯管器		1 把	
5	倒角器		1 个	
6	胀扩管器		1 套	

3. 冷媒配管规格

参照冷媒配管选材规范，依据设备型号，确定冷媒配管规格。

4. 分歧管的选择

亚龙 YL-835 型户式中央空调实训考核系统（一拖三）配发了 33T 型分歧管，如图 4-9 和图 4-10 所示。

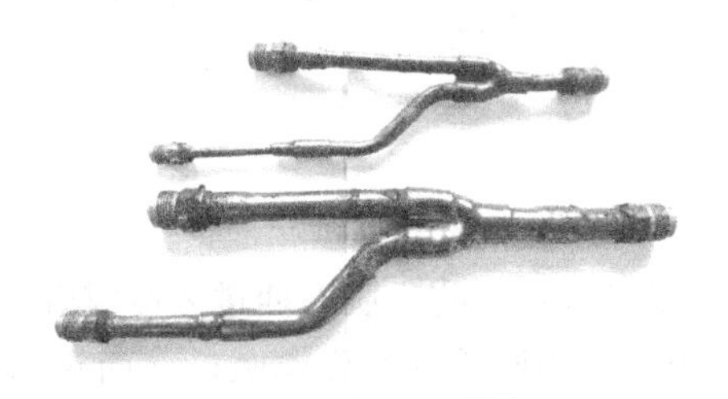

图 4-9　第一分歧管

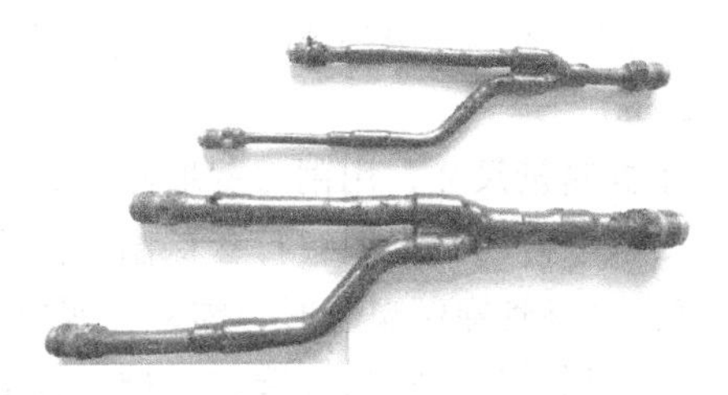

图 4-10　第二分歧管

二、户式中央空调室内、外机组定位布局

打开铝合金型材框架的地脚万向轮，根据图样，确定室内、外机的位置，布置如图4-11 和图 4-12 所示。

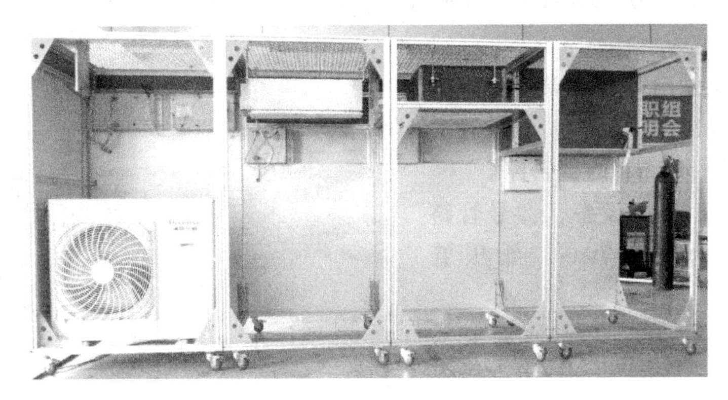

图 4-11　户式中央空调设备位置图（一）

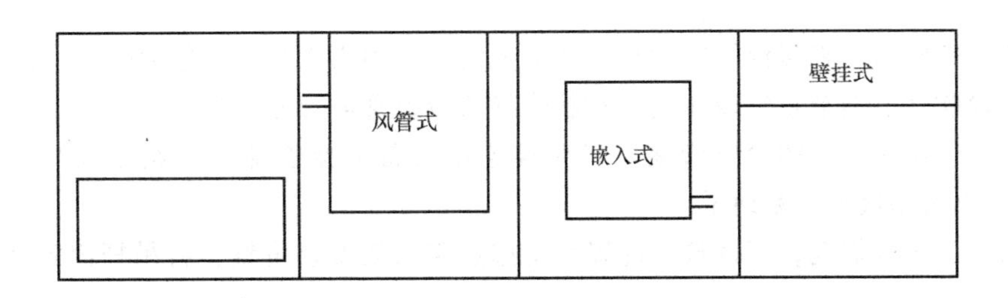

图 4-12　户式中央空调设备位置图（二）

三、管路设计与制作

根据分歧管的安装原则，确定分歧管的位置。第一分歧管放置于室外机，第二分歧管布设于嵌入式内机处。对分歧管进行保温及吊装处理，如图 4-13 所示。

1. 管路①

测量室外机高压及低压管至第一分歧管入口距离并制作冷媒管，分歧管进口前需有一段不小于500mm的直管路。

1）依据设计要求测量尺寸。①号管路冷媒管高压管为 $\phi15.88$mm，低压管为 $\phi9.52$mm。

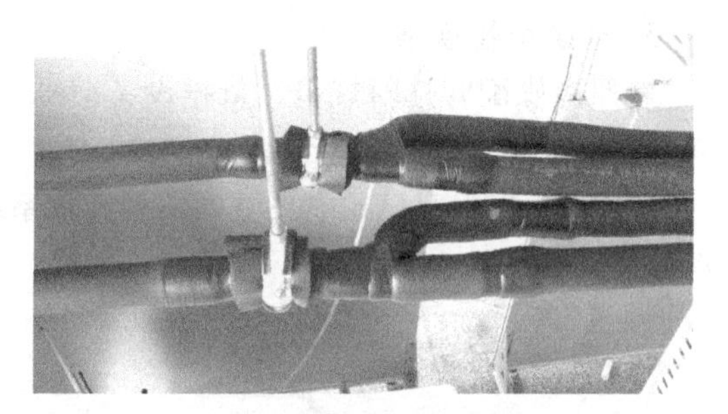
图4-13 分歧管保温

2）依据测量尺寸，用割刀截取冷媒管。

3）对截取好的冷媒管进行套保温管操作。

注意：冷媒管穿保温管时，需对冷媒管口进行胶带密封，防止脏东西进入冷媒管。

4）制作喇叭口。将保温管往后推，套上铜纳子，利用胀管器制作喇叭口（两头制作）。

5）分段吹污。调节氮气减压阀，对制作好的冷媒管进行分段吹污。

6）连接。依据规范及设计，合理布放分歧管。

将制作好的冷媒管喇叭口对准连接设备（室外机及分歧管入口）的接管螺钉（纳子头），前推纳子，用手拧紧，再次用扳手拧紧纳子。

7）吊装。根据规范，正确选择冷媒管支撑点、吊架安装位置，将吊杆固定在顶部网孔板上，对分歧管前后300～500mm铜管进行吊装，如图4-14所示。

2. 管路②

测量分歧管支管出口与风管式室内机进出口的距离，并制作冷媒管，分歧管支路出口需有不小于500mm的直管路。

1）测量尺寸。依据设备，②号管路冷媒管高压管为 $\phi12.7$mm，低压管为 $\phi6.35$mm。

2）依据测量尺寸，用割刀截取冷媒管。

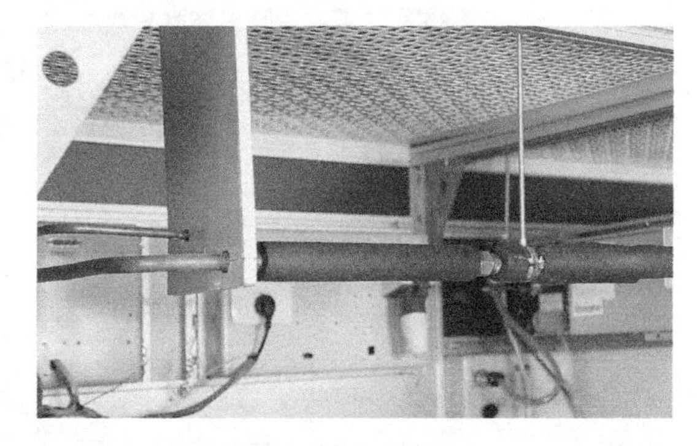
图4-14 吊装

3）对截取好的冷媒管进行套保温管操作。

4）制作喇叭口。将保温管往后推，套上铜纳子，利用胀管器制作喇叭口（两头制作）。

5）分段吹污。调节氮气减压阀，对制作好的冷媒管进行分段吹污。

6）连接。将制作好的冷媒管喇叭口对准连接设备的接管螺纹（纳子头），前推纳子，用手拧紧，再次用扳手拧紧纳子。

7）吊装。根据规范，正确选择冷媒管支撑点和吊架安装位置，将吊杆固定在顶部网孔板上。

3. 管路③

连接第一、第二分歧管之间的管路，分歧管之间距离需大于500mm。

1）测量两根分歧管之间的距离。依据设备，③号管路冷媒管规格为高压管为 $\phi15.88$mm，低压管为 $\phi9.52$mm。

2）依据测量尺寸，用割刀截取冷媒管。

3）对截取好的冷媒管进行套保温管操作。

4）制作喇叭口。将保温管往后推，套上铜纳子，利用胀管器制作喇叭口（两头制作）。

5）分段吹污。调节氮气减压阀，对制作好的冷媒管进行分段吹污。

6）连接。依据规范及设计，合理布放分歧管。将制作好的冷媒管喇叭口对准连接设备（第一、第二分歧管）的接管螺纹（纳子头），前推纳子，用手拧紧，再次用扳手拧紧纳子。

7）吊装。根据规范，正确选择冷媒管支撑点和吊架安装位置，将吊杆固定在顶部网孔板上（分歧管前后300～500mm铜管吊装）。

4. 管路④

制作第二分歧管支管到嵌入式内机管路。

1）测量尺寸。依据设备，④号管路冷媒管规格为高压管为ϕ12.7mm，低压管为ϕ6.35mm。

2）依据测量尺寸，用割刀截取冷媒管。

3）对截取好的冷媒管进行套保温管操作。

4）制作喇叭口。将保温管往后推，套上铜纳子，利用胀管器制作喇叭口（两头制作）。

5）分段吹污。调节氮气减压阀，对制作好的冷媒管进行分段吹污。

6）连接。将制作好的冷媒管喇叭口对准连接设备的接管螺纹（纳子头），前推纳子，用手拧紧，再次用扳手拧紧纳子。

7）吊装。根据规范，正确选择冷媒管支撑点和吊架安装位置，将吊杆固定在顶部网孔板上。

5. 管路⑤

制作第二分歧管主管道末端壁挂机管路。

1）测量尺寸。依据设备，⑤号管路冷媒管规格为高压管为ϕ12.7mm，低压管为ϕ6.35mm。

2）依据测量尺寸，用割刀截取冷媒管。

3）对截取好的冷媒管进行套保温管操作。

4）制作喇叭口。将保温管往后推，套上铜纳子，利用胀管器制作喇叭口（两头制作）。

5）分段吹污。调节氮气减压阀，对制作好的冷媒管进行分段吹污。

6）连接。将制作好的冷媒管喇叭口对准连接设备的接管螺纹（纳子头），前推纳子，用手拧紧，再次用扳手拧紧纳子。

7）吊装。根据规范，正确选择冷媒管支撑点和吊架安装位置，将吊杆固定在顶部网孔板上。

任务二 冷凝水系统安装

【基本知识】

一、冷凝水管材

无铅配方饮水用UPVC管材，耐化学腐蚀能力强，不污染水质，不生锈，使用寿命长；

管道内壁光滑，摩擦力小，可提高输水性，耐水压强度良好；用专用胶粘接，如设计有其他要求可参照设计确定。其他管材有热镀锌钢管、PP-R、PP-C 等，但不允许使用铝塑复合管。

UPVC 冷凝水管是以功能来命名的，在 UPVC 材料中，可以用来做空调冷凝水管的有 UPVC 排水管、穿线管、给水管。价格上排水管和穿线管差不多，给水管贵一些。排水管正常壁厚 50mm ×2.0mm 及 75mm ×2.3mm。建议用 UPVC 给水管 0.6MPa 的管材。给水管的韧性好，能承受一定的压力，可以进行有温度的回水，如图 4-15 所示。

图 4-15　UPVC 管材与管配件

二、冷凝水管道施工标准

1）安装冷凝水管道前，应确定其走向、标高，避免与其他管线的交叉，以保证坡度顺直。管道吊架的固定卡子高度应当可以调节，并在保温层外部固定。

2）空调器排水管必须与建筑中的其他污水管、排水管分开安装。

3）向水平管的合流尽量从上部进行，如从横向容易汇流，如图 4-16 所示。

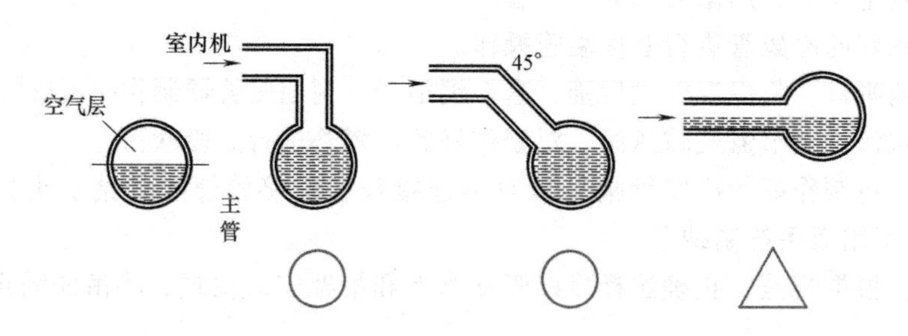

图 4-16　汇流

4）横向立管连接总立管原则。横向排水管不能以同样的水平高度与竖管连接，应采用排水管接头连接，或者采用下降或伸出横管来连接，否则易造成横管排水不畅，如图 4-17 所示。

5）吊架间距：通常横管为 0.8 ~ 1.0m，立管为 1.5 ~ 2.0m，每支立管不得少于两个。横管支撑间距过大会产生挠曲，从而产生气阻。常见的固定码有吊杆、卡扣、万能角铁和三脚架等，如图 4-18 和图 4-19 所示。

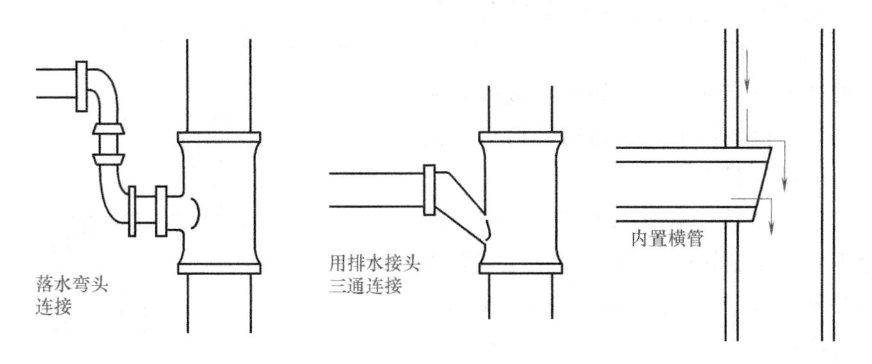

图 4-17　横管与立管的连接

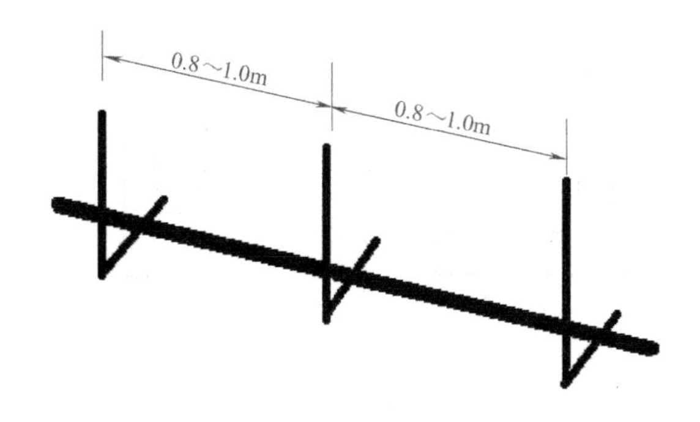

图 4-18　吊杆间距

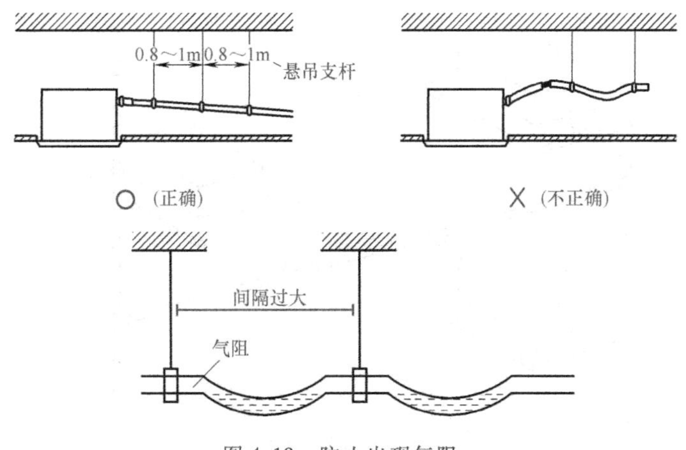

图 4-19　防止出现气阻

6）排水配管的固定如图 4-20 所示。

7）冷凝水管道坡度应在 1% 以上，干管坡度不得小于 0.3%，且不得出现倒坡。

8）不得将冷凝水管与制冷剂管道捆绑在一起。

9）排水管最高点应设通气孔，以保证冷凝水顺利流出，并且排气口应设计成向下，以防止污物进入管道内，且根据现场实际情况设置一定数量的通气孔。同时需要注意的是，带辅助提升排水泵的排水支管，严禁设置排气管，如图 4-21 所示。

10）汇流管管径需比室内机冷凝水支管大，如图 4-22 所示。

11）管道连接完成后，应做通水试验和满水试验。一方面检查排水是否畅通，另一方面检查管道系统是否漏水。

12）管道穿墙体或者楼板处应设钢套管，管道接缝不得置于套管内，钢套管应与墙面或楼板底面平齐，穿楼板时要高出地面 20mm。套管不得影响管道的坡度，管道与套管的空隙应用柔性不燃材料填塞，不得将套管作为管道的支撑。

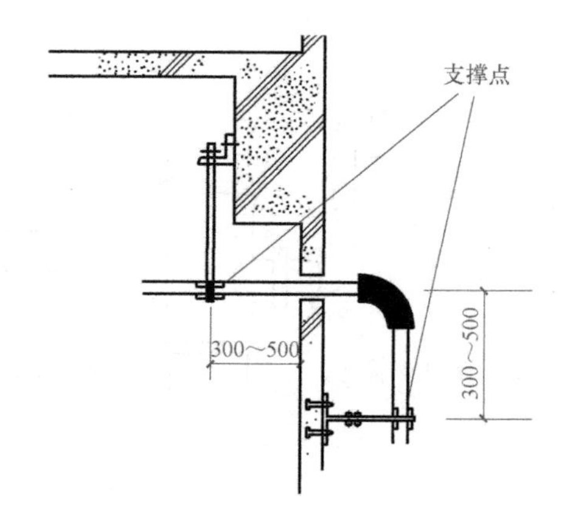

图 4-20　排水配管的固定（穿墙部位的支撑固定）

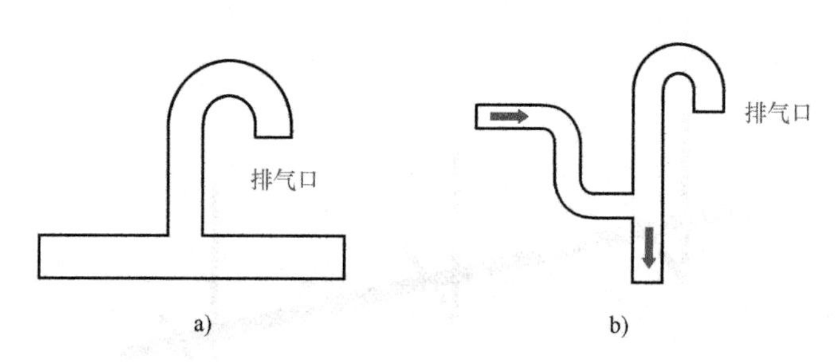

图 4-21　辅助提升排水泵的排水支管
a）水平排水管　b）竖直排水管

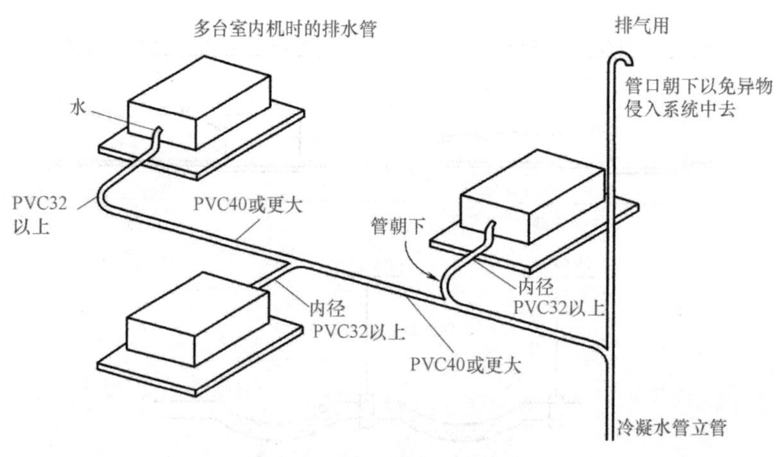

图 4-22　排水管管径分布图

13）保温材料接缝处必须用专用胶粘接，然后缠塑料胶带，胶带宽度不小于 5cm，保证牢固，防止结露。

三、天花板内置风管式室内机冷凝水管道安装规范

1）排水管与室内机连接时要保证 1% 以上的坡度。

2）排水管与室内机排水连接管连接时，采用随机附带的管箍固定，不得用胶水粘接，

以保证检修方便。

3）排水支管与主管道连接时，必须从主管道上方接入。

4）选用排水泵时，首先将原排水管出口用橡胶塞封堵严密，冷凝水排出管从机器上面的预留口接出，再按照足够的坡度连接排水管，也可以上返不超过200mm后连接排水管，排水管要保证足够的坡度。

四、嵌入式室内机冷凝水管道安装规范

用随机附带的软管与设备上的塑料管通过管卡连接，不得打胶，软管另一端接弯头上返，高度 H 为220～500mm，然后保证足够的坡度接入排水主管。

排水提升管的做法如图4-23所示。

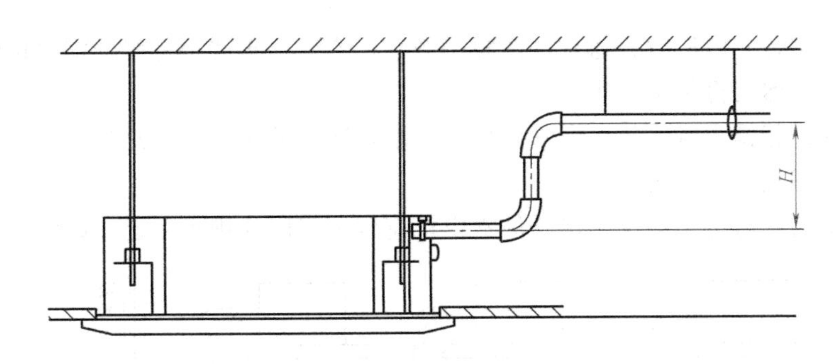

图4-23　嵌入式室内机排水提升管

排水泵（反水弯）安装要牢固，否则会产生异常的噪声，如图4-24所示。

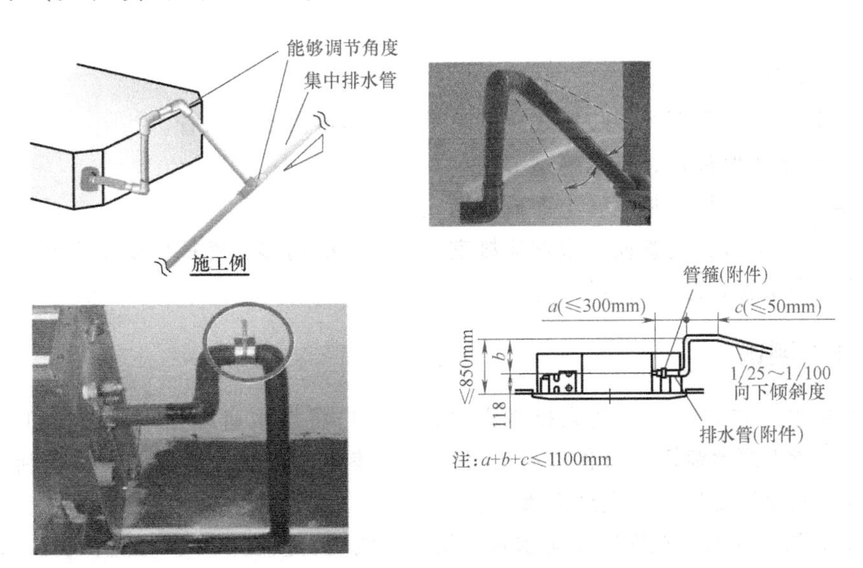

图4-24　反水弯的固定

五、壁挂式室内机冷凝水管道安装规范

壁挂式室内机冷凝水管道安装规范如图4-25所示。

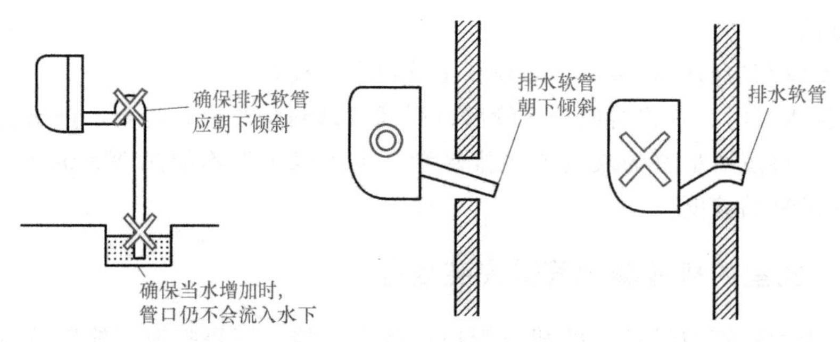

图 4-25 壁挂式室内机冷凝水管道安装规范

六、集中排水方式

同一层内有多台室内机时，通常采用集中排水。集中排水就是将多台室内机的冷凝水管接入到同一主管，然后再集中排水。

当采用总管进行排水时，每一台室内机的排水管连接处必须高于总管。排水管的管径应根据室内机的容量及台数来选定。

带有排水泵的室内机和不带排水泵的室内机应属于不同的排水系统，如图 4-26 所示。

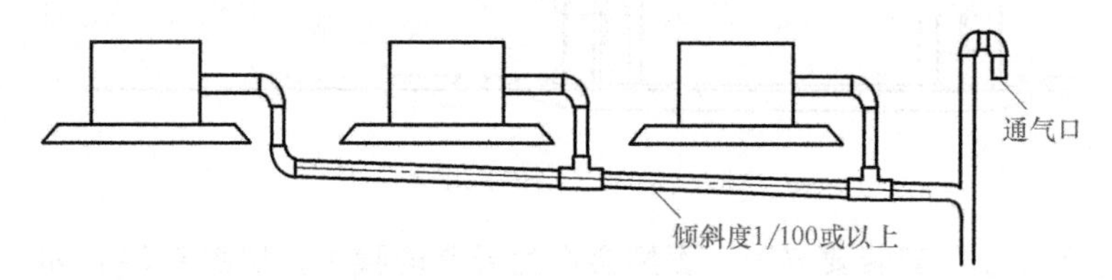

图 4-26 不同室内机排水系统

其安装要点如下。

1）从管道的最高点开始，按照规定的坡度，直至冷凝水排出管。

2）尽量保证管路最短，排水畅通。

3）支管与主管连接应从主管上面或侧面接入。

4）主管应选择合适的管径。根据连接室内机数量的增多，管径也要相应增大。

在连接完排水管后进行保温处理。

七、排水测试

（1）非排水泵式试水　安装完排水管后，用毛巾将排水口堵住，从透气口处注满水，检查水流是否能平缓地流动，管件连接处是否有水渗出。若发现渗漏，应重新利用 PVC 胶水进行粘接，如此反复进行，直至无渗漏。

（2）排水泵式排水　在安装完排水管、接完电线后，按以下步骤检查，确认水流畅通。

1）接通电源。

2）往接水盘中注入 2 ~2.5L 水；水泵浮球阀浮起，水泵运行。

3）检查水泵的声音并查看出口的透明硬质管，同时检查是否能正常排水，确认水流畅通、不漏水。如果在管道末端没有水流流出，再注入 2L 水。

4）关闭电源，并盖上顶盖。

【操作技能】

依据安装就位的室内机位置，设计凝结水管路走向，确定排水口与排气口的安装位置。为避免运行停止时水倒流，设计时注意排水管应向室外侧（排水侧）略下倾，坡度为1/100以上。

一、操作准备

1. 排水口的位置

排水口确定在壁挂式室内机出口处的立柱上，如图4-27所示。

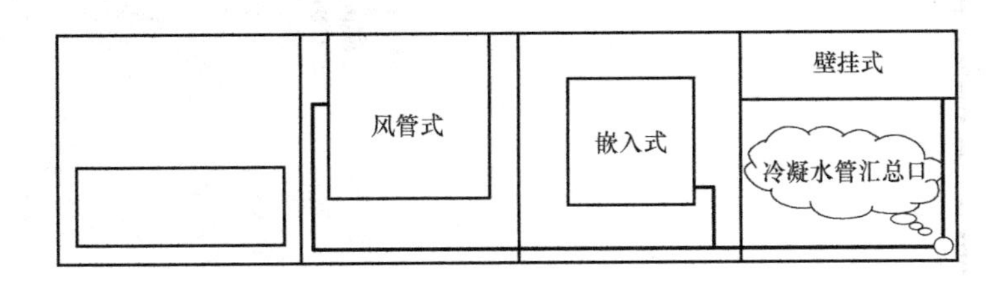

图4-27　户式中央空调设备布置图

2. 材料、工具清单

材料、工具清单见表4-4。

3. 制作冷凝水汇总管（竖管）

在竖直管顶端设置透气口，透气口高度需位于整个冷凝水系统最高处制作冷凝水汇总管，如图4-28所示。

表4-4　材料、工具清单

序号	名称	规格	数量	备注
1	UPVC管	ϕ32mm	6m	
		ϕ25mm	0.5m	
2	UPVC 90°弯头	ϕ32mm	7个	
3	UPVC正三通	ϕ32mm	3个	
4	UPVC转接头	ϕ32mm×25mm	1个	
5	PVC胶		1瓶	
6	电工胶布		2卷	
7	保温管		若干	
8	吊杆组件		若干	
9	管卡		4个	
10	橡胶软管		200mm	
11	PVC剪刀		1把	

注意：排水立管对应冷凝水入口（三通处）需高于相对应室内机排水出口高度，管件与管道连接处应打胶连接。

吊装：依据凝结水管吊装工艺要求，对排水管竖管进行吊装。

二、风管式室内机排水管的制作

1）根据设计方案，测量管路尺寸。

2）选择合适的排水管，使用 PVC 剪刀截取所需长度，如图 4-29 所示。

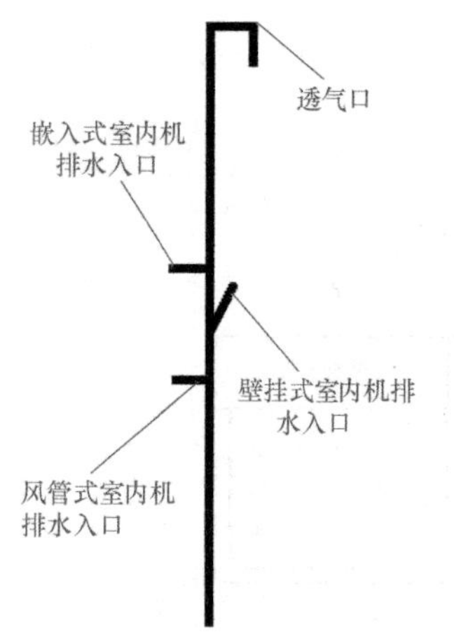

图 4-28　冷凝水汇总管管路设计

图 4-29　截取 UPVC 管

3）给直管套上保温管，保温管长度比直管短 5cm 左右，用于连接处检漏。

4）依据凝结水管安装工艺要求进行管路安装及接口的粘接，如图 4-30 和图 4-31 所示。

5）依据凝结水管吊装工艺要求，对排水管横管进行吊装，横管长 0.8 ~ 1.0m，安装一吊杆且保证冷凝水管坡度在 1/100 以上，防止出现倒坡现象。

图 4-30　均匀涂抹胶水

图 4-31　静置晾干

三、嵌入式室内机排水管的制作

1）嵌入式室内机排水管为硬质塑料，为保证与冷凝水管的连接密封，需加入橡胶软管，与 UPVC 管连接，如图 4-32 所示。

2）嵌入式内机自带排水泵，需制作反水弯（根据排水泵量程，确定反水弯高度），如图 4-33 所示。

3）依据凝结水管安装工艺要求进行管路安装及接口的粘接（可参照风管式内机排水管胶粘接方法）

4）依据凝结水管吊装工艺要求，对排水管横管进行吊装（可参照风管式内机排水管吊装要求）。

图 4-32　固定密封

图 4-33　制作反水弯

四、壁挂式室内机排水管的制作

壁挂式室内机机体自带一节排水软管，将排水软管直接接入排水回流管，利用电工胶带进行密封。

任务三　制冷管路和凝水管路保温

【基本知识】

一、保温材料

应使用闭孔发泡保温材料，难燃 B1 级。热导率在平均温度为0℃时不大于0.035W/(m·K)。常用的保温材料是橡塑保温筒，如图 4-34 所示。

图 4-34　保温材料

二、保温层厚度

1. 冷媒管

（1）室内管道　铜管外径 $d \leqslant \phi 12.70$mm 时，保温层厚度为 $\delta = 15$mm；铜管外径 $d \geqslant \phi 15.88$mm 时，保温层厚度为 $\delta = 20$mm。

气候干燥地区的保温层厚度可适当减小，但必须经过设计确认。

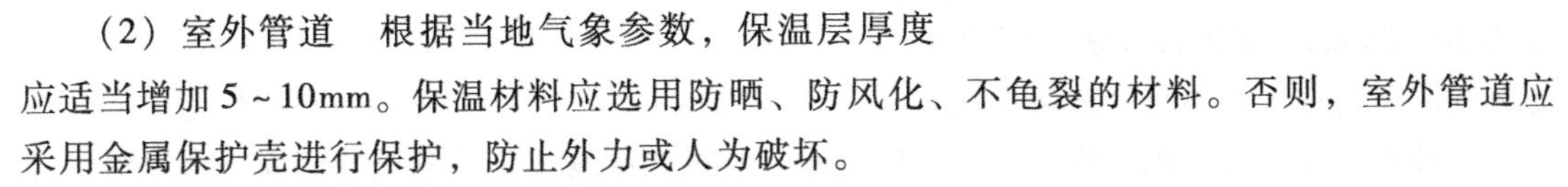

（2）室外管道　根据当地气象参数，保温层厚度应适当增加 5～10mm。保温材料应选用防晒、防风化、不龟裂的材料。否则，室外管道应采用金属保护壳进行保护，防止外力或人为破坏。

2. 冷凝水管

冷凝水管道保温层厚度通常为 10mm。

三、保温原则

1）严密无缝隙，保温层无破损。包扎时不要过分用力，应保持适当的松弛度，因为过分扎紧，保温层受挤压，破坏了保温层材料内的空气囊，会使保温效果下降。保温接口不要设在墙洞内、过分狭窄空间、焊接点处等不利于操作的地方。

2）保温管外需要安装吊杆或支架卡箍，可在保温材料外侧包裹一层保温材料后再固定，防止凝露及热损失，如图 4-35 所示。

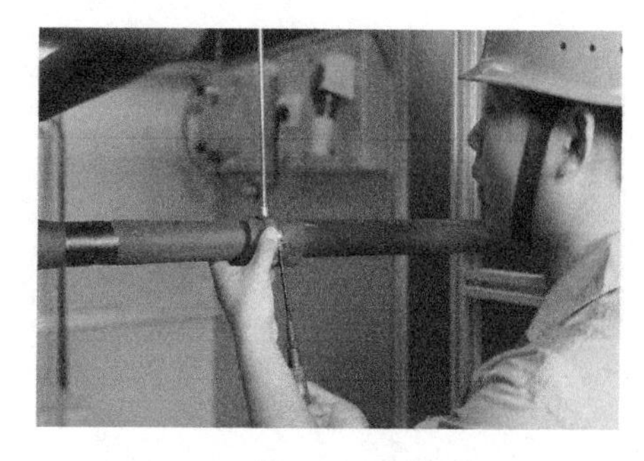

图 4-35　吊装

3）绝热工作须按设计要求选材施工。在连接冷媒配管前把保温套管穿好，但应在管道焊接点附近留出 200mm 左右的净距，避免焊接时将保温套管烤焦。在气密性试验完成后，再对焊接接头部位单独进行保温，确保保温管道的连续性。保温套管规格要与制冷剂管道规格相匹配。

4）施工时禁止绝热层断裂现象。保温材料接缝处，必须用专用胶粘接，然后缠电工胶带，胶带宽度不小于 50mm，以保证连接牢固，防止“冷桥”“热桥”的产生，如图 4-36 所示。

5）制冷剂配管与室内机之间的保温要严密，防止产生冷凝水，机体排水口处的保温材料一定要用胶水粘在机体上，防止结露，如图 4-37 所示。

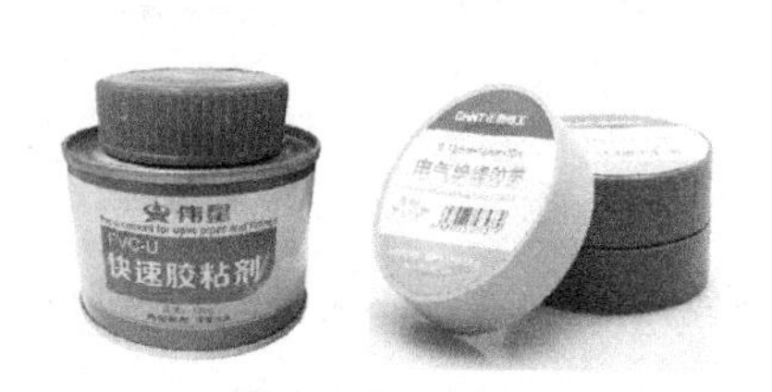

图 4-36　UPVC 专用胶水、电工绝缘胶带

图 4-37　排水口出保温

6）气管和液管分开保温隔热，如图 4-38 所示。

7）冷凝水管道排到室外的部分可以不保温。

8）室外管道金属保护壳的施工，应符合下列规定：应紧贴绝热层，不得有脱壳、褶皱、强行接口等现象；接口的搭接应顺水，并有加强凸肋，搭接尺寸为 20～25mm；采用自攻螺钉固定时，螺钉间距应匀称，并不得刺破保温层。

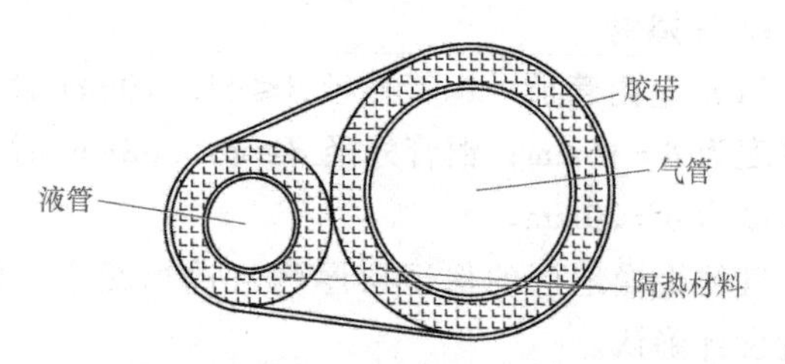

图 4-38　气、液管保温

户外金属保护壳的纵、横向接缝，应顺水，其纵向接缝应位于管道的侧面。金属保护壳与外墙面或屋顶的交接处应加设泛水。

注意：冷媒管在穿保温管时，管头必须用堵头或胶布封住，再穿保温管，避免杂物进入冷媒管，如图 4-39 所示。

在连接冷媒管、冷凝水管路前先把保温管穿好，在两端留 50mm 的距离，便于检漏以及冷凝水管的直接、弯头等管件胶接，如图 4-40 和图 4-41 所示。

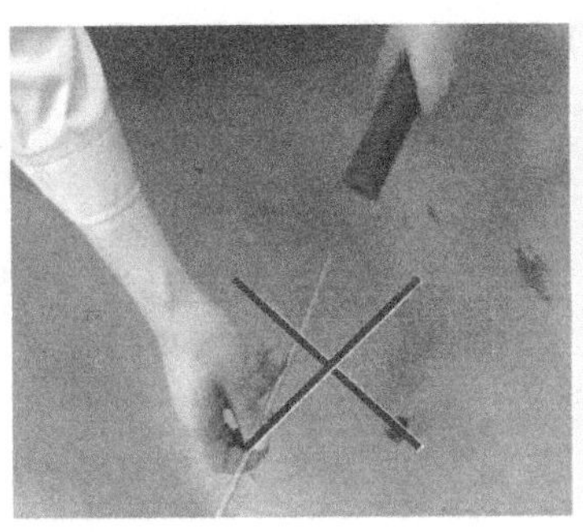
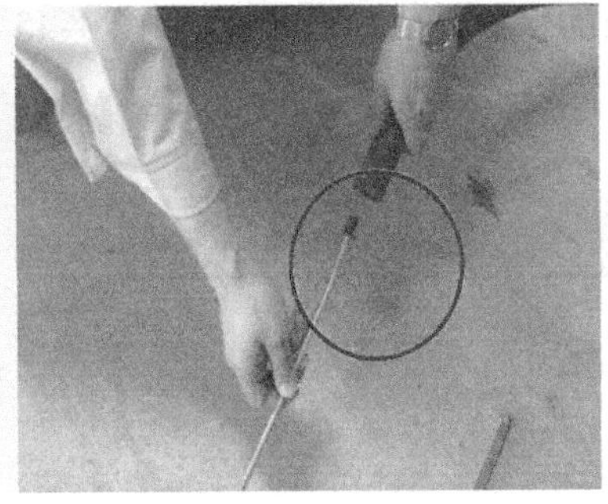

图 4-39　冷媒管穿保温管操作

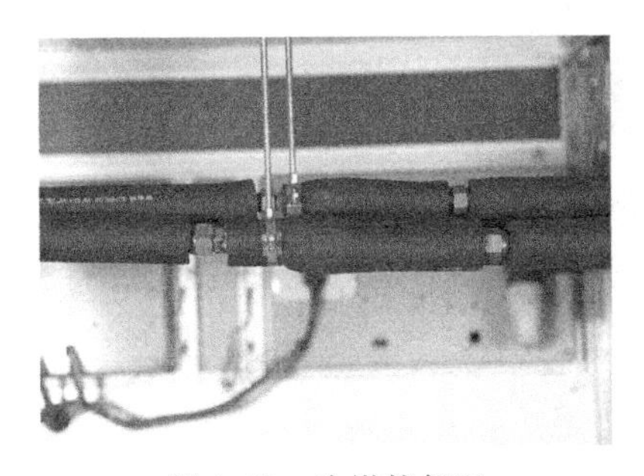

图 4-40　冷媒管保温

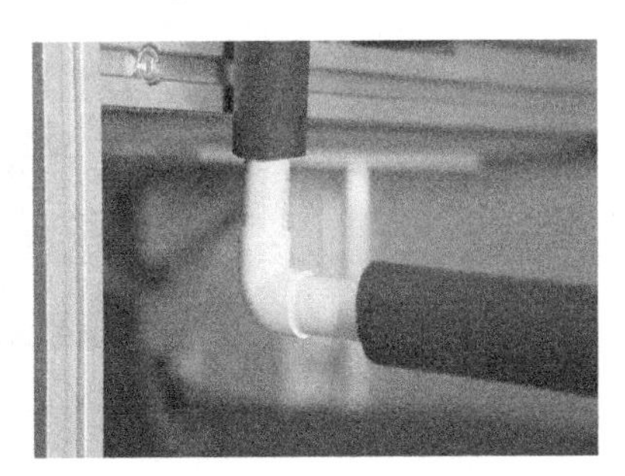

图 4-41　冷凝水管保温

【操作技能】

冷媒管、冷凝水管保温

1. 材料、工具清单

材料、工具清单见表 4-5。

表 4-5　材料、工具清单

序号	名称	规格	数量	备注
1	剪刀		1 把	
2	保温管	配合铜管规格	若干	
3	绝缘胶带		2 卷	
4	胶水		1 瓶	

2. 保温方法

1）直管保温方法。在保温管断裂或两根保温管端面均匀涂抹胶水，如图 4-42 所示。对保温管连接处进行密封处理（打胶），用胶带包扎保温管连接处，宽度不得小于 50mm，如图 4-43 所示。

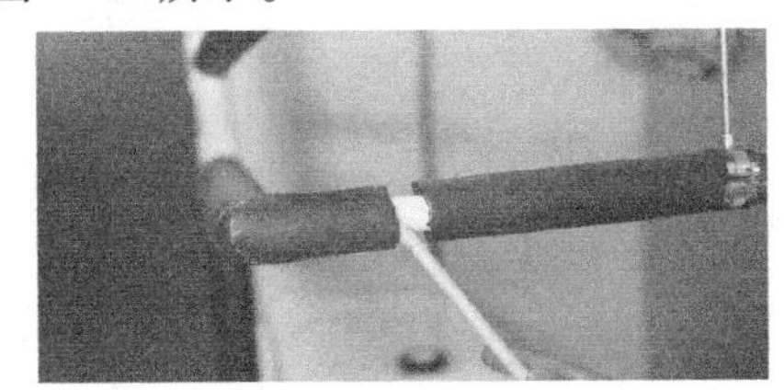

图 4-42　保温管接口处涂胶

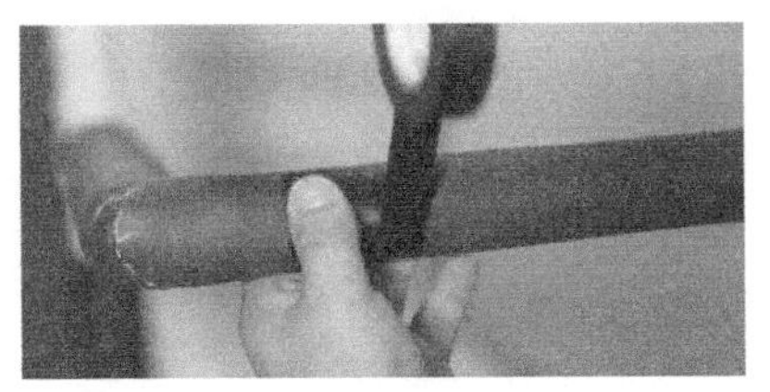

图 4-43　保温管连接处电工胶带包扎

2）弯头处的保温方法如图 4-44 和图 4-45 所示。

图 4-44　剪出 45°斜角

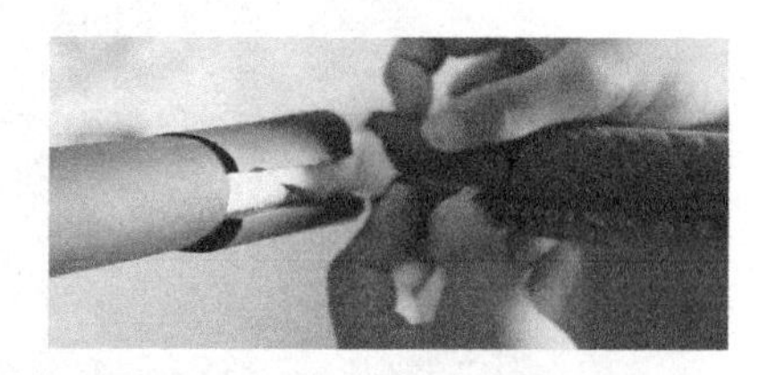

图 4-45　包裹排水弯头处

3）室内机出口处也需要进行保温处理，如图 4-46 所示。

图 4-46　室内机出水口的保温

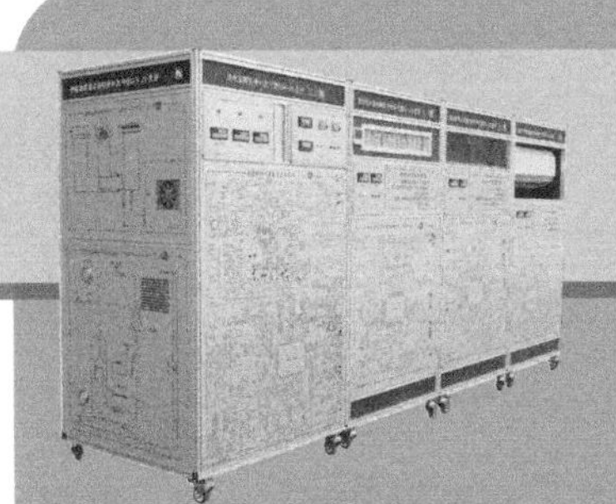

项目五

户式中央空调的调试

1. 熟悉海信中央空调及亚龙 YL-835 设备。
2. 户式中央空调的排水测试。
3. 户式中央空调电气运行拨码的设定。
4. 户式中央空调制冷系统的调试。

任务一 海信户式中央空调的认识

【基本知识】

一、海信户式中央空调介绍

本设备采用的是海信变频多联 i-home 系列户式空调，由一台室外机，三台室内机组成。室外机型号是 DLR-80W/31FZBp，室内机的型号分别为 DLR-22F/11FZBpl、DLR-36Q/21FZBpl 和 DLR-36G/31FZBpl。

1. 室外机型号介绍

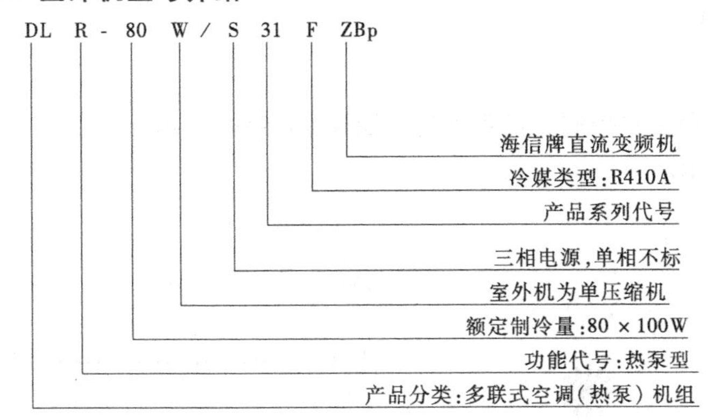

2. 室内机型号介绍

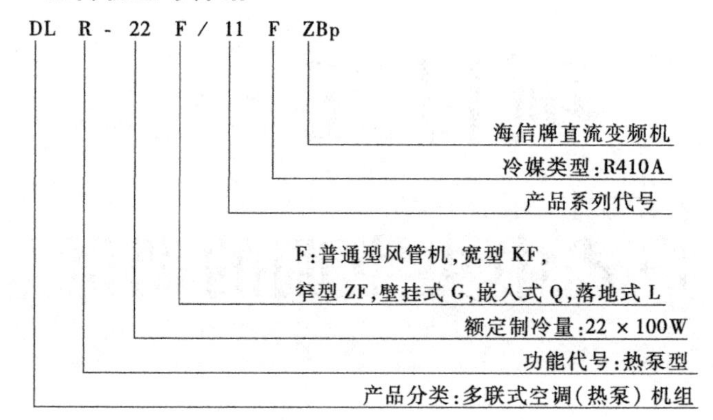

二、室内、外机结构认识

1. 室外机

海信户式中央空调系统室外机如图 5-1 所示，机内有压缩机、翅叶盘管换热器、室外风机、室外机主控板、功率模块、室内外机通信模块、室内外机地址设置模块。

图 5-1　海信户式中央空调系统室外机

2. 室内机

本设备室内机采用了嵌入式内机、风管式内机、壁挂式内机 3 台。每台室内机内部均有电子膨胀阀、室内机控制主板、地址设置模块。

三、遥控器及线控器介绍

1. 遥控器

本设备 3 台室内机都可以用遥控器控制，设备配的遥控器如图 5-2 所示。

遥控器的液晶屏如图 5-3 所示。

液晶屏显示的符号含义如下。

(1) 运行方式

自动 ……………………………

制热 ……………………………

制冷 ……………………………

送风 ……………………………

自动除湿 ……………………

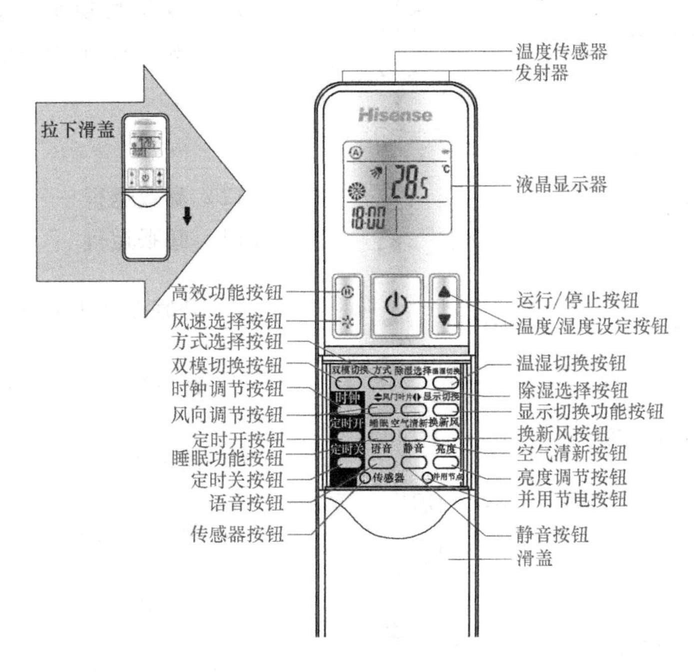

图 5-2　遥控器

图 5-3　遥控器的液晶屏

（2）除湿选择

除湿模式 A ………………

除湿模式 B ………………

除湿模式 C ………………

（3）发送信号……………………

（4）设定风速

自动 ……………………………

高 ………………………………

中 ……………………………

低 ……………………………

静音 ………………………

（5）上下风门叶片位置

自动风向 ……………………

手动风向 ……………………

扫掠送风 ……………………

（6）设定温度/湿度 …………… SET

（7）室内温度 ………………… 88.8℃

（8）室内湿度 ………………… 88.8 %

（9）设定极限标志 ……………

（10）定时

定时开机 ………………… ON

定时关机 ………………… OFF

（11）双模切换节能运行时显示该图标，舒适运行时不显示

IDM

（12）高效运行 …………………

（13）睡眠运行

睡眠模式 1 …………………

睡眠模式 2 …………………

睡眠模式 3 …………………

睡眠模式 4 …………………

（14）并用节电 …………………

（15）取消人机对话 ……………

2. 线控器

线控器用于风管式室内机的控制，其外形如图 5-4 所示。

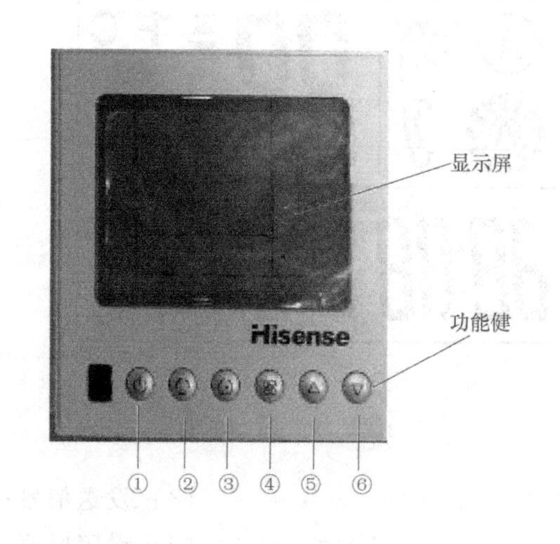

图 5-4　线控器

功能键说明见表 5-1。

显示屏如图 5-5 所示。

显示屏说明见表 5-2。

表 5-1　功能键说明

编号	按键名称	按 键 功 能
①	开关机	每按一次，开机或关机
②	模式切换	每按一次进行一次模式切换
③	睡眠/定时	此键有睡眠、定时两功能，长按此键 5s，可切换这两个功能
④	风速键	室内机各档风速变化
⑤	向上键	向上调整温度或时间
⑥	向下键	向下调整温度或时间

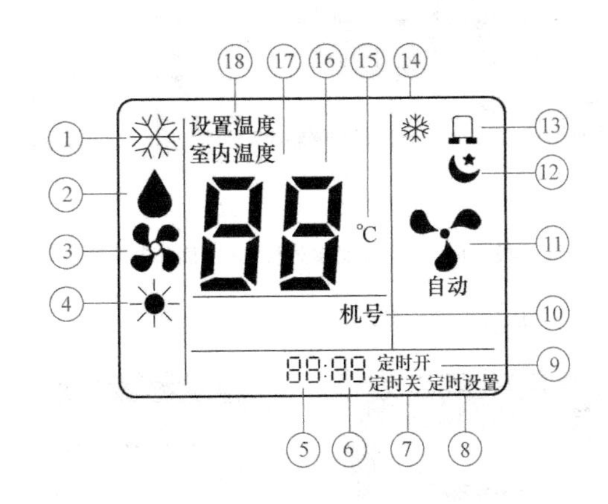

图 5-5　显示屏

表 5-2　显示屏说明

序号	标志说明	序号	标志说明
①	制冷模式标志	⑩	故障显示标志
②	除湿模式标志	⑪	风速显示标志
③	送风模式标志	⑫	睡眠标志
④	制热模式标志	⑬	压缩机运行标志
⑤	定时小时显示	⑭	除霜标志
⑥	定时分钟显示	⑮	摄氏度标识
⑦	定时关机标志	⑯	温度值显示
⑧	设置定时标志	⑰	室内温度标识
⑨	定时开机标志	⑱	设置温度标识

【操作技能】

一、认识亚龙 YL-835 型户式中央空调设备

1）室外机组如图 5-6 所示。

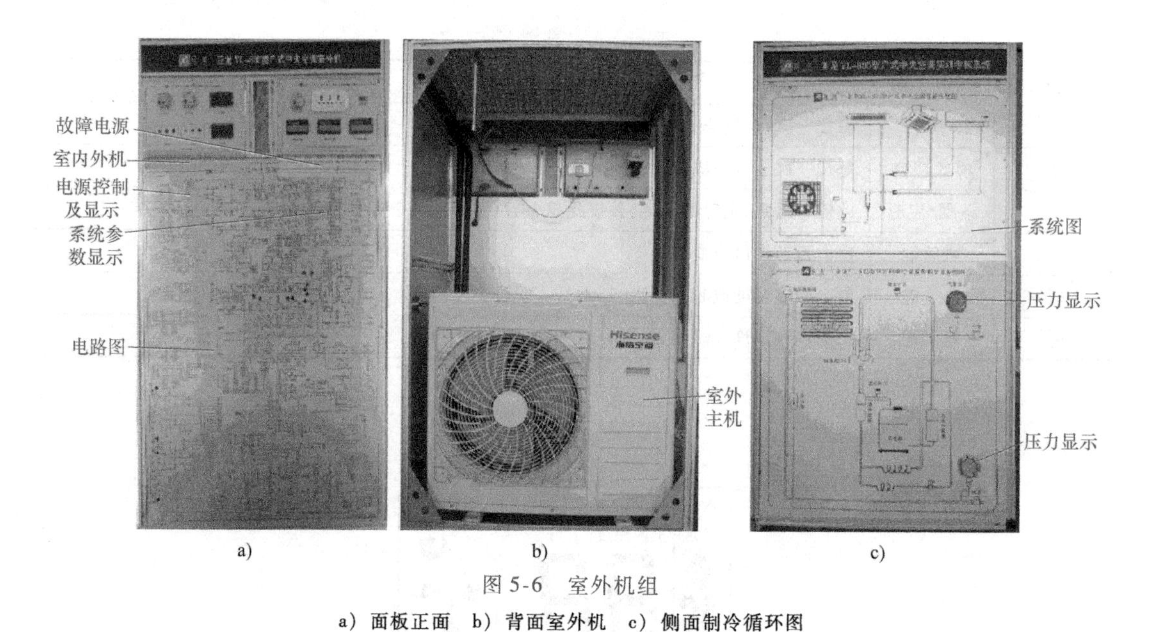

图 5-6　室外机组

a）面板正面　b）背面室外机　c）侧面制冷循环图

2）风管式内机如图 5-7 所示。

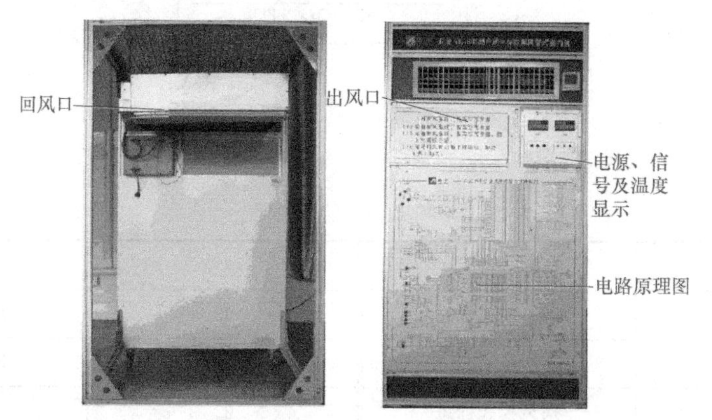

图 5-7　风管式内机

3）嵌入式内机如图 5-8 所示。

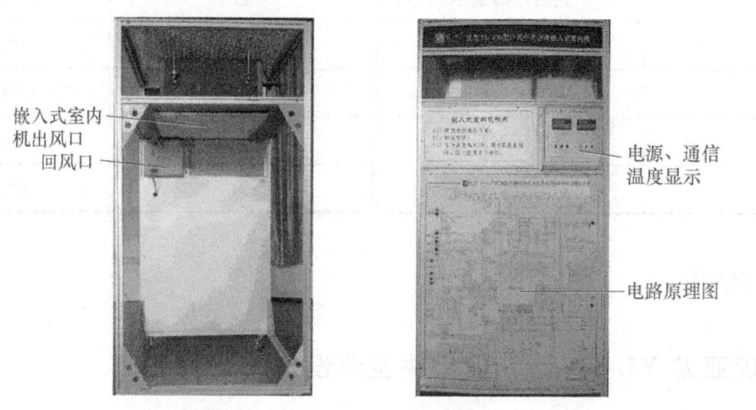

图 5-8　嵌入式内机

4）壁挂式室内机如图 5-9 所示。

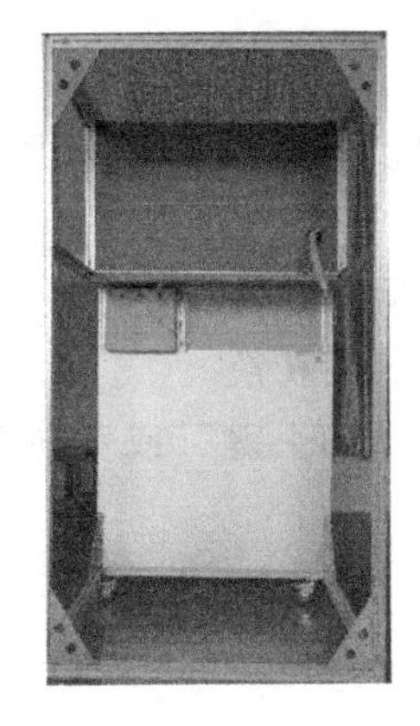
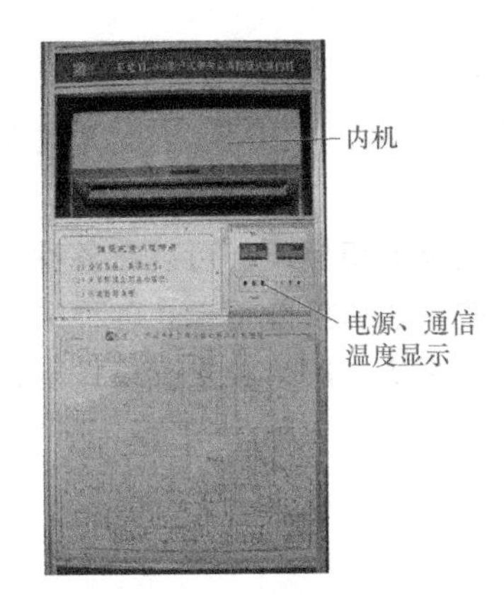

图 5-9　壁挂式室内机

二、遥控器与线控器的操作

1. 遥控器的操作（图 5-10）

1）开关机。

2）风速切换。按“风速切换”键，可以在各风速模式间依次转换。

1	按“方式”按钮选择您所希望的运行方式 自动运行： 制热运行： 制冷运行： 送风运行： 除湿运行：
2	按下“⏻”按钮启动空调器
3	按下“▲”和“▼”按钮将温度设定成您所希望的温度 可调温度范围：最高：32℃ 最低：18℃
4	按下“ ”按钮选择您希望的风速，若将其设定于 ，风扇速度将会根据室内实际温度与设定温度之差自动地进行切换
5	按下“风门叶片”按钮将气流方向设定于所希望的方向（请参见“气流方向的调节”）

图 5-10　遥控器的操作

3）温度调节。在制冷、制热或除湿模式下，按“向上键”或“向下键”可以调高或调低温度。

2. 线控器的操作

1）开关机。按开关键，可以实现开机或关机。开机后，显示屏上的风速显示标识点亮。

2）模式切换。按模式切换键，可以在各种模式间依次转换。

3）风速切换。按风速切换键可以在各种风速模式间转换。

4）温度调节。在制冷、制热或除湿模式下，按“向上键”或“向下键”可以调高或调低温度。

任务二 户式中央空调的排水测试

【基本知识】

在户式中央空调安装结束后，要先给冷凝水管及每台室内机做试水测试，包括整体冷凝水管的吹污检漏及每台室内机的通水测试。

一、冷凝水管的吹污及检漏

在整个户式空调安装过程中，由于实际施工现场的情况，冷凝水管中会进入一些杂物，这些杂物如果留在冷凝水管中会在今后的排水过程中对冷凝水起到阻碍作用，导致冷凝水排水不畅，必须对冷凝水管进行吹污处理。

对冷凝水管的吹污，使用0.2～0.5MPa的氮气或干净的压缩空气，将每台室内机的排水口、水管的出气口用橡皮塞堵住，从离总排水口最远端开始，将气管深入水管中，开启气阀，观察总排水口是否有杂物排出，依次从远到近，在每台室内机的排水口都进行吹污。

在对水管进行吹污结束后，对冷凝水管进行漏水测试。将总排水口和各台室内机的排水口用橡皮塞堵住（出气口不能堵住，否则会在水管内产生气柱），从整个排水管的最高处进行灌水，直到水到灌水处，检查每个管路连接口（直管、三通、直接与水管连接处）是否有漏水现象。如果有漏水现象，放掉管内的水，将漏水处的水用干毛巾擦干，在漏点处重新涂上胶水，再次试水，直至不漏。如果多次测试都是某一处漏水，建议该处水管重新制作。

二、室内机的排水测试

冷凝水管通过吹污和检漏后，将室内机排水口和冷凝水管连接好，并做好处理，用电工胶布将室内机的排水管和冷凝水管包好。对室内机进行排水测试，打开室内机的排水测试口（检修口），往室内机的接水盘中注入2～2.5L水，观察出水量。如果出水顺畅，室内机的水平就没有问题，同时观察室内机和冷凝水管的连接处，看是否有滴水现象，如果有滴水现象，重新做好连接处理。带有提升泵的室内机，需给室内机上电并起动室内机，再从检修口向接水盘注水，直至浮子开关上浮，1min后提升泵工作，将水从接水盘抽出。

【操作技能】

一、冷凝水管的吹污及检漏

1. 冷凝水管吹污

1）找离出水口最远的室内机水管口，用橡皮塞或毛巾堵住其他连接室内机的水管口及出气口，如图 5-11 所示。

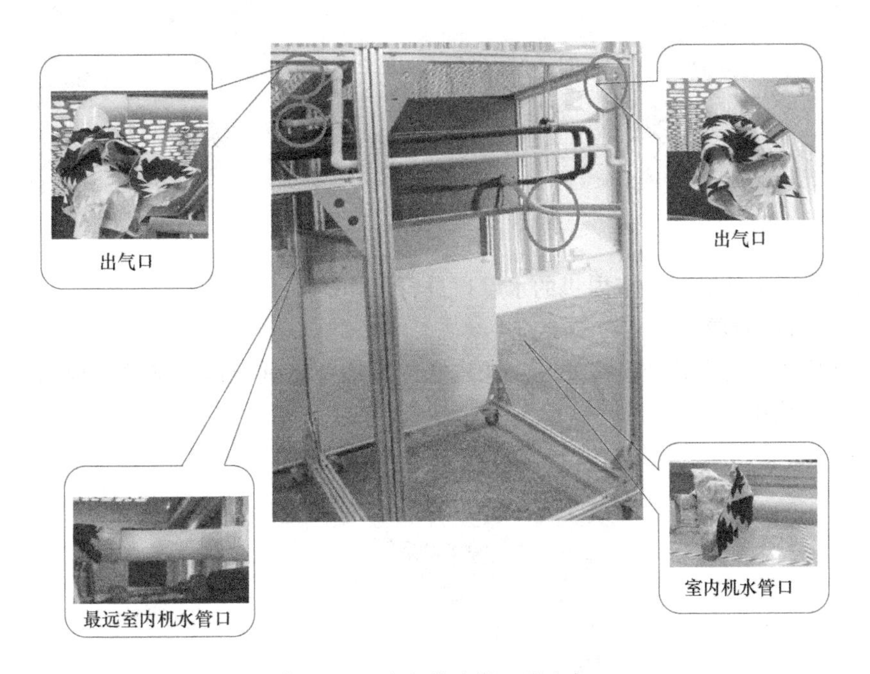

图 5-11　室内机的水管口及出气口

2）将三表修理阀的黄色皮管与氮气相连，并将三表修理阀的红色气管插入距总出水口最远的水管口，如图 5-12 所示。

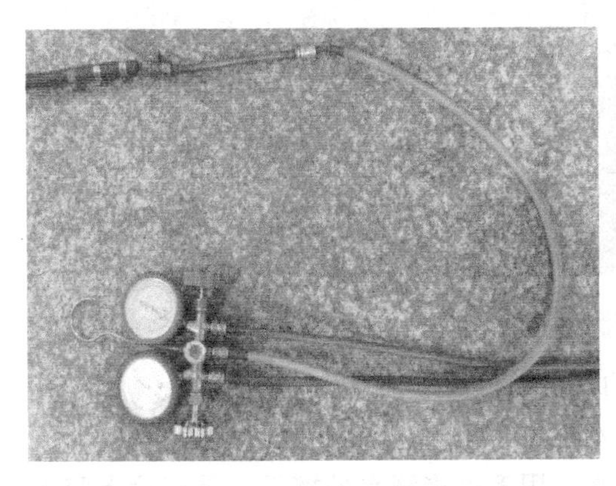

图 5-12　气管插入离总出水口最远的水管口

3）调节氮气压力，压力范围为 0.2～0.5MPa。

4）堵住总出水口，当手感到有一定压力时，迅速松开；反复操作，仔细观察出水口，直至无明显杂物吹出，如图 5-13 所示。

图 5-13　观察出水口

5）依次从远到近对每台室内机的水管口进行操作。

2. 冷凝水管的检漏

1）找出整个冷凝水管的最高处，用橡皮塞或者毛巾将其他出口堵住，但出气口不要堵住，如图 5-14 所示。

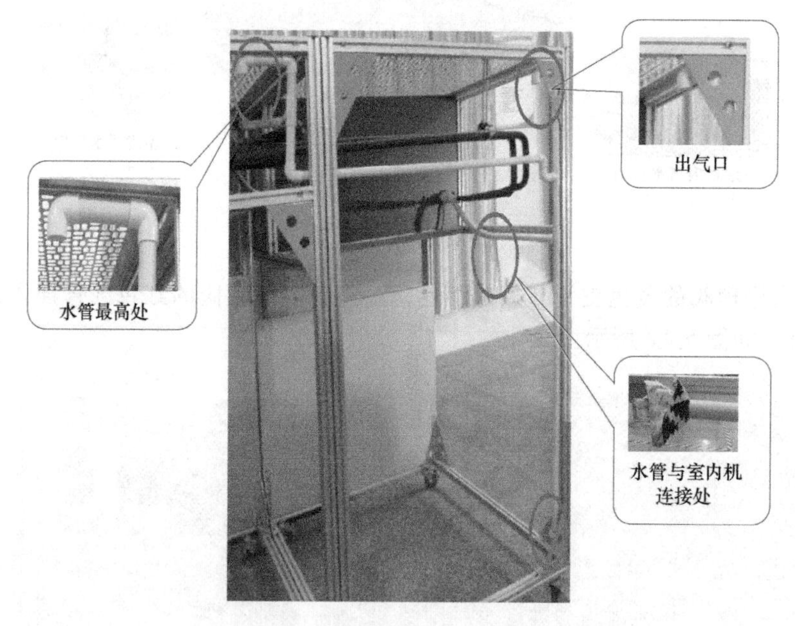

图 5-14　用橡皮塞或者毛巾将其他出口堵住

2）从最高处灌水，直至水到灌水口，如图 5-15 所示。

3）观察每个水管接口处是否有滴水现象。

4）如果有滴水点，放掉水管中的水，用毛巾将滴水处擦干，重新涂上胶水，如图 5-16 所示。

5）重复步骤 2）、3）、4），直至水管不漏水，放掉水管中的水。

图 5-15　灌水

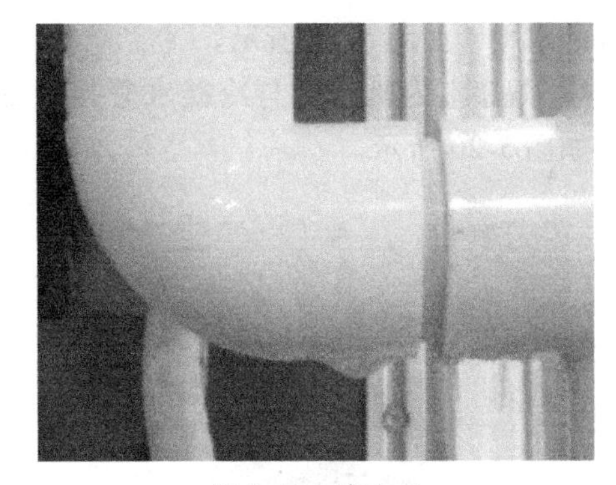

图 5-16　滴水处

6）将冷凝水管与室内机连接好，并用电工胶布做好处理，如图 5-17 所示。

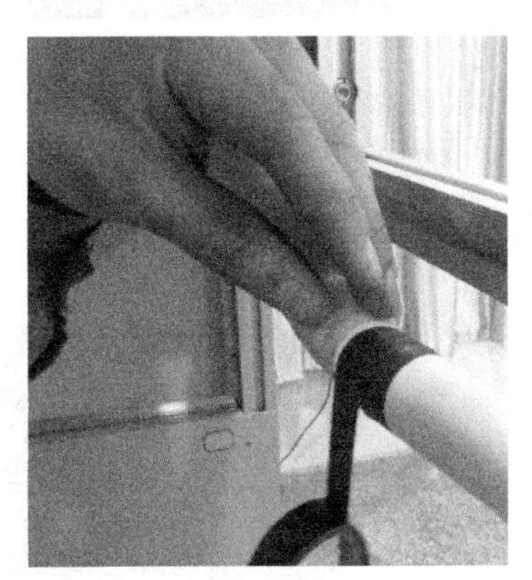

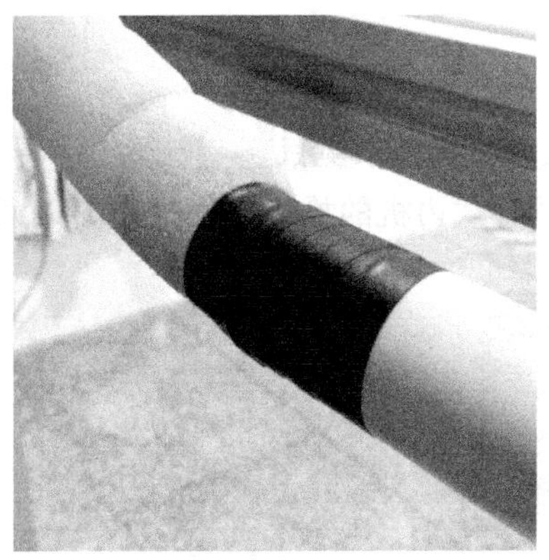

图 5-17　用电工胶布做好处理

二、室内机排水测试

1. 壁挂式内机排水测试

1）拆开室内机外壳。

2）将水从冷凝铜管上方倒入，使水流入室内机的接水盘，如图 5-18 所示。

3）观察水是否从接水盘流入接水管，并顺利从冷凝水管流出。如有积水现象，调整室

图 5-18　加水

内机的水平，如图 5-19 所示。

4）观察室内机水管与冷凝水管接口处是否有滴水现象。如果有滴水现象，要进行处理，如图 5-20 所示。

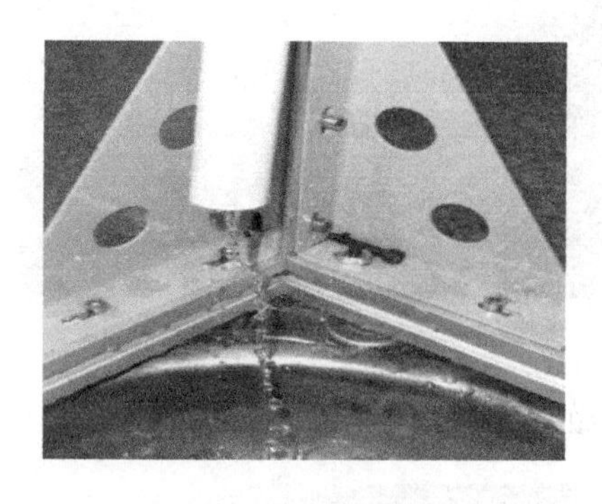

图 5-19　水流顺利

图 5-20　检查水管接头

2. 风管式内机的排水测试

1）拆开风管式内机的检修口，如图 5-21 所示。

图 5-21　拆开检修口

2）从测试口往接水盘注水，如图 5-22 所示。

3）观察水是否从接水盘流入接水管，并顺利从冷凝水管流出。如有积水现象，调整室内机的水平。

4）观察室内机水管与冷凝水管接口处是否有滴水现象。如果有，进行处理。

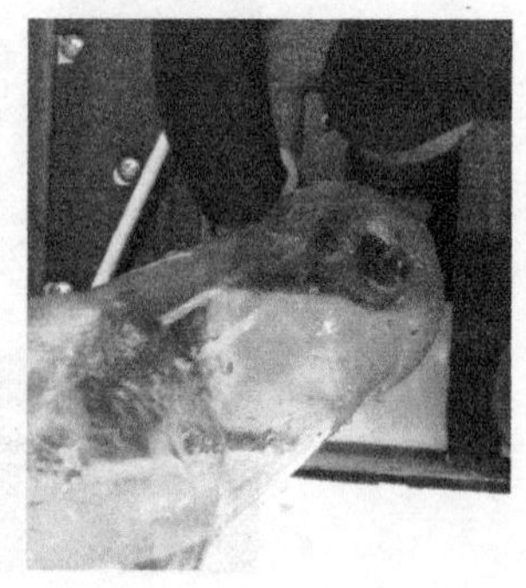

图 5-22　注水

3. 嵌入式内机的排水测试

1）拆开嵌入式内机的检修口，如图 5-23 所示。

2）给室内机通电，并让室内机运行。

3）从检修口注入 2L 水，如图 5-24 所示。

4）使浮子开关闭合 1min，提升泵开始工作，如图 5-25 所示。

图 5-23　检修口

图 5-24　注水

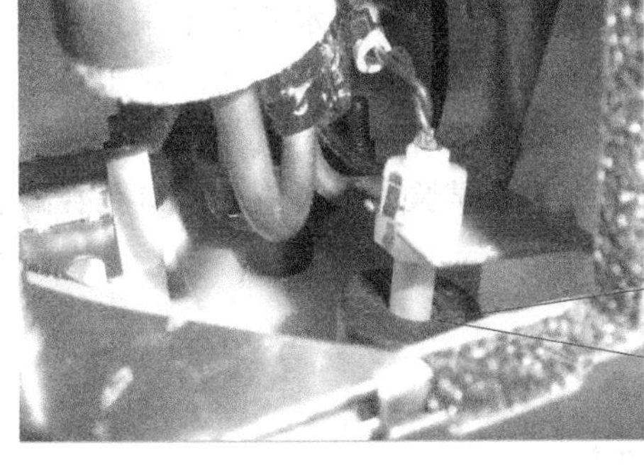

图 5-25　浮子开关

5）观察水是否从接水盘流入接水管，并顺利从冷凝水管流出。

6）观察室内机水管与冷凝水管接口处是否有滴水现象。如果有滴水现象，要进行处理。

【知识拓展】

多联机式空调系统冷凝水排水管的验收

多联机式空调系统由于采用直接蒸发制冷的形式，故在制冷工况下，其室内机组会产生凝结水。而目前采用的室内机组又以暗藏形式（如风管连接型等）和半明装形式（如天花板内藏嵌入式等）为主，故在实际安装过程中，往往会采用集中排水的方法来处理冷凝水。集中排水方式因其总管的影响范围较大，必须对其安装规范性、有效排水能力和防泄漏工艺进行确认。在验收排水管的过程中，除需要对施工项目进行安装验收外，还可进行满水试验和排水试验的检查。

1. 安装检查

1）水平方向安装的冷凝水支管道具有不低于 0.008 的下降坡度。

2）冷凝水排水管道用中间支撑的间隔在 800～1000mm；排水管未产生下垂现象。

3）冷凝水排水管道与室内机组之间的连接符合安装资料的要求。

4）冷凝水排水管道末端出水口无外力阻碍。

2. 集中排水方式的确认项目

1）汇流水管的有效排水量满足需要。

2）各室内机组的冷凝水管正确接入汇流管，不产生排水阻力。

3）是否合理设置了通气孔。

3. 其他检查项目

1）对冷凝水管的隔热保温检查是否符合要求。

2）采用提升排水方式的场合，需确认其实际提升高度是否在提升泵的能力范围内。

4. 满水试验

对于采用集中排水方式的项目，在最终连接冷凝水管与室内机组前，向水管中注水，使水管中充满水，判定汇流水管的实际最大排水能力，同时确认水管连接部分是否存在漏水的情况。

5. 排水试验

给室内机组的冷凝水盘内直接加注一定量的水（加水量应根据相应的安装技术资料或室内机组的大小确定），观察冷凝水管道末端的出水流量，如能较为顺利和连续地完成排水，则可判定该室内机组的排水管路顺畅。对于部分采用提升泵排水的室内机组，有必要对该室内机组临时供电，使提升泵处于工作状态，进行排水试验。排水试验需要对每台室内机组分别进行确认。在排水试验中，还应对接口是否漏水进行确认。

任务三 户式中央空调的电气连接

【基本知识】

一、户式中央空调的电气接线

1. 电源线连接

户式中央空调电源有的采用三相电源，也有的采用单相电源。不管采用哪种电源，户式中央空调必须采用单独的电源线，电源容量要充足，要有安全可靠的接地。

户式中央空调室内、外机采用分开供电，接入电源接线端子应采用压线端子，防止接触不良。电源线不得和冷媒铜管捆扎在一起，电源线和通信线之间应有一定的距离。在实际进行空调电源连接时，要注意同色电源线接在相同的接线柱上，如图 5-26 所示。

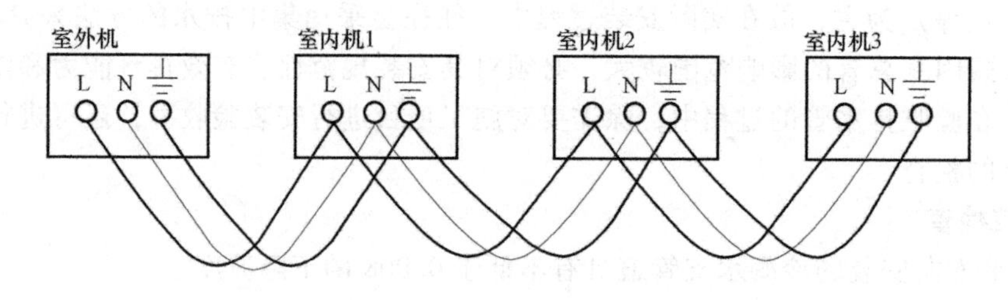

图 5-26 户式中央空调电源接线

2. 通信线连接

室内、外机的通信线采用的是屏蔽线，不要使用其他的线，否则会影响系统的正常运行。室内机通信线只能从室外机往室内机连接，如图 5-27 所示。

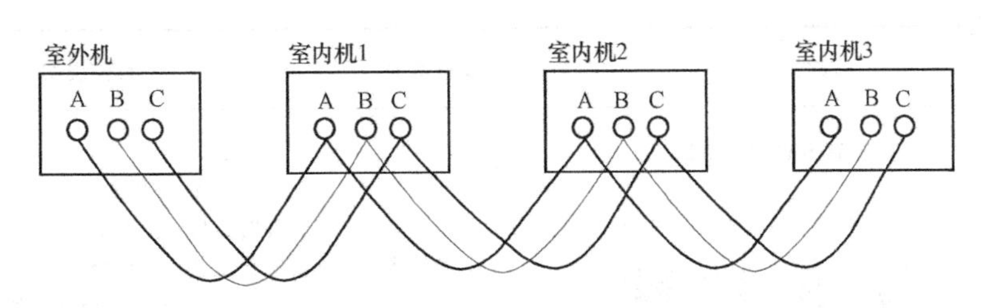

图 5-27　户式中央空调通信线连接

通信线必须依次连接，不允许一个接线柱上出现三根线。

二、室内、外机的拨码

中央空调要能正常高效地运行，必须通过内外机控制电路上的拨码开关进行设置。在本设备中采用了 DIP2 位拨码开关和 DIP4 位拨码开关，如图 5-28 所示。拨码开关是用来操作控制的，采用的是 0/1 的二进制编码原理，每一个键对应的背面上下各有两个引脚，拨至 ON 一侧，下面两个引脚接通；反之则断开。每个键是独立的，相互没有关联。

在本设备的室内、外机中有着以下几种功能的拨码开关：通信设置拨码（采用 DIP2 拨码开关）、地址设置拨码（采用 DIP4 拨码开关）、功能设置拨码（采用 DIP4 拨码开关）。

图 5-28　拨码开关

1. 室外机拨码

本设备的室外机共有 7 个拨码开关，其中 1 个为 2 位拨码开关、6 个为 4 位拨码开关。其中，SW1 为通信设置拨码开关，SW7 为外机地址设置拨码开关，其余为功能设置拨码开关。

室外机拨码设置见表 5-3。

表 5-3　室外机拨码设置

拨码开关	拨码设置	设置类型	具体说明
SW1	通信设置:SW1-2 不用终端电阻：ON / OFF 2 用终端电阻：ON / OFF 2	必要设置	室外机上电前拨动。 出厂时,SW1 的 2 号键设置在“ON”状态,当通信总线上只有 1 台室外机时,按默认设置即可,如果通信总线上有多台室外机,则应从第 2 台室外机组起将 SW1 的 2 号键设置在“OFF”状态
SW2	长配管设置:SW2-1,SW2-2 一般长度：ON / OFF 1 2 短配管：ON / OFF 1 2 长配管：ON / OFF 1 2 超长配管：ON / OFF 1 2	必要设置	室外机上电前拨动 安装时,测量“最远的室内机“到室外机的联机管长度 L,并根据该长度设置拨码 一般 $10m < L < 30m$;短配管 $L < 10m$;较长配管 $30m < L < 50m$;超长配管 $L > 50m$

（续）

拨码开关	拨码设置	设置类型	具体说明
SW2	节电设置 SW2-3，SW2-4 无节电 初级节电 中级节电 高级节电 ON OFF 3 4 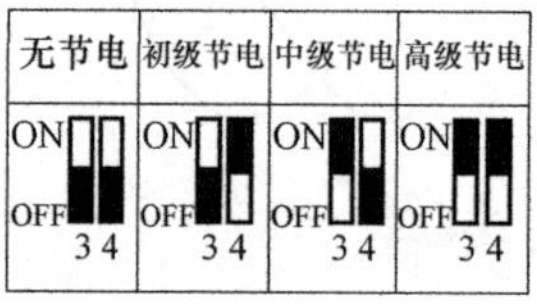	可选设置	室外机上电前拨动 安装时，可以通过拨码实现节电运行，但节电会降低机组的能力输出，建议在余量较大时使用。初级节电 10%；中级节电 20%；高级节电 30%
SW3	容量设置		不需要改动，保持默认状态
SW4	辅助功能 SW5-1，SW5-2，SW5-3 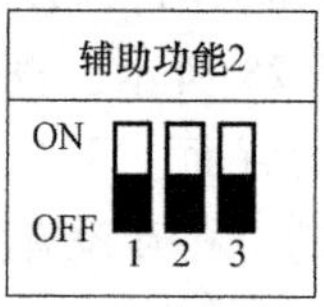 辅助功能2 ON OFF 1 2 3	可选设置	SW5-1 冷媒自动充注，运动中拨动，OFF-ON 进入（环境温度大于 5℃），ON-OFF 退出；SW5-2 室外机静音运行，上电前拨动，ON 有效，OFF 无效；SW5-3 全部室内机高风速，运动中拨动，OFF-ON 进入，ON-OFF 退出
	室外机在下设置 SW5-4 室外机在上 室外机在下 ON OFF 4 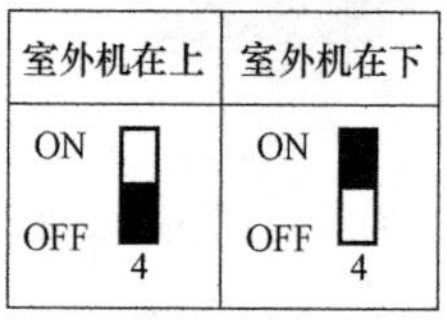	必要设置	室外机上电前拨动 室外机安装位置在上或不低于室内机平均安装高度 5m 拨码在 OFF，室外机安装位置低于室内机平均安装高度 5m 拨码在 ON
SW5	制热禁止 SW5-1 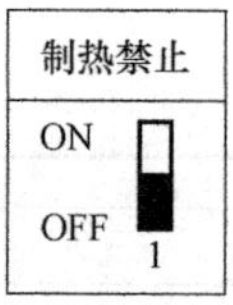 制热禁止 ON OFF 1	可选设置	室外机上电前拨动 拨码为 ON 有效，为 OFF 无效
	试运行设置 SW5-2，SW5-3 试运转 ON OFF 2 3 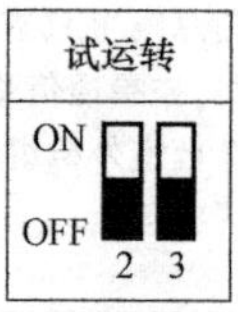	安装辅助	室内、外机上电且压缩机不动 制冷试运行 SW5-2，ON 运行，OFF 停止；制热试运行 SW5-3，ON 运行，OFF 停止
	强制回油设置 SW5-4 强制回油 ON OFF 4 	可选设置	室外机运行时拨动 拨码由 OFF-ON 进入回油控制

（续）

拨码开关	拨码设置	设置类型	具体说明
SW6	强制除霜设置 SW6-1 强制除霜 ON OFF 1	可选设置	室外机运行时拨动 拨码由 OFF-ON 进入除霜控制
	室内外机膨胀阀全开设置 SW6-2 膨胀阀全开 ON OFF 2	可选设置	室外机上电后拨动 拨码由 OFF-ON 进入全开，ON-OFF 进入全闭
	压缩机加热带设置 SW6-3 压缩机加热带 ON OFF 3	可选设置	室外机上电前拨动 压缩机首次上电加热 6h，OFF 有效，ON 无效
	室内机配置确认设置 SW6-4 初始状态 ON OFF 4 SW6 → 寻找室内机 ON OFF 4 SW6 → 确认完成 ON OFF 4 SW6	必要设置	室内外机通信连接完成且全部室内机地址设置完成，室内外机全部上 首次安装和室内机变化时，必须进行室内机配置确认，将此拨码拨到 ON 位置，待数码管显示数字与实际安装室内机数量一致后，再将此拨码拨回 OFF 状态
SW7	室外机地址设置 地址1 地址2 地址3 地址4 地址5 地址6 地址7 地址8 地址9 地址10 地址11 地址12 地址13 地址14 地址15 地址16 （每个地址：ON OFF 1 2 3 4）	必要设置	室外机上电前拨动 多个室外机连接在同一条通信线时需要设定室外机地址，设定的室外机地址各不相同；室外机地址设定后，需要确认连接该室外机的室内机的每台室内机的系统地址与室外机地址相同

2. 室内机拨码设置

本设备的室内机有三种。拨码开关的功能有系统地址设置、室内机地址设置、室内机组设置、辅助功能设置、通信设置等几种。同一制冷系统中，室内机的系统地址必须与相对应的室外机地址相同，室内机地址不能重复。本设备中嵌入式内机和风管式内机的拨码开关是一样的，壁挂式内机的拨码开关略有不同，具体设置见表5-4。

表 5-4 室内机拨码设置

拨码开关	拨码设置	设置类型	具体说明
SW1	室内机地址	必要设置	一台室外机可以连接多台室内机，组成一个制冷系统，安装时，必须通过更改SW1设置每台室内机地址，同一系统内的各台室内机地址不能重复，拨码方式见“码值设定”
SW2	系统地址	必要设置	同一制冷系统的室内、外机的系统地址相同（与室外机的SW7设定值相同），设定码值1~15可选，码值16禁用
SW3	组地址	可选设置	室内机分组功能可将连接在同一通信线上的多台室内机设成一组，组地址相同的室内机为一组，并按照同一控制命令运行，码值为2~16时分组控制有效，码值为1时分组功能无效
SW4	容量代码	出厂设置	不改动
SW5（壁挂机无此功能）	辅助功能	可选设置	SW5-1 掉电记忆，OFF无效，ON有效 SW5-2 制冷设定温度限制，OFF无效，ON有效 SW5-3 制热设定温度限制，OFF无效，ON有效 SW5-4 模式优先，OFF无效，ON有效
SW6（壁挂机无此功能）	辅助功能	可选设置	SW6-1、SW6-2 清洁过滤网提示功能 SW6-3 室内机膨胀阀强制开关，OFF-ON全开，ON-OFF全闭 SW6-4 组控温度值有效设定，OFF无效，ON有效
SW7（壁挂机为SW5）	通信设置	必要设置	SW7-1 设置终端匹配电阻，离室外机最远的室内机必须设置 SW7-2 熔丝容错功能

注：除SW6-3拨码外，其余均在室内机上电前设定好。码值设定如下

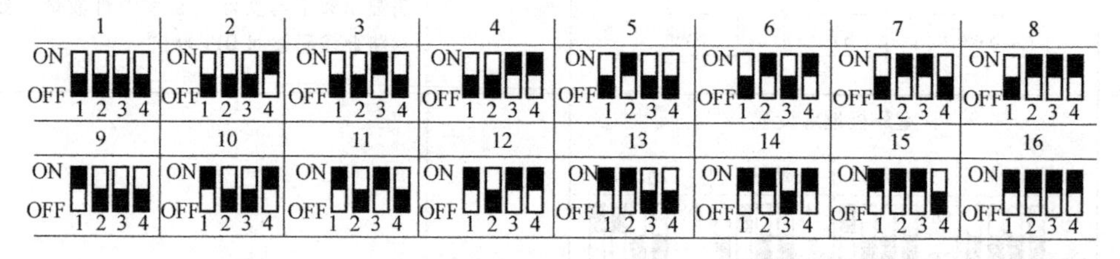

三、室内、外机联机及常见故障

1. 室内、外机联机

室内、外机进行电气连接后，在保证设备无短路的情况下可以给设备通电，同过拨码开关进行联机。所谓联机是指在设备初装或室内机数量发生变化时必须进行操作的，是制冷系统运行的前提。室内机联机拨码开关在室外机内，本设备是室外机的拨码开关SW6-4。先打开室外机机盖，给室内、外机都通电，将SW6-4拨码开关从OFF状态推至ON状态，观察数码管的变化。当数码管的数字显示某个数值且不再变化（本设备显示为3）时，看最后显示的数值是否与已连接的室内机数量一致。如一致将SW6-4从ON状态推回OFF状态，

联机结束；如不一致，可能电气连接或通信设置有故障。

2. 常见故障及简单排除

在联机结束后有时在风管式内机的线控器上或壁挂式内机的显示屏上会出现一些数字，代表制冷系统在室内机设置上出现了问题，需进行重新设置。常见的故障及其排除方法见表5-5。

表5-5　常见的故障及其排除方法

故障码	故障原因	解决方法
64	室内、外机通信故障	检查通信线连接或室外机上电
61	室内机地址冲突	修改室内机地址
55	多台室内机模式设置冲突	室内机改为相同的运行模式

【操作技能】

一、室内、外机电气连接训练

设定风管式内机为1号机，嵌入式内机为2号机，壁挂式内机为3号机且为末端机，进行电气连接。

二、海信户式中央空调的拨码训练

假设安装如下：制冷系统为1号，室内机地址风管式内机为2号，嵌入式内机为3号，壁挂式内机为4号，壁挂式内机为末端机，压缩机加热取消，室外机在下，短配管，系统中级节能运行。室内、外机的拨码设置见表5-6和表5-7。

表5-6　室外机拨码设置

状态设定	拨码开关	设定值
系统地址	SW7	OFF
压缩机加热取消	SW6-3	ON
室外机在下	SW5-4	ON
短配管	SW2-1,SW2-1	OFF,ON
中级节能运行	SW2-3,SW2-4	ON,OFF

表5-7　室内机拨码设置

机型	状态设定	拨码开关	设定值
风管式	地址设定	SW1	OFF,OFF,OFF,ON
嵌入式	地址设定	SW1	OFF,OFF,ON,OFF
壁挂式	地址设定	SW1	OFF,OFF,ON,ON
	末端机设定	SW5-1	ON

注意：壁挂机的末端机设置为SW5-1，其他两种机型的末端机设置为SW7-1。

三、海信户式中央空调的联机及常见故障的排除

1. 空调的联机训练

1）打开室外机机盖，并给系统加电。

2）将 SW6-4 拨码从 OFF 状态推至 ON 状态。

3）室外机主板的数码显示管将从“0”开始变化，直至变化到室内机数量的数字，本设备最后显示为“3”，如图 5-29 所示（联机过程中的数字跳转比较快）。

4）将 SW6-4 从 ON 退回 OFF，几秒后数码管熄灭，设备联机成功。

图 5-29　室外机主板的数码显示过程

2. 常见故障及排除

当给制冷系统加电后，室内机面板上出现以下故障码，进行故障排除。

（1）故障码 64　检查通信线连接是否正确，连接线是否有断路。

（2）故障码 61　检查每台室内机的地址设置，找出相同地址的室内机并进行修改。

（3）故障码 55　将每台室内机的运行模式改成相同。

【知识拓展】

一、电源线与信号线的验收

多联机式空调系统的电气部分施工包括电源供给电路和控制电路（俗称“信号线”）两部分。

1. 电源供给电路的验收

1）检查合格证或试验记录，确认使用的电源线以及管材的型号、规格和走向布置符合设计要求和施工规范规定。

2）根据安装技术资料检查电源线的连接方法是否符合厂商要求。

3）检查电源电路与室内、外机组连接以及与用户电源的连接是否符合规定。

4）确认用户提供的电源是否符合机组的要求。

2. 信号电路的验收

1）检查合格证或试验记录，确认使用的电线以及管材的型号、规格符合设计要求和施工规范规定。

2）确认所使用的自控用设备和器具符合控制系统的设计要求。

3）检查控制电路的走向与连接次序符合设备特性以及初始设计要求，并核对控制系统图。

二、多联机空调系统常见故障的分析与排除

对于多联机式空调系统来说，因其同时对复数个室内空间进行制冷或供热，在空调系统的使用过程中，由于设计、安装、使用以及产品本身的问题，往往会产生各种故障。

1. 故障分析的基本方法

多联机式空调系统的故障根据其发生的位置和机理，以及零件或结构的作用可大体划分

为电气故障、制冷系统故障、自控系统故障和其他部分故障等几大类。但在实际发生故障的场合，可能会出现几种类型的故障共同作用的现象。在进行检查和维修时，应首先仔细进行判断，确定故障原因后再进行检修。一般可以采用观察和测量相结合的方法进行判断。

对系统进行观察，找出故障的最终表现形式。看是否存在管道泄漏、结霜等现象；听是否存在异常振动或噪声；对于具备故障自我诊断功能的系统，检查当前反馈的故障信息；检查在选型、安装等方面是否存在疑问。

2. 常见故障的分析和处理

由于多联机式空调系统的原理和结构不同，造成故障的现象和种类繁多，这里只对一些最为常见和共有的故障现象进行简要分析。

（1）电气故障　电气部分包括从供电电源至执行电动机的部分，是空调系统进行能量转化的主要部分。当该部分发生问题时，往往会使空调机组无法运转或者无法稳定运转。

1）供电电源故障。各种系统均对其电源有一定的要求（如电压波动范围等），供电不正常会严重影响空调系统的运行。电源和电源线的容量不足，使空调器无法进入重载运转状态（对于非卸载起动的系统可能会造成无法运转），或者即便能进行重载运转但电源线发热造成安全隐患。电源电压波动过大，使电动机的工作状态不稳定，可能导致压缩机等寿命降低的问题。在维修时，有必要监视电源的波动情况或者调换电源。采用涡旋压缩机的系统，其电源进线的相序错误也会造成机组无法运行。

2）保护装置故障。常见的保护装置以压力保护、过载保护、过热保护、过电流保护等形式对空调系统的主要部件进行保护。当出现相关问题时，保护装置会动作，使系统停下运行以避免部件损坏。在维修时，应先找出发生问题的保护装置（必要时应使故障重现），再根据保护的类型对相关部分进行检查。但对于熔丝烧断故障，应先查找出短路点并进行修复后再更换熔丝，以防止其他电气部件和控制元件损坏。

3）执行元件故障。执行元件是最终实施运转的部件，如压缩机和风扇电动机及其使用的接触器等。电动机故障主要为堵转、开路和绝缘损坏等，可以用万用表和兆欧表等进行检查。接触器的故障会使运行指令无法正确传递至电动机，常见的问题是励磁线圈开路、触点吸合不良等。

（2）制冷系统故障　在多联机式空调系统的使用中，经常发生机组运行但是制冷和制热效果不理想甚至根本不制冷或不制热的情况。在维修过程中，经常会采用运行压力来进行初步判断。常见的情况有吸气压力过高、吸气压力过低和排出压力过高3种，见表5-8。

表5-8　制冷系统故障的常见情况

故障现象	产生原因及分析
吸气压力过高	机组配置过小或负载过大 负载过大时，压缩机吸气压力会明显上升，其排气压力也会有一定程度的升高，但幅度并不大；由于压缩机负载增加，运行电流也升高，空调机组长时间处于重载运转状态，可能导致其使用寿命降低，但一般不产生故障停止的情况

（续）

故障现象	产生原因及分析
吸气压力过高	膨胀阀调节不当 膨胀阀进行流量调控过程中，开启度过大会导致过多的制冷剂进入蒸发器产生湿运转，此时吸、排气压力和压缩机电流均会上升，同时在压缩机的吸入管上还会产生结霜的现象
	压缩机故障 压缩机的吸气压力升高而排气压力下降，可能存在压缩机压缩不良的现象
吸气压力过低	蒸发器风量不足 由于流过蒸发器的空气减少，导致空气与制冷剂的换热量下降，相应的制冷剂的蒸发温度下降，压缩机吸入压力也就下降。蒸发器侧的风量不足，可能是由于灰尘、脏物等使进风侧堵塞，风扇转速过低等原因共同造成的
	制冷剂不足 制冷剂缺少后，由于在蒸发器中产生过度蒸发，使压缩机的吸入管温度上升；同时，由于制冷剂的流量减少使换热量下降，导致蒸发温度和压缩机吸入压力下降。制冷剂不足时，压缩机的温度往往会明显上升，有时会引起过热保护导致停机；在蒸发器的盘管靠近膨胀阀一侧，还会因为蒸发温度下降产生结霜现象；当制冷剂泄漏过多时，一般会使低压保护装置动作
	制冷剂管路堵塞 任何对制冷剂的正常流动产生阻碍的形式都会降低制冷剂的循环量，使蒸发温度和吸气压力下降，最终使空调系统无法正常工作。在压力和电流的数据变化的情况下，堵塞和制冷剂不足有类似的表现，但在受阻点处会形成明显的温度下降，其铜管外表面会有突然凝露和结霜的现象
	膨胀阀故障 膨胀阀在调节流量过程中，如无法正常开启或者开启度偏小，会导致进入蒸发器的制冷剂流量变少，产生压力下降
排气压力过高	冷凝器风量不足 目前国内采用的多联机式空调系统多采用风冷方式进行冷凝。当冷凝器侧的风量不足时，会使冷凝散热变得困难，最终导致冷凝温度和高压压力上升，严重时还会导致高压压力保护动作
	制冷剂充填过量 过量的制冷剂会使冷凝器的有效换热面积下降，造成压力上升。对于目前国内一些使用环保制冷剂的产品，由于采用的是非共沸混合工质，在维修时应全部回收所有的制冷剂后再定量充填
	不凝性气体混入系统 空气或者氮气进入制冷剂管路后，会使压缩机排气压力升高，同时运行电流也会大幅上升，可能引起高压保护或者过载保护。当空气进入系统时，还可能会带来系统冰堵、润滑油劣化等问题
	冷凝器吸风温度过高 当冷凝器周围的空气温度升高时，导致冷凝散热变得困难，冷凝温度会明显上升，导致压缩机排气温度升高。这种故障多为安装缺陷造成的，如：冷凝器侧气流短路；室外机组密集安装；冷凝器周边存在热源等

任务四　户式中央空调的系统调试

【基本知识】

一、制冷剂的充注及追加

户式中央空调采用的是 R410A 制冷剂。R410A 是一种双组分的非共沸混合制冷剂，由 R32 / R125（50% / 50%）混合而成。R410A 制冷剂在液相加注和气相加注时所加注的两

种成分的比例是不一样的，如图5-30所示，图中虚线（R32）和点画线（R125）代表气相添加时组分的变化；粗实线（R32和R125）代表液相添加时组分的变化。

从图5-30可以看出，当R410A制冷剂以液态进行加注时，其组分始终保持不变，而当以气态加注时，其组分就会产生变化。这是因为组成R410A的是两种沸点不同的制冷剂，以各为50%的比例混合而成，容器中液体部分的混合比例不容易变化。但由于在相同温度条件下两种成分的汽化量不同，所以容器中气体部分两种成分的组成比例就会出现变化。开始加注时，注入的气体中R32的比例增大而R125的比例减小，加注量达到80%以上后，R125的比例逐渐增大，最终超过正常比例，R32的比例同时减少至低于正常比例。因此，在加注R410A制冷剂时，为了保持其组分的正常比例，以保证R410A系统的热力性能，必须以液态的方式进行加注。

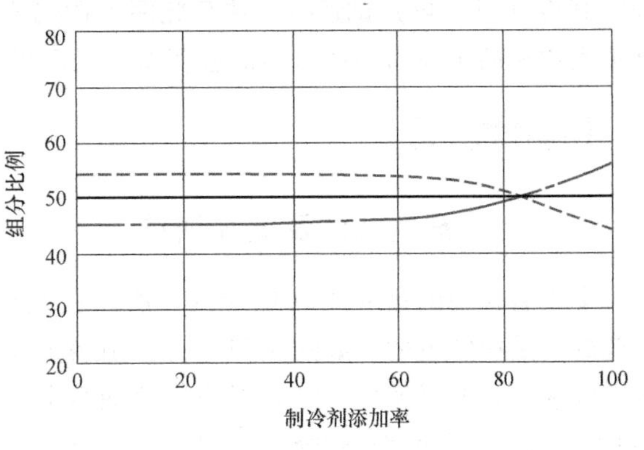

图5-30　R410A双组分

由于户式中央空调的安装是根据具体的户型来确定室内机的安装位置的，这就导致了室内外机的连接铜管是一个不定量。为了能够让户式中央空调达到良好的制冷效果，就必须根据实际的连接铜管的长度来确定所需的制冷剂的量。而对于户式中央空调的室外机来说，封在压缩机内的制冷剂是一个定量。所以必须根据铜管的长度来给制冷系统追加一定的制冷剂。

对于R410A制冷系统，追加制冷剂的量与不同的铜管有关，见表5-9。

表5-9　追加制冷剂的量与不同的铜管

铜管管径/mm	R410A追加量/(kg/m)	长度标号
ϕ6.35	0.023	L1
ϕ9.53	0.060	L2
ϕ12.7	0.120	L3
ϕ15.9	0.180	L4
ϕ19.1	0.270	L5
ϕ22.2	0.380	L6
ϕ25.4	0.520	L7
ϕ28.6	0.680	L8

而对于整个制冷系统追加的制冷剂的量R是将制冷系统室内外机连接铜管液管所需制冷剂相加的量，其计算公式如下

$$R = L1 \times 0.023 + L2 \times 0.060 + L3 \times 0.120 + L4 \times 0.180 + L5 \times 0.270 + L6 \times 0.380 + L7 \times 0.520 + L8 \times 0.680$$

但追加的制冷剂量不能超过系统规定的制冷剂的量。

二、制冷系统的运行调试

在前期工作都完成的基础上，可以对制冷系统进行调试。先让制冷剂在室内外机中达到

静态平衡，打开室外机的液阀至最大，这时管路中有嘶嘶的声响。当声响停止后再打开气阀至最大，待制冷系统达到静态平衡后可以使用室外机中的试运行拨码 SW5-2（或 SW5-3）进行制冷（或制热）试运行，注意此两个拨码不能同时为 ON 状态。在系统运行 30min 后，测量室内机的出风口和回风口的温度差，从而确定制冷的效果好坏，再做调整。

【操作技能】

一、制冷剂的充注及追加训练

本设备采用的是 R410A 制冷剂，所以在充注之前首先要确定制冷剂的类型，R410A 制冷剂的瓶是粉红色的，如图 5-31 所示，用来区别其他制冷剂；其次要观察制冷剂瓶是否搭载了虹吸管，如果使用有虹吸管的制冷剂容器，充注制冷剂时就不需要把容器倒置（一般 R410A 的制冷剂瓶都有虹吸管）；最后 R410A 是定量充注的，所以必须使用电子秤严格控制充注量。

1. 制冷剂充注

1）把冷媒罐放在电子秤上，按图 5-32 所示接好管路，记录电子秤的读数，并确定要充注的冷媒量。

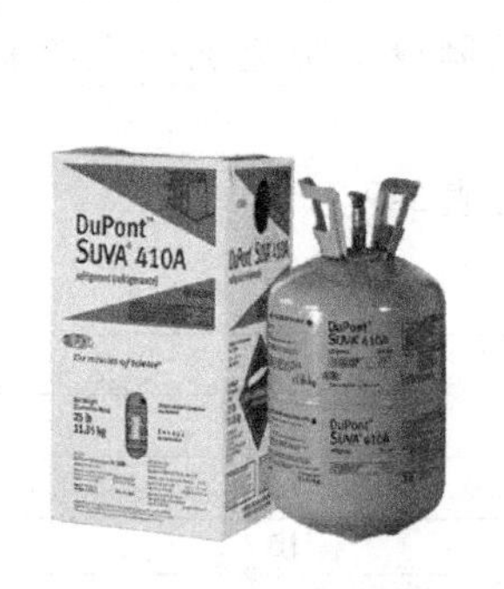

图 5-31　R410A 制冷剂

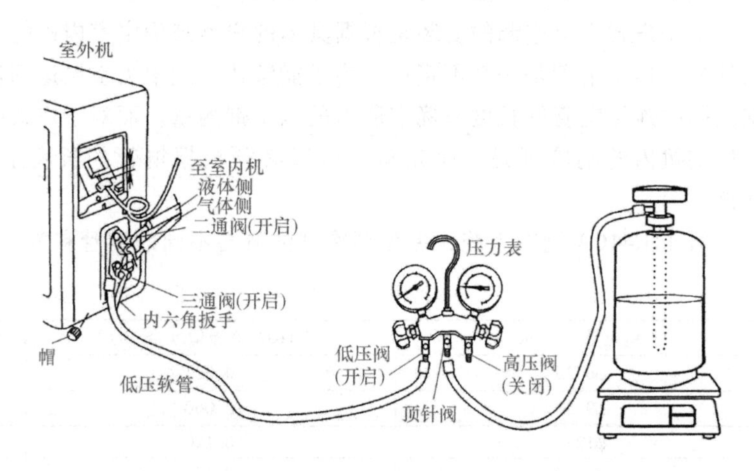

图 5-32　制冷剂和空调的连接

2）稍稍打开冷媒罐的开关，立刻关闭。

3）轻按顶针阀，让气体从顶针处喷出，立刻放开（按顶针阀的时间不能太长，轻按一下就放开）。

4）重复 2）、3）操作 2～3 次。

5）打开压力表的低压阀门，然后再打开冷媒罐的开关，进行充注。

6）根据需要增加冷媒量，观察电子秤的读数。当充注足够的冷媒时，关闭冷媒罐的开关或压力表的低压阀门开关（不要一次充注大量的冷媒。因为在气体侧低压充注过量的液态制冷剂，会损坏系统）。

7）快速旋下连接服务口的压力表软管；如果动作太慢，会造成大量的冷媒泄漏甚至冻伤皮肤。

8）装上修理口的螺母，建议再用肥皂水检查冷媒有没有泄漏（确保系统无漏点的情况下）。

9）当发现系统有泄漏时，要将系统中原有的制冷剂全部放掉，并重新抽真空加液。

2. 制冷剂追加

1）计算制冷剂追加量，将管道系统的充注量记录在随机提供的表格中，并将表格贴在室外机电控箱的面板上。

2）将充液罐放在电子秤上，记下读数，并计算充完制冷剂后的读数。

3）用充注导管将带有调节阀的双头压力表及充液罐接到气阀和液阀的检测接头上。在连接之前，先放出一部分制冷剂，将充注导管内的空气排出。

4）确认室外机气、液管截止阀处在关闭状态。

5）在未开机状态下打开充液罐调节阀阀门，从气、液管同时充注制冷剂。

6）观察电子秤的读数，达到要求后立即关掉调节阀，然后再关闭充液罐的阀门。

二、制冷系统的试运行及相关运行拨码的使用

在制冷剂从室外机放入室内机达到平衡后，可以对系统进行试运行。

1）打开室外机的机盖，并给设备通电。

2）做好设备的室内外机联机操作，数码显示管无数字显示。

3）找到试运行拨码开关 SW5-2（或 SW5-3），让其由 OFF 状态变为 ON 状态，SW5-2 和 SW5-3 不能同时为 ON 状态，如图 5-33 所示。

图 5-33　试运行拨码开关

4）数码显示为“0”，室内外机开始运行。

5）系统运行一段时间后，测试制冷效果，并将拨码开关由 ON 状态变为 OFF 状态，系统停机。

6）设备断电，盖好室外机盖板。

三、制冷系统的运行及参数记录

由于本设备带有各种参数显示表，所以参数记录比较简单。使用遥控器可以给室内机进行运行设置，使三台室内机同时运行或单独运行，还可以两两运行。在制冷系统运行一段时间后，可以通过参数显示表读取以下参数。

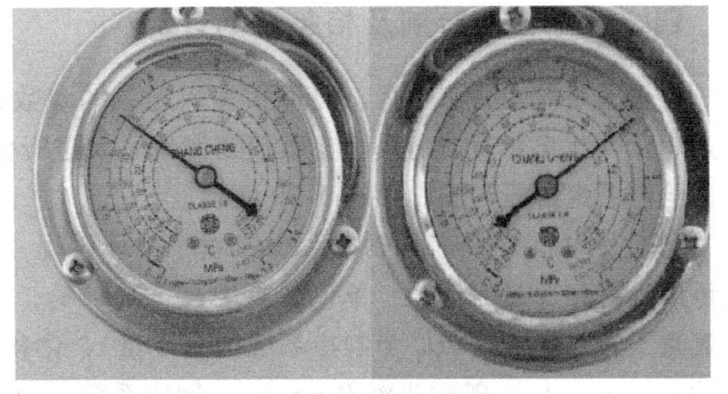

图 5-34　运行系统的高、低压值显示

1）运行系统的高、低压值

(只能在制冷状态下)显示如图5-34所示。

2)系统的运行电流显示如图5-35所示。

图5-35 系统运行电流显示

3)压缩机排气温度、压缩机吸气温度、冷凝器出口温度显示如图5-36所示。

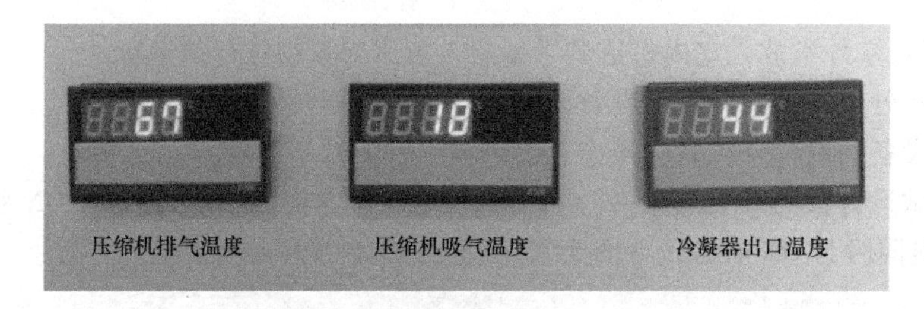

图5-36 压缩机排气温度、压缩机吸气温度、冷凝器出口温度显示

4)室内机的出风温度和回风温度显示如图5-37所示。

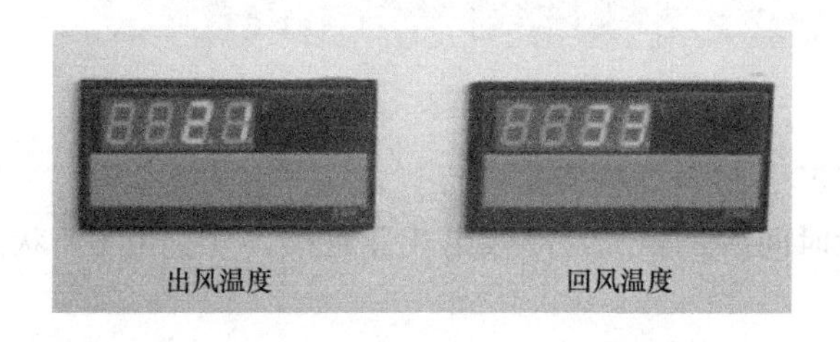

图5-37 室内机的出风温度和回风温度显示

四、压焓图的绘制及相关量的计算

在记录系统运行参数后，可以根据所记录的参数在R410A的压焓图上绘制整个制冷循环过程，并找出相对应的其他参数值对制冷系统进行分析计算，根据操作所得出的一些参数可以绘制系统的压焓图，如图5-38所示。

图5-38中，粗线表示制冷系统的制冷循环过程，查图可以得出各种相关参数，根据参数可以进行相关量的计算，单位制冷量 $q_0 = h_1 - h_4$，单位容积制冷量 $q_v = q_0/v_1$，制冷剂质量流量 $q_m = Q_0/q_0$（Q_0 为制冷系统的制冷量），体积流量 $V_h = q_m v_1$（v_1 为等容参数），单位功 $w_0 = h_2 - h_1$，理论功率 $P = q_m w_0$，制冷系数 $\varepsilon_0 = q_0/w_0$。

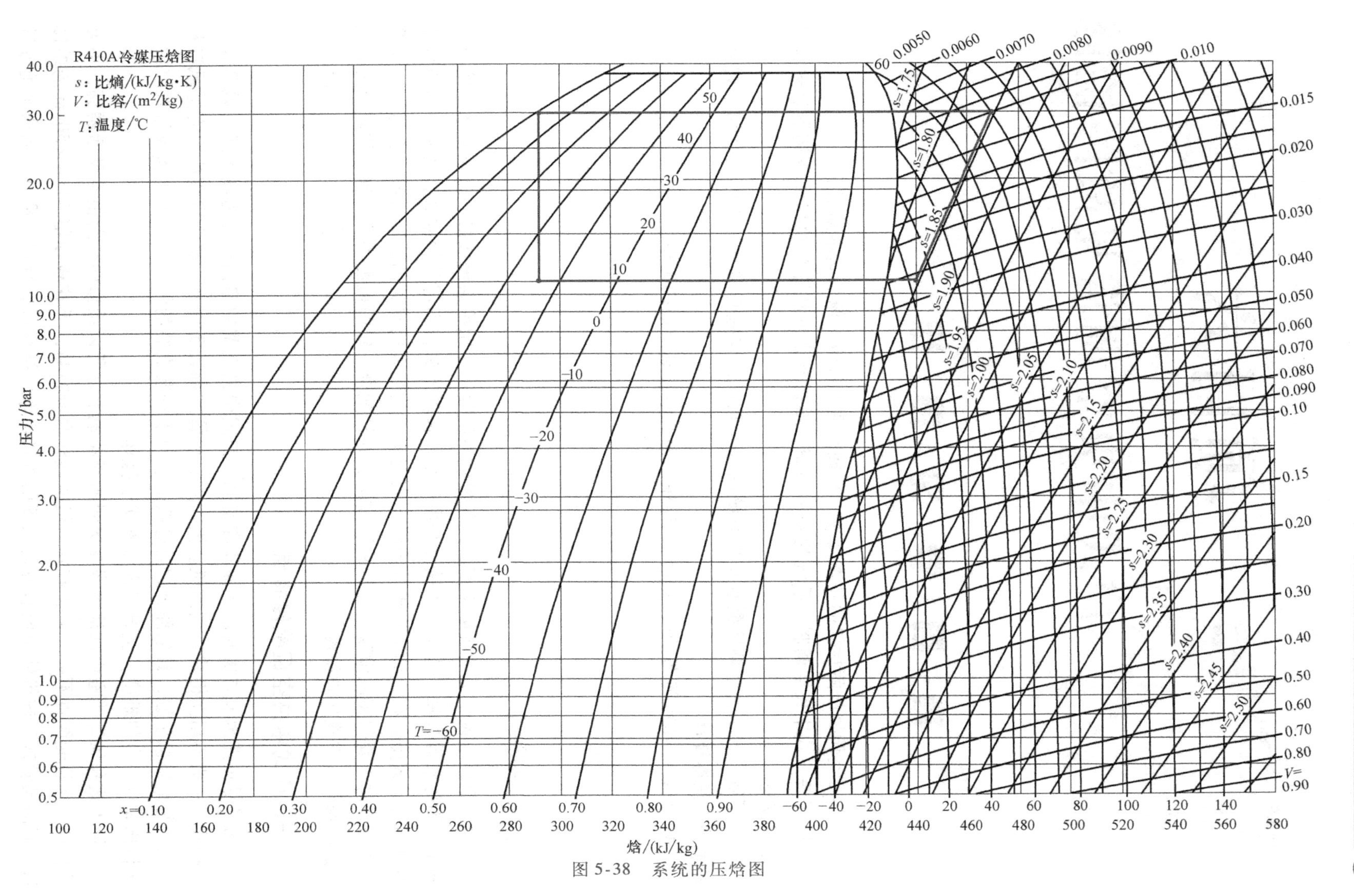

图 5-38　系统的压焓图

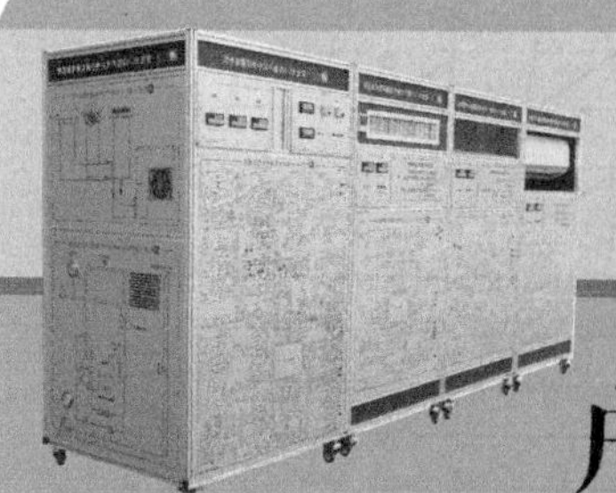

项目六

户式中央空调常见故障检修

项目学习目标

1. 学习空调器故障检修的基本技能，掌握空调器故障检修的基本知识。

2. 了解户式中央空调制冷系统的基本知识，掌握其常见故障的检修和空调器保养维护的基本技能。

3. 了解户式中央空调冷凝水排放系统的基本知识，掌握其常见故障的检修和空调器保养维护的基本技能。

4. 掌握 YL-835 设备的管路吹污、保压、抽真空及制冷剂的操作。

任务一　空调器检修基本技能

【基本知识】

户式中央空调常见的故障主要有电气控制系统故障、制冷系统故障，以及排水系统出现漏水、不排水等故障。还有一类故障是由于维护保养不到位引起的伪故障，其实不是空调器本身出现了故障。在空调器出现故障时，表现出来的是人们看见的故障现象。在进行空调器故障检修时，要根据故障现象进行故障分析，并且配合一定的检测手段，确定故障位置，然后进行修复，完成故障检修。

一、户式中央空调检修特点

为了尽可能地节省房间地面面积和空间，户式中央空调的室内机常为嵌入式、风管式和壁挂式，一般不用立柜式空调内机。嵌入式、风管式都属于嵌装，整个室内机只有进风口和出风口与室外机接触，其他部分都是隐藏的。由于安装嵌装的特点，嵌入式和风管式室内机在检修时有一定的难度，主要表现为不便于操作。

嵌入式和风管式室内机都镶嵌在房间的天花板上，所以维修的空间很难灵活腾挪，不方便操作，并且光线也不好。通常在室内机的接线盒所在侧，天花板预留 50cm×50cm 的维修口，有的风管式室内机使用没有专用风管的进风口作为维修口，维修人员只能从这个地方进

入天花板内对空调进行维修，操作空间受限制，维修有一定的难度，尤其是对制冷管路或排水管路进行检修时。

户式中央空调是一台室外机带了多台室内机，不像普通分体式空调那样，一台室外机对应一台室内机，故障不容易分析。在进行一台室内机故障现象分析时，要考虑其他的室内机是否工作正常，以便于正确分析和判断故障。同时一台室内机损坏可能导致所有室内机都不能工作，还会引起室外机的保护故障，室外机显示故障码，所以要准确检测并判断出故障到底在室内机还是室外机、是哪台室内机。

二、常见故障现象及分析

空调器常见的故障现象有最为明显的四大特点：空调器不通电或不工作，制冷效果差或没有效果，空调器显示故障码，空调器管路位置所在的天花板出现水印或室内机体漏水。

1. 空调器不通电或不工作

空调器不工作是维修过程中常见的故障现象，在维修过程中要注意区分不工作时空调器是否有电，以区分故障的检修方向。

户式中央空调室内机组、室外机分别使用独立的断路器开关进行电源控制，如图 6-1 所示，在上电过程中依次通电即可，间隔时间不宜过长，两电路上电时间若间隔超过 60s，则空调室内机会出现通信故障码“64”。

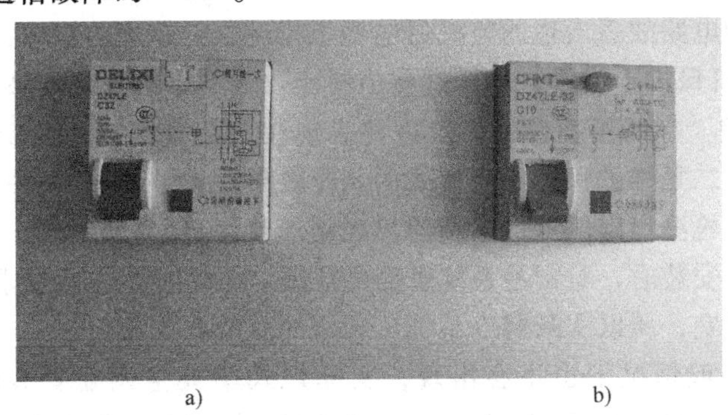

a) b)

图 6-1 户式中央空调室内、外机电源开关

a）室外机电源 b）室内机电源

空调器电源连接和开关控制通常是将开关安装在交流电的 L（相线）线上，零线 N 和地线直接和空调电路相连，如图 6-2 所示。室外机和室内机要使用同相同线的交流电源，所

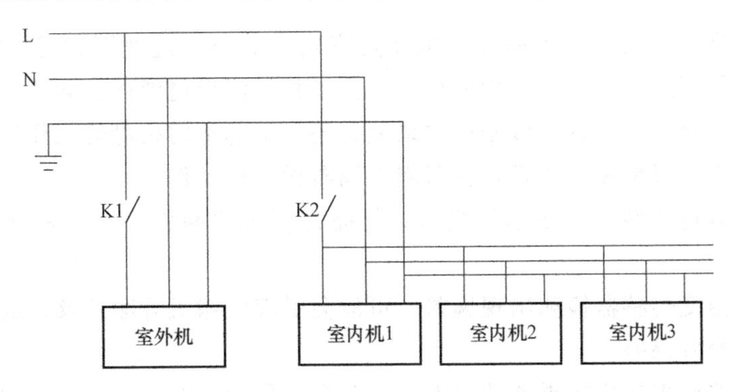

图 6-2 户式中央空调供电电源电路原理图

有室内机使用同一开关控制的交流电源，图 6-2 中 K1 为室外机电源开关，K2 为室内机电源开关。

当空调整机没有电的时候，要对供电电路进行检修。首先检查断路器进线位置是否有 220V 交流电压，如有电压，检查开关后进入空调的电源电路；如没有电压，检查开关前的供电电路。

常见故障有断路器损坏、触点开路、断路器跳闸或自身损坏跳闸、断路器后电路有断路、机组熔断器开路、断路器前供电电路电源线两端的接点接触不良烧蚀、供电熔断器开路等。

检修空调器不能通电的故障，一定要先检查供电电路是否正常。

2. 制冷效果差或没有效果

制冷（制热）效果是衡量空调器运行的最重要参数之一。实际检修过程中，制冷效果主要是指室内机出风口温度和环境温度差值是多少。在夏季制冷状态下，一般温差要达到 8℃以上；在冬季制热状态下，一般温差要达到 16℃以上，否则空调的制冷（制热）效果就是不好。

制冷效果差或没有效果一般是在空调器开机后一段时间内，因为户式中央空调控制技术比较成熟，CPU 自身能够检测到制冷效果差，经过一定时间后，通常空调器整机会出现故障码，空调器保护停机。

这个故障现象和电路故障出现的整机通电不工作现象有较大的差异，该故障能开机运行 10～15min，然后停机保护不工作，运行过程中制冷效果不好或没有效果。

（1）制冷效果差　空调器制冷效果差主要表现在三个方面：一是制冷剂泄漏，导致制冷系统制冷效果差。二是维护保养不当造成的制冷效果差；空调器本身并没有实质性故障存在；三是控制功能或检测出现偏差，空调器出现制冷效果差的故障。

户式中央空调在安装时，对制冷系统管路的泄漏、除污两个方面要求很高，尤其是制冷管道的除污做得最彻底，所以实际制冷系统出现堵的故障几率很低。

制冷系统泄漏一般情况下也不会出现，实际户式中央空调在安装的时候，都要经过 4.15MPa 高压氮气的试漏，保压 24h 不漏，才能进行后续安装。但空调器在运转以后，在工作一定时间后，连接的喇叭口有可能出现泄漏，分歧管的焊接连接处等也可能出现漏点，所以理论上泄漏的几率比堵的几率要大得多。

由于泄漏是一个漫长的过程，所以空调器会逐渐出现制冷效果差的故障，开始可能不明显。

维护保养不当造成的制冷效果差，主要是室内机的空气过滤网太脏。空调器在运行季节，通常要两个星期进行一次过滤网清理。时间过长不清理过滤网，导致空气不能和室内机盘管进行完整的热交换，不仅导致制冷效果差，还会引起室内机盘管工作温度异常，使压缩机降频运行，制冷效果更差，并且还会引起空调器误保护动作。

有的室内机有过滤网清扫指示发光管，灯亮说明过滤网脏污已经影响了空调器的正常运行。

当空调器的温度传感器检测出现偏差，可能会引起压缩机升频不够，或不能升频，这就会导致空调器制冷效果差。

所以当空调器出现制冷效果差的故障时，要进行科学分析，配合检测判断，准确找到故障原因。

（2）没有制冷效果　没有制冷效果一般是指室内机工作运转，但没有冷风或热风，通常是室外机没有工作，或制冷系统没有制冷剂造成的。

在检修没有制冷效果的故障时，要注意观察室外机的压缩机或风机是否运转。若没有运转一般是控制及检测电路出现问题；若运转说明制冷系统堵或没有制冷剂。观察室外机风机运转时，并不代表压缩机也运转，所以要确定压缩机是否运转，风机运转压缩机不转一般是变频电路出现问题。

3. 天花板出现水印或室内机体漏水

天花板出现水印或室内机体漏水，说明空调器室内机制冷排水出现了故障。

在安装户式中央空调排水管道的过程中，对水管是否漏水及排水畅通度要求都很高，安装时都做了试验。为了防止水管温度过低表面形成凝结水，排水管道还都做了保温套管。

（1）室内机体漏水　空调器室内机体漏水说明室内机排水系统出现了故障。

排水系统出现的问题主要检修两个方面：一是带有排水泵的室内机，排水泵或水位开关控制电路是否出现故障，排水泵本身是否损坏等；二是室内机接水盘的排水口有脏污，堵住了排水口。

室内机体漏水只是单台室内机的排水问题，相对要好解决得多，检修起来比较方便。

值得注意的是，室内机空气过滤网脏，也会引起室内机体漏水。

（2）天花板出现水印　天花板出现水印不是哪台室内机排水出现了问题，一般是排水系统的管路出现了漏水。

检修排水系统漏水是一项复杂的工作，先要根据天花板水印的位置，在单个空调器的检修口进行观察，若观察不到，则要移除天花板，找到水管的漏点。

在保证排水系统通畅的时候，漏水情况主要有两大类：一是水管有漏点，室内机的冷凝水在排水过程中漏了出来；二是排水管道保温层没有处理好，排水管道直接和空气接触，空气中的水分凝结在温度较低的排水管道上，造成滴漏。这两种情况都和安装关系密切，若在安装及调试过程中进行细致、认真的操作，则不会有上述漏水存在。

三、户式中央空调工作原理

在对户式中央空调进行检修时，要熟练掌握其工作原理或控制机理，这样在检修过程中才能根据故障现象科学正确地进行故障分析。

1. 空调器通电与开停机

空调器室外机上电后，3s 时间内，室外机电源接触器吸合，在室外机附近可以清楚地听见“啪”的一声较大的声响，而后可以听见室外机内部“嗵……”连续的微弱声音，是室外机电子节流阀在通电后开启的动作声响。

空调器具有 3min 延时起动保护功能：通电后，室内机操作开机，3min 后室外机压缩机才运转；或通电 3min 后，室内机操作开机后，室外机压缩机即时运转。压缩机运行停机或人为关机，室内机即时操作开机，也要等 3min 后压缩机才能运转。

2. 室外机控制原理

由于室外机有大电容，为防止充电大电流冲击电网，室外机先通过 PTC 通电，若控制电路正常，则室外机接触器接通电源，室外机电源接通控制如图 6-3 所示。

室外机主控 CPU 和控制系统的各台室内机进行通信联系，确定室内机是否正常，若 3min 后各室内机没有应答，或有某一台室内机没有应答，则室外机显示故障码“E7”。

室外机主控 CPU 和室外机变频 CPU 进行通信联系，确定变频电路是否正常。

室外机主控 CPU 检测室外机的压力、温度、电源电压是否正常。

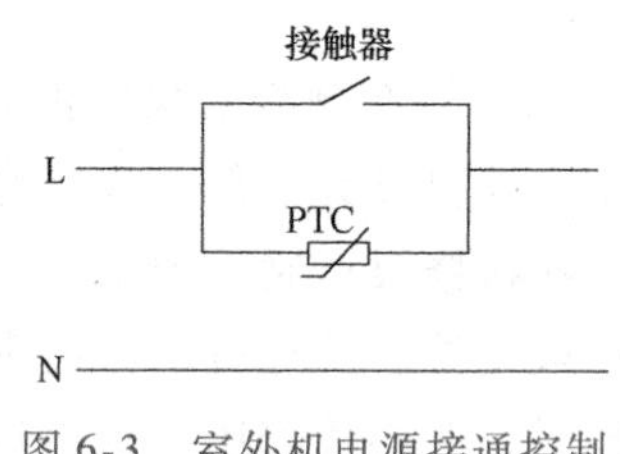

图 6-3　室外机电源接通控制

室外机主控 CPU 开启电子节流膨胀阀，等待制冷系统工作。

室外机和室内机通信，由室内机应答，室外机判断是否进行运行工作或进行频率调节。

室外机运行：压缩机运行，外风机运行。

压缩机起动运行：极低频率运转，压缩机转子进行同步校正；低频起动运转；起动后升频运转到过渡阶段；根据设定的温度变频运转；达到设定降频条件下的变频运转；低频基本运转。

压缩机运转过程中，室外机 2 块 CPU 对变频控制电路、主控电路的电压、电流、温度、压力、压缩机转子位置等进行检测，随时控制压缩机运转状态。

压缩机运转过程中，室外机 PFC 控制电路控制工作电流进行波形改善，对大电容进行充电，不仅保证变频电路的工作电源正常，还极大地提升功率因数。

当室外机工作出现一定偏差的时候，通常是压缩机先降频运行，检测偏差是否修复。若偏差还存在，压缩机则停机保护，显示故障码，保护停机。

3. 室内机控制原理

空调器通电，室内机等待室外机的通信联系信号，若 60s 内没有室外机通信，则室内机显示故障码“64”。

室内机得电后，室内机的电子节流膨胀阀开启，靠近室内机可以听见机器内有步进电动机运转的声音。

开启室内机，内风机运转。

得到室外机通信信号后，向室外机发出开机信号。发送室内机设定温度和环境温度，室外机压缩机变频运转，室内机控制电子节流阀的开启度，满足自身的设定温度需要。

室内机通常有环境温度传感器 1 个；管道温度传感器 3 个；分别为管道进口、管道中段、管道出口温度传感器。通过 4 个温度传感器，室内机控制自身的工作状态达到正常。YL-835 空调系统另设置有进风和出风温度传感器，用于温度显示但不参与控制。

关机不断电的情况下，内风机继续运转 3min 后停机，同时室内机电子节流阀也关闭。

【操作技能】

一、制冷系统压力测量

空调制冷系统有 3 个压力，分别是平衡压力、低压压力和高压压力。3 个压力是否正常是判断制冷系统故障的重要依据。由于户式中央空调制冷量较大，运行条件要求较高，所以在室外机的两个单向阀上，分别有两个压力测量端口，可以同时检测高压压力和低压压力。制冷状态时，气阀上的端口用于测量低压压力。液阀上的端口用于测量高压压力。在压缩机

没有运转时，两个压力是一致的，是平衡压力。制热状态时，两个端口都是高压压力。

设备配置维修双表阀对制冷系统进行压力检测。维修双表阀可以单独测量1个压力，也可以同时测量两个压力。

双表阀的三通控制如图6-4所示，测量口和压力表是直通的，不受阀芯控制；三通口由阀芯控制，阀芯旋进则三通口被关断，阀芯旋开则三通口被接通，压力表、测量口、三通口连通在一起。

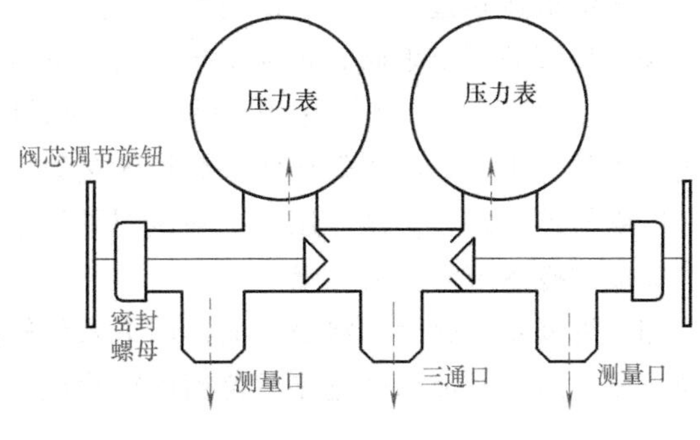

图6-4　双表阀的三通控制

空调器和表阀连接时，是将空调器的工艺口和表阀的测量口连接在一起。关闭一个阀芯，双表双阀可以作为单表单阀使用；关闭两个阀芯，则可以当作两块单独的压力表使用。使用双表阀可以同时测量两个压力。

1. 工具、材料

检修双表阀及转接头（R410a专用），内六角扳手一套，肥皂沫，活扳手1把。

2. 操作内容

空调器压缩机没有运转，使用扳手拆卸室外机两个单向阀的阀芯盖帽、检测口盖帽。将拆下的盖帽放到合适的地方，防止脏物进到盖帽内。将检修双表阀的两个转接头连接到表阀的测量管头，分别关闭两个表阀。

（1）连接高压表　将高压表对应的连接管口对准单向阀-液阀的测量口，确保两个管口内的顶针对正，迅速将连接管拧到测量口上，微开启双表阀的高压选钮2~3s，双表阀中间管道有气流排出，为测量连接管道内的空气，排空完毕关闭双表阀的高压旋钮，高压表连接完成。

操作过程中会有少量的制冷剂从连接位置泄漏，属正常现象。

在连接管道时，一手扶正转接头的管道，使两个管口内的顶针对正，另一手旋转转接头的螺母。严禁单手直接将转接头拧上去：一是防止制冷剂泄漏过多，二是防止顶针歪斜。

连接过程中要注意两个方面：排放空气时不要过多地放掉制冷剂；连接的所有管接头要确保密封。

（2）连接低压表　采用连接高压表的方法，连接好低压表。

连接低压表也可以在制冷压缩机运转时进行，因为压缩机制冷运转时，工作压力为低压，方便连接管道。

维修双表阀和压力测量端口的连接如图6-5所示。

图6-5　维修双表阀和压力测量端口的连接

（3）读取平衡压力　读取高压表和低压表的压力数值。这个数值是压缩机未工作时，制冷系统的平衡压力。

由于压力表的误差，两块表的数据可能会有

些不同，通常以低压表的读数为准。

（4）读取低压压力和高压压力　在压缩机工作在制冷状态下时读取压力表读数。压缩机开始运转的短时间内，压力不稳定，当工作10min后压力基本稳定，记录高压压力和低压压力数据。

在压缩机运转过程中，可以观察到压力的整个变化过程。在观察压力的过程中，不得开启维修双表阀的两个表阀，否则将导致高、低压的串压，影响制冷系统正常运转。

（5）拆卸检修双表阀　在压缩机制冷的时候，直接将低压表连接管卸掉。因为制冷时气阀位置是低压，应趁着低压状态卸掉连接管。

压缩机停止运转，高压压力下降达到平衡压力后，拆卸高压测量管道。

完成制冷系统的压力测量。

卸下维修双表阀后，将测量前拆卸下来的阀芯和测量口盖帽安装到原位置，并使用扳手适当拧紧。最后，使用肥皂沫对盖帽进行检漏。

二、空调器通电试机

空调器通电试机是故障检修的基本操作，通过通电试机可以观察到故障现象。在通电试机过程中，还可以观察空调器的工作状态是否正常，以及进行一些相关参数的检测，用于故障分析和判断。

1. 工具、材料

万用表、钳型电流表、电子温度计、各类螺钉旋具、检修双表阀、内六角扳手、肥皂沫、活扳手。

2. 操作内容

1）使用万用表检测电源电压。合上室外机的室内、外机电源开关，观察室外机面板电压表的数字显示，然后用万用表测量电源电压。主要测量电源供电电压、室外机面板向室内机供电的插孔电源电压、3台室内机电源接线插孔的电压。

2）空调器室内机上电，室外机不上电。等候60s后，观察室内机的显示屏：壁挂机、风管机显示相同的故障码“64”，含义为通信故障。由于室外机没有电源，60s内室内机没有接收到室外机的通信信号，室内机判断通信故障。

嵌入式室内机面板显示器没有显示，但内部电路板上的故障指示发光管有故障显示。

3）空调器室内机不上电，室外机上电。使用螺钉旋具拆开室外机顶盖，将顶盖和螺钉放到合适、安全的位置，防止螺钉掉落到空调器内部。

室外机数码管显示“0”，说明室外机和室内机进行通信联系，但没有找到室内机，即0台室内机。

4）室内、外机连续上电后，断开其中一台室内机通信线。空调开始正常后，断开一台室内机通信线，60s后室内机显示故障码“64”，3min后室内、外机都显示故障码“7”，其含义是室内外机通信故障。

5）将一台室内机电源断路，然后室内、外机连续上电。空调器室外机显示故障码“2”说明室外机通过通信后，只能找到2台室内机，而在设定室内机的时候是3台，其中一台是断电不工作的，所以只显示2台室内机并且不工作。

如果室内机一切正常，室外机是没有显示的，并不显示“3”。

6）室内、外机断电。观察室外机变频板电源指示发光管，继续发光2min，为大电容放电时间。故障发光管闪15次为一个周期，直至大电容放完电熄灭为止。

7）室内、外机断电，在变频板指示发光管熄灭前，再将室内、外机上电。

室内、外机都显示“E45”，含义为变频模块故障。

将室内外机断电，直至变频板指示发光管熄灭，再将室内、外机上电，故障码“E45”消失，空调器正常。在空调器试机维修时，要注意室外机上电的时间。

8）室内、外机上电，开机运行。

空调器运行正常，3min后压缩机运转，检测空调工作状态：观察室外机面板压缩机工作电流表、制冷系统工作压力表和室内机进出风温度显示表等，再进行下列操作。

① 使用钳形电流表测量室外机电源工作电流。

② 使用压力表进行空调器高压压力、低压压力测量。

③ 空调器制冷状态判断。将温度计置于室内机出风口10cm处，风速为最大，测量出风温度，再检测回风口环境温度，计算两个温度的温差，判断制冷效果是否正常。

④ 室内、外机运行结束。遥控空调器关机，压缩机、外风机停止运行，此时不要马上断电。内风机继续运转，3min后内风机停机。

三、制冷系统检漏

在压缩机不工作的状态下，对制冷系统进行检漏。压缩机在工作时，有低压管道存在，不利于检漏。空调器制冷系统管道安装完成，放出室外机的制冷剂后，要进行检漏操作，无漏点后才能进行喇叭口、焊接点的保温处理。

1. 检漏材料

肥皂沫。

2. 操作内容

1）将肥皂沫涂抹在室外机的喇叭口备帽前后以及各个盖帽周边，观察1～3min，观察是否有气泡。

2）将肥皂沫涂抹在室内机喇叭口连接处备帽前后，观察是否有气泡。

3）将肥皂沫涂抹在其他连接的喇叭口和焊接的位置，进行检漏。

4）检漏完毕，将所有肥皂沫用毛巾擦拭干净。

在安装时已经进行过高压保压，通常放入制冷剂后基本不漏，但为了确保制冷管路无泄漏以及中央空调管道的隐蔽安装，需要在放入制冷剂后再次进行检漏。

四、室内机电源电路检测

空调器室内机加电后，若没有显示参数或不工作，导致室外机找不到室内机，整个空调系统就不能工作，这种故障通常是室内机电源电路故障，即熔断器断路或变压器断路。

1. 工具、材料

万用表、各类螺钉旋具。

2. 操作内容

（1）空调器断电待用　将空调器室内、外机电源断路器断开，使设备无电。

（2）测量各室内机电源接线的两端阻值　将各室内机电源线相互断开，使室内机和电源线脱离，对单台室内机进行阻值测量。各台室内机电源进入空调内部，直接和变压器连接，电源线两端的阻值是变压器一次绕组的阻值，大致为 150 ~ 200Ω。

在变压器和电源线之间，室内机有熔断器保护，如图 6-6 所示，室内机的熔断器通常安装在电路板内的熔断器座内。

测量空调器室内机电源端，若呈断路状态，通常是熔断器断路故障，若阻值大致为 150 ~ 200Ω，说明电源电路变压器、熔断器正常。空调器变压器损坏的几率较大，在实际维修空调器不通电故障时要注意。

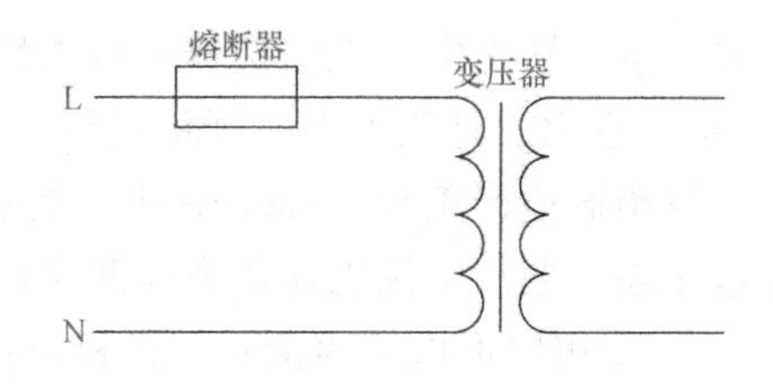

图 6-6　变压器电源电路

测量过程中，要选对万用表量程，以免误判短路，并掌握空调器室内机内部变压器的接线特点，以防变压器阻值为 150 ~ 200Ω 时误判为短路。

实际测试过程中，可以拆开室内机，将熔断器取出，或拔下电路板上变压器的一次绕组插头，测量电源线两端阻值，可以发现呈断路状态。

五、室外机电源电路检测

YL-835 设备在海信室外机装置上设置了电源模块，为室内、外机供电。电源模块给室外机供电有交流电源电压、工作电流的显示，断路器闭合后有显示，电源线直接和室外机连接在一起。

电源模块给室内机供电没有设置显示仪表，在断路器闭合后没有显示，所以要制作连接线路时注意室内机的断路器断开还是闭合，一定要保持在断路状态，防止发生事故。室内机供电端子做在室外机的电源模块上，有 3 个接线插孔用于连接室内机。

室外机和室内机电源供电如图 6-7 所示。

1. 工具、材料

万用表、各类螺钉旋具。

2. 操作内容

（1）空调器断电待用　将空调器室内、外机电源断路器断开，使设备无电。

（2）室外机面板测量　将室内机的电源线从室外机接线孔拔下，使室内机和电源线脱离。

测量室外机面板室内机电源端子之间阻值为 1.7kΩ，此电源为向室内机供电端口的阻值，1.7kΩ 阻值为电源模块内部阻值。

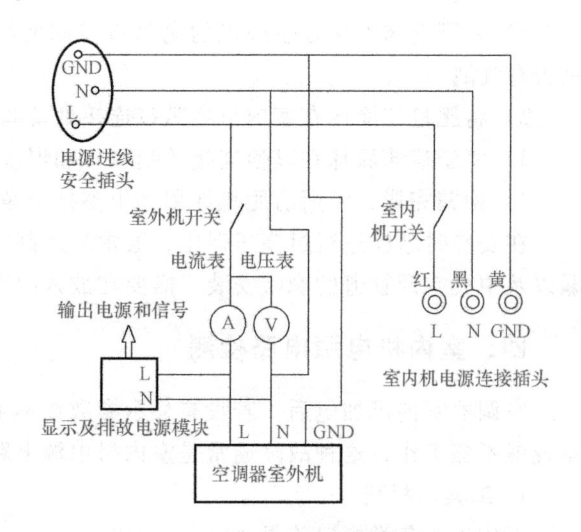

图 6-7　室外机和室内机电源供电

将三个室内机的电源线连接到室外机面板的室内机电源端子，此时测量电源端子之间的阻值为 60Ω 左右，是 3 台室内机变压器一次绕组并联的阻值。

（3）室外机电源接线柱的测量　拆卸室外机侧面把手位置电气盒盖，将电源线从接线

柱卸下，测量室外机电源接线柱电阻值。室外机电源进端电阻为 180Ω，是室外机内部变压器一次绕组的阻值。

(4) 室外机熔断器的测量　拆卸室外机顶壳，找到熔断器位置，将熔断器卸下，测量熔断器的通断。测量完毕后，将卸下的室外机电气盒盖、顶盖安装好。

六、室内、外机通信线路检测

空调系统的通信线路故障在维修时较为多见，主要是通信线路接触不良或断路，当线路受潮时，可能出现通信线之间漏电的故障。

1. 工具

万用表。

2. 操作内容

1）空调器断电待用。将空调器室内、外机电源断路器断开，使设备无电。

2）将所有通信线卸掉，测量室内外机两个通信端子之间的阻值。

室外机通信端子之间阻值为 100Ω，是内部通信电路之间并联的匹配电阻参数。若匹配电阻没有配置，则阻值为无穷大。

户式中央空调由于有多台室内机，当室内机离室外机较远时，会导致通信信号衰减。为了改善通信效果，通常在最后的室内机（末端机）上设置通信电阻为在路状态，所以室外机在输出时通常也并联通信电阻。

测量室内机通信端子之间的阻值，只有远离室外机的室内机有阻值，壁挂式室内机的电阻值设定为 100Ω，风管式和嵌入式室内机的电阻值设定为 10kΩ。

不是末端机的室内机，通信末端电阻没有并联到通信电路上，所以测量其他室内机通信端子阻值为无穷大。

3）通信信号的检测。测量通信信号的时候，万用表使用交流电压 10V 档。

将所有通信线连接好，室内、外机上电，测量通信端子之间的电压波动，这个波动的电压就是通信信号（波动幅度比较小）。

【学习评价】

一、自我评价、小组互评及教师评价

评价项目	自我评价	小组评价	教师评价	得分
理论知识				
实操技能				
安全文明生产				
学习态度				

二、个人学习总结

成功之处	
不足之处	
改进方法	

【知识拓展】

1. YL-835户式中央空调简介

YL-835户式中央空调是直流变频多联机空调系统，使用的是海信8000W制冷量的实体直流变频空调DLR系列。

YL-835户式中央空调由室外机DLR-80W、嵌入式室内机DLR-36Q、风管式室内机DLR-22F、壁挂式室内机DLR-36G共4台机组组成，机组分别安装在由型材构成的矩形框架内，每个框架底部装有4个可锁定的万向轮，方便对机组进行组合、移动和固定位置。每个矩形框架的一个立面，是本机的控制电路原理图的放大版电路图，在电路图中的关键点位置使用安全插孔做出测量孔，便于对空调进行电路检测和排故。

室外机使用直流变频无刷永磁转子压缩机，直流变频调速风机。嵌入式内机、风管式内机使用继电器控制的抽头调速风机，壁挂式内机使用可控硅调压、调速的PG电动机。

嵌入式内机、壁挂式内机使用遥控操作控制，风管式内机使用线控器和遥控两种操作控制。

空调系统的室内、外机制冷管路，以及电气盒都便于进行拆卸、测量等。

生产厂家对YL-835户式中央空调进行电路故障维修改造，外加控制故障检修计算机控制系统，使用断路、短路两种状态，设定空调器室内、外机电路故障24个，方便对电路故障检修进行考核。

在室外机的面板上，还装有高压压力表、低压压力表，电源电压表、电流表，压缩机排气、回气温度表，冷凝器出液温度表等。在每台室内机的面板上，都装有回风、送风温度表。

通过对YL-835户式中央空调以上性能、特点进行研究和分析，决定将其作为制冷设备维修工高级工训练和考核使用。

2. 制冷设备维修工国家职业资格简介

中华人民共和国原劳动和社会保障部颁布的《制冷设备维修工》国家职业资格工种有以下说明：

职业定义：操作制冷压缩机及辅助设备，使制冷剂及载冷体在生产系统中循环制冷的人员。

鉴定方式：分为理论知识考试和技能操作考核。理论知识考试采用闭卷笔试方式，技能操作考核采用现场实际操作方式。理论知识考试和技能操作考核均实行百分制，成绩均达60分及以上者为合格。

鉴定时间：理论知识考试时间不少于90min，技能操作考核时间不少于120min。

鉴定场所设备：理论知识考试在标准教室进行。技能操作考核在模拟教具或可操作实物教学系统上进行。

理论知识考试通常从职业资格技能鉴定国家题库随机抽取考题，技能操作考核通常使用学校或培训机构训练的设备进行考核。因此，根据实际情况，确定YL-835户式中央空调为技能操作考核的设备。

3. 训练内容设定

以国家职业资格具体要求、规范为教学训练大纲，采用项目式教学，设定以下训练项目内容。

（1）室内、外机位置布局　根据图样要求，对空调器室内、外机进行布局及固定。

在训练过程中，根据国家标准和企业规范，要适当对室外机、室内机的位置进行调整，进行前后错位布局，拉开一定间距等，制作制冷系统管道和排水管，甚至按照实际户式空调安装位置（按比例缩小距离）进行布局。

（2）室内、外机的安装　对空调器室内、外机进行安装固定。

嵌入式和风管式室内机使用吊装的方式进行安装，使用网孔板模拟房间的顶部，每台机器使用4根吊杆吊装。嵌入式室内机有固定的平面作为天花板并开好方孔，方便进行安装。风管式室内机没有固定的天花板平面，通常设定天花板在机体以下10～20cm。

风管式室内机的回风口可以调节成后进风和下进风两种方式，以供训练和实际相结合。出风口进行风管制作和安装。

壁挂式室内机安装在机器设立的独立垂直的网孔板面上。根据安装的具体要求安装挂板，进行挂机安装与固定。

（3）制冷系统管路的制作和安装　根据设备的布局和安装位置，对整体制冷系统管路进行设计、制作和安装。制冷系统管路设计、制作和安装，按照国家标准和海信企业标准进行。

制冷系统管路使用喇叭口或气焊连接。由于多联机共有3台室内机，所以使用两对分歧管进行制冷系统连接。在制作制冷系统管路时，主要根据要求的布局位置，布置好两对分歧管的位置和方向，满足户式中央空调的安装要求，再制作连接室内机、室外机、分歧管的铜管，利用喇叭口连接密封到位。

（4）冷凝水排放管路　空调器制冷时室内机排水，要制作冷凝水集中排放管道，按照要求的排放点进行管道加工制作。

制作排水管道要加装通气孔使排水通畅，并做防污弯。嵌入式室内机水泵排水出水口要做回水弯向上排水再往下，防止排水管口积累空气，影响排水。

管道制作完成后要进行吹污、水压、室内机排水性能三项检测，并对横管进行吊装固定，对立管进行捆绑固定。

（5）管道保温　制冷系统管路和冷凝水管路都要进行管外保温，加套保温管，防止管道因过冷而结露，滴流到室内破坏装修、装潢。各个空调冷凝水管的支路排水要做好保温，集中后干路水管可不做保温处理。

保温管连接处的缝隙要进行粘合及胶带包裹密封处理，制冷系统管路保温管的接缝处不要在喇叭口上。三台室内机的制冷系统管路靠近机体位置的连接部位要保温到位，做到机体外无任何铜管外露。

（6）管道固定和包扎　制冷系统管路和排水管路都配备了相应的吊杆，用于固定管道。

吊杆要吊装在保温管外，并且在吊装卡箍位置再加套一层保温管，卡箍固定时不得使保温管变形。吊装固定完成后，使用专用包裹带对所有管路进行防护包扎。

制冷系统管路连接的喇叭口位置，保温管暂不包扎。

（7）制冷系统操作　制冷系统的操作主要进行管路吹污、自检漏点、高压保压、抽真空（高低压双侧同时抽真空）、真空保压、室外机制冷剂放入制冷系统。室内机吹污时，若电子膨胀阀关闭，可将室内机、室外机上电，室内机电子膨胀阀会自动开启，然后断电即可。

在制冷剂排放进制冷系统后，再次进行泄漏自检，确认所有喇叭口没有漏点后，才能进行喇叭口位置的保温管包扎。

（8）电气连线　连接室内、外机之间的电源线和通信线，以及设备检测和维修模块电路连接插座。

连线布放采用线槽或线管。线槽要求顺着设备外边缘型材进行布置，用螺母固定，线管要求布放在室内机和顶部的网孔板之间，远离铜管和水管且在其上方，线管使用扎带进行捆绑固定。

（9）通电调试及电路故障检修

1）设备上电。空调器分别给室内机、室外机连续上电。

室外机上电后3s内，能听见很响的接触器吸合声，之后是室外机电子膨胀节流阀开启的“咚……”声，然后等待室内机指令。

若室外机断电，需等2min，待变频板指示灯熄灭后，才能再次上电。

根据机组自身的功能说明标签，设定空调器工作、功能状态，对相关的拨码开关进行操作，达到空调器运行需求。

2）电路故障检修。本设备使用的实体多联机变频空调，考虑到竞赛和教学的需要，除机器本身具有相应的故障码外，设备为教学和竞赛又设定了24个故障点及故障码。

在实际训练过程中，要注意两种故障码的使用和故障检修。

在使用24个故障点进行训练前，要确保整机正常工作，否则要先对空调进行检修。

（10）运行调试

1）运行状态调试。室内、外机显示没有故障，即可进行运行调试。

压缩机具有通电3min延时起动防护功能。室外机起动外风机先运转，10s后压缩机运转。3min后压缩机、外风机不停机，说明整机工作正常。

2）参数记录。依次单独开启单台室内机，工作15min，记录运行参数。单独运行完成后，再同时开启3台室内机，工作15min，记录运行参数。

运行参数主要有高压压力、低压压力、压缩机电流、压缩机排气温度、压缩机吸气温度、室外机冷凝器出液温度、室内机出风温度和室内机回风温度等。

任务二　制冷系统常见故障检修

【基本知识】

一、多联机制冷系统简介

DLR-80W/31FZBP多联机由1台室外机、3台室内机组成，其制冷循环过程如图6-8所示。

制冷系统有4个电子节流膨胀阀，用于对制冷剂节流。室内机分别由自身电子膨胀阀进行制冷节流，由于室外机电子膨胀阀在制冷时被单向阀短接，故不起作用。在制热时，室内

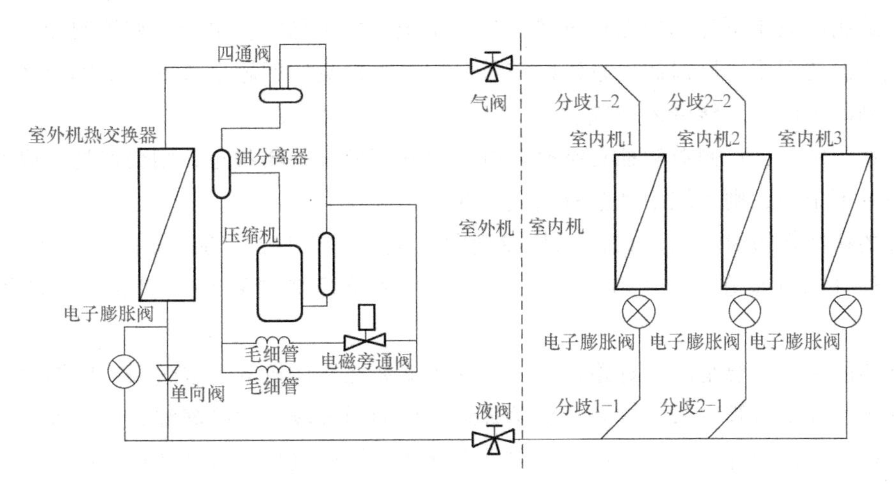

图 6-8　多联机制冷循环过程

机各个节流阀处于开启状态，由室外机电子膨胀阀进行节流蒸发。

空调器 3 台室内机由两对分歧管接入制冷系统。

为了避免压缩机在高频运转时带走大量的冷冻油，在压缩机排气口安装了油分离器。

为了防止制冷系统故障导致压缩机压缩比过大，造成压缩机过载运转，制冷系统在压缩机排气、回气两个端口设置了泄放旁通阀。

二、制冷系统常见故障现象及分析

空调器制冷系统常见的故障主要有漏、堵、压缩机效率下降三个方面。若制冷管道过长没有加注制冷剂，会引起制冷效果差及压缩机的过热保护。训练过程中反复拆表、拆机回收制冷剂等操作会引起制冷剂缺少、冷冻油缺失以及制冷系统进入空气。抽真空不符合要求会引起制冷系统水分和空气含量高。

1. 漏故障分析

户式中央空调安装与调试过程中，常见的漏故障主要表现在喇叭口连接处、分歧管的焊接处，极少表现为铜管砂眼漏。

在 4.15MPa 的氮气高压保压过程中，经过 24h 后压力有一定的下降，说明制冷系统存在漏点。在比赛现场考虑到操作的安全性和时控性，通常使用 1～1.2MPa 的压力进行保压，保压时间控制在 16～20min，若有明显的压力下降说明存在漏点。

2. 堵故障分析

安装与调试户式中央空调的过程中，常见的堵故障主要表现在室外机的两个截止阀开启度出现问题，或其中有一个截止阀未开启。

制冷系统内部的堵表现在制冷系统累积的污物、压缩机磨损下来的杂质等堵塞了过滤器或电子节流阀。

训练过程中重复更换铜管，增加了制冷系统堵的几率。

3. 空气、水分、冷冻油

制冷系统中存在空气，导致不凝结气体占用一定的制冷容积管路，引起蒸发和冷凝效果下降，导致制冷效果下降，压缩机过热，制冷系统压力不稳定。由于空调器制冷系统工作在高于大气压的情况下，所以制冷系统的空气存留是由抽真空问题造成的，实际上多联机在维修中加注制冷剂时也可能带入空气。

训练过程中，低压侧单侧抽真空时若电子膨胀阀处于关闭状态，则会使高压段的空气抽不出来或抽不干净，则系统中就会有空气存在。

水分的存在在短时间内难以发现故障现象，但在制热时，可能在低温下造成室外机冰堵。水分长时间存留在制冷系统中，会造成制冷系统冷冻油和制冷剂变质，以及腐蚀压缩机。

冷冻油的缺失主要是制冷管路过长、室外机安装在室内机的上方过高、回油措施不当等原因引起的。训练过程中来回拆卸、更换管道，也会损失较多的冷冻油，所以训练一段时间要适当进行冷冻油的补充。冷冻油缺少主要会导致压缩机过热，以及磨损过度。

【操作技能】

一、熟悉制冷系统

1. 制冷系统循环图

制冷系统循环图是分析制冷系统工作原理、制冷管路构成、制冷系统故障的最为直观的图样，要学会看图样，并分析图样，需要熟练针对设备制冷系统实物画图和识别制冷部件，熟知各个部件的作用。

操作内容如下：

1）根据空调器室外机面板上的室外机制冷系统图，分析制冷系统和制冷部件。

2）根据室内机的电子膨胀阀节流，画出整机制冷系统循环图。室内机为嵌入式、壁挂式、风管式 3 台，使用分歧管进行连接。

3）根据室外机制冷系统的实际结构，识别室外机制冷系统，并且根据室外机的实际制冷管件的连接，画出实际制冷系统管路图。

2. 制冷系统运行

熟知制冷系统循环管路图及其制冷原理，对制冷系统的常见故障和制冷系统常见故障点进行熟练的分析和判断。

操作内容如下：

1）根据制冷循环图分析制冷系统的压力、温度、制冷剂的物态。

2）运行制冷系统运行 15min 后，依次间隔 5min，分别记录室内机单台运行、两台运行、三台全部运行的空调器室内、外机显示仪表显示的工作参数，以及使用仪器、仪表手动检测的测量参数。

记录表格可参考表 6-1。

3）变频空调的运行频率和环境温度与设定温度之差有关系，在低于 2℃ 范围内，频率明显降低，压缩机的运行电流降低明显，工作压力也会出现相应的变化，制冷效果也会降低。

将空调器运行参数记录在表 6-2 中。

表 6-1　户式中央空调系统制冷试运行记录表 1

项目名称	项目内容	实测值	显示值
单独起动嵌入式内机	运行开始时间		
	运行结束时间		
	系统低压压力/MPa		
	系统高压压力/MPa		
	压缩机运行电流/A		
	送风温度/℃		
	回风温度/℃		
	出风口温差/℃		
同时起动嵌入式和风管式内机	运行开始时间		
	运行结束时间		
	系统低压压力/MPa		
	系统高压压力/MPa		
	压缩机运行电流/A		
	嵌入式室内机出风口温差/℃		
	风管式室内机出风口温差/℃		
全部起动嵌入式、风管式和壁挂式内机	运行开始时间		
	运行结束时间		
	系统低压压力/MPa		
	系统高压压力/MPa		
	压缩机运行电流/A		
	嵌入式室内机出风口温差/℃		
	风管式室内机出风口温差/℃		
	壁挂式室内机出风口温差/℃		
	压缩机排气温度/℃		
	压缩机回气温度/℃		
	室外机热交换器出口温度/℃		

表 6-2　户式中央空调系统制冷试运行记录表 2

项目名称	项目内容	实测值	显示值
全部起动嵌入式及风管式、壁挂式室内机，设定温度和环境温度差低于 2℃	运行开始时间		
	运行结束时间		
	系统低压压力/MPa		
	系统高压压力/MPa		
	压缩机运行电流/A		
	嵌入式室内机出风口温差/℃		
	风管式室内机出风口温差/℃		
	壁挂式室内机出风口温差/℃		
	压缩机排气温度/℃		
	压缩机回气温度/℃		
	室外机热交换器出口温度/℃		

二、制冷系统故障判断

在训练过程中由于不断地拆卸制冷系统管路，制作安装新的管路，以及收、放制冷剂，难免会出现空调器制冷系统故障。海信多联机使用的是 R410a 制冷剂，其压力比传统制冷剂 R22 要高。

1. 制冷剂缺少故障判断

通常多联机的制冷剂缺少，多为制冷系统管路有泄漏点故障。技能训练过程中，由于高压、真空的保压，基本没有泄漏的问题。制冷剂缺少的主要原因是撤掉表阀及回收制冷剂不完全。

操作内容如下：

1）连接双表阀到室外机高压、低压测量口。

2）压缩机不工作时，观察平衡压力通常为 1.8MPa 左右（对应环境温度 35℃，若环境温度低则对应的压力也低，例如环境温度为 20℃时，对应压力为 1.2MPa 左右），若压力偏低较多，基本可以断定缺少制冷剂。

3）压缩机制冷运转后，观察低压压力依此判断是否正常，在制热时通过检测高压压力进行判断。若低压压力小于 0.8MPa，通常可以判断为缺少制冷剂。

4）综合分析平衡压力和低压压力，若两者都偏低，基本可判断为缺少制冷剂。

2. 制冷系统堵故障判断

在不缺少制冷剂的情况下，若低压压力偏低，说明制冷系统有堵故障。堵故障主要是训练过程中经常制作安装新的制冷系统管路造成的，通常不可避免，这就要求训练过程中尽可能将管道清理干净，不要使用焊接过的旧管道等。

操作内容如下：

1）连接双表阀到室外机高压、低压测量口。

2）压缩机没有运行时检测平衡压力基本正常，说明制冷剂量正常。

3）压缩机运行，检测低压压力偏低很多，甚至接近 0 或负压，说明制冷系统堵。接近 0 或负压，说明堵得比较严重。

3. 制冷系统内部空气过多故障判断

制冷系统内部空气过多主要是抽真空操作不当造成的。

操作内容如下：

1）连接双表阀到室外机高压、低压测量口。

2）压缩机没有运行对检测平衡压力基本正常。

3）压缩机运行，低压偏低，且外接压力双表阀高、低压力表压力指针有缓慢的抖动，说明制冷系统内部有空气存在。

三、制冷剂的充注

在训练过程中空调器由于不断被拆卸和安装，经过一定时间会导致制冷剂的缺失，若不进行及时补充或更换，则会严重影响制冷效果和空调器的正常运行。

海信 DLR-80LW 多联机空调制冷系统使用的制冷剂是 R410a，制冷剂又称冷媒、工质等。R410a 制冷剂使用专用粉色制冷剂钢瓶封装，如图 6-9 所示，瓶内有垂直的虹吸管道从瓶底连接到阀门出口，所以使用钢瓶加注液体时不用将瓶子倒置。

R410a 是由 R32（二氟甲烷）和 R125（五氟乙烷）组成的混合物，组分为 1:1。R410a 是近共沸制冷剂，在制冷剂量缺少不是很多的情况下，可以进行补充，但在缺失很多的情况下（使用经验缺失达到 1/3 以上），要将剩余的制冷剂放空，进行重新加注，否则可能会引起组分比例差异较大，影响制冷系统的正常运行。在安装空调器时，使用真空泵对室内机和连接管道进行抽真空，严禁使用室外机自有的制冷剂进行排空。

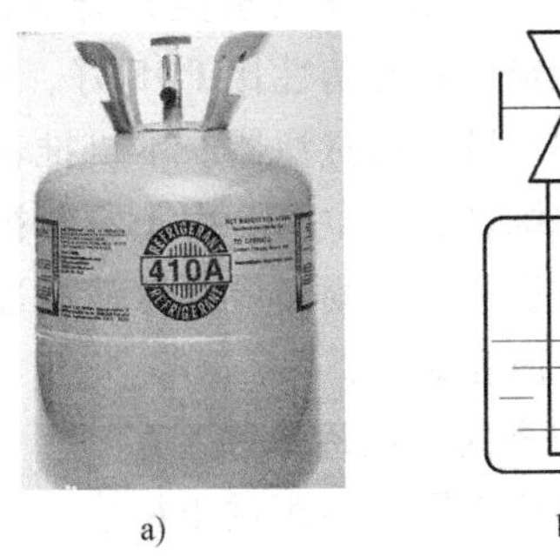

a)　　b)

图 6-9　R410a 制冷剂专用钢瓶

a）实物钢瓶　b）虹吸示意图

操作内容如下：

1. 安装后补充制冷剂

空调器制冷系统双侧抽真空后待用，维修双表阀连接在工艺口不动。

根据安装使用的管道长度计算需要补充的制冷剂质量数据。

1）连接制冷剂。将 R410a 钢瓶和维修表阀的中间黄色加液管连接，使用瓶中的制冷剂进行黄色加液管排空。

2）称重。将 R410a 钢瓶放置在称重设备（数字显示台秤）上，开启维修表阀的两个开关后，将台秤复位到 0。

3）加注制冷剂。开启 R410a 钢瓶阀门，制冷剂进入制冷管路，观察台秤数字显示。阀门开得不要太大，便于关闭。

4）停止加注。台秤数字显示负的数据时，关闭制冷剂钢瓶阀门。

5）结束。关闭表阀两个开关，撤掉制冷剂钢瓶，表阀连接在制冷系统不动，便于观察工作时的压力，将室外机的两个截止阀开启，联通室内、外机制冷系统，完成制冷剂的补充。

2. 制冷系统补充制冷剂

在训练过程中，制冷状态低压压力低于 0.85MPa 以下，说明需要补充制冷剂。补充制冷剂时，所有室内机要同时运行。

1）将维修表阀连接到室外机工艺口。空调器开机制冷运行，使用双表阀的高压或低压表连接到室外机气阀的工艺口，使用室外机制冷剂将连接管道排空。

2）压力检测。观察运行低压压力，一是通过维修表阀读取压力值，二是通过设备本身的检测压力表读取压力值。检测压力前，即压缩机没有运转前，先将平衡压力记录下来。比较低压压力和平衡压力，决定是否对制冷系统补充制冷剂。

3）连接制冷剂钢瓶。将制冷剂钢瓶连接到表阀的中间加液管道上，正放钢瓶，将连接管道排空。

4）补充制冷剂。开启制冷剂钢瓶，控制较小的液体流量，对制冷系统补充制冷剂。

5）压力调节。控制制冷剂流量进入制冷系统，低压压力逐渐升高，压缩机运行 16 ~ 20min，将压力控制在 0.95MPa 左右，制冷剂充注即可结束。

6）结束。压力稳定，制冷效果正常的情况下，关闭制冷剂钢瓶，在压缩机运行，工艺口处于低压时，将连接的加液管及表阀撤掉，将工艺口螺母拧好，完成制冷剂补充。

四、冷冻油的补充

海信 DLR-80LW 多联机空调制冷系统使用的冷冻油是 R410a 系统专用润滑油，主要是

PVE（醚类）和 POE（酯类）合成冷冻润滑油。PVE 类润滑油与水没有分解作用，跟金属加工油稳定性和互溶性比 POE 好，使毛细管堵塞的可能性较小。因此，在使用 PVE 润滑油的系统中不设干燥过滤器。本机推荐使用 PVE 冷冻油。

在训练过程中空调器由于不断被拆卸和安装，经过一定时间会导致冷冻油的缺失，若不进行及时的补充，则会导致压缩机过热保护或损坏。

操作内容如下：

1. 准备定量的冷冻油

根据估算量（不用过于精确），将需要补充的冷冻油倒入一个敞口、干净的容器内。

2. 空调器制冷系统准备

1）回收制冷剂。空调器制冷运行，将制冷剂回收到室外机内，关闭两个单向阀。

2）抽真空。将维修双表阀连接到室外机的两个工艺口上，进行双侧抽真空，抽真空后关闭两个表阀待用。

3. 加油

1）真空加油。将维修双表阀的中间管道从真空泵上卸下，把管头插入到冷冻油中，开启低压表阀开关，冷冻油在真空作用下，通过气阀工艺口流进制冷管路内。真空加油时，实际调试发现进油量不足，制冷系统就达到了平衡，所以还需要对制冷系统边抽真空边加油。

2）抽真空加油。在加油达到平衡状态时，将连接到液阀工艺口的加液管一头从维修表阀上卸下，连接到真空泵上，启动真空泵从液阀工艺口抽真空。冷冻油在真空作用下，继续从气阀工艺口进入制冷管路内，如图 6-10 所示。

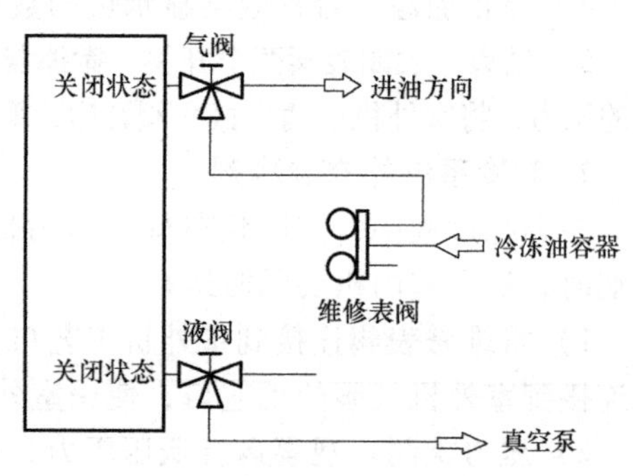

图 6-10　冷冻油加注示意图

3）结束加油。油吸进管路内达到需求量后，停止真空泵运转。将加油管和抽真空管从两个截止阀上卸掉，拧紧工艺口盖帽。

4. 运行

冷冻油加注在室内、外机连接的管道内，运行压缩机，逐渐将油回吸到压缩机内，达到加注冷冻油的目的。

开启室外机两个截止阀，连通制冷系统，起动室内机制冷运行，冷冻油被逐渐回吸到压缩机内，运行 30min 左右，关机即可，冷冻油加注完成。

【学习评价】

一、自我评价、小组互评及教师评价

评价项目	自我评价	小组评价	教师评价	得分
理论知识				
实操技能				
安全文明生产				
学习态度				

二、个人学习总结

成功之处	
不足之处	
改进方法	

【知识拓展】

直流变频空调器节能探析

节能环保是空调器的重要技术参数，依据国家标准 GB 12021.2—2003，空调器出厂销售必须在机体实施能效标识制度，能效标记为 1 的空调最为节能，能效标记数字大，表示产品能效低，简单说就是能耗大、效率低、不节能。现在市场上销售的空调标记数字基本为 1，说明能耗小、效率高、是国家节能环保部门认定的节能空调器。所有空调器中，尤以直流变频空调器最为节能。

直流变频空调器集多种节能技术及工艺于一身，是节能的典型产品，下面就其诸多的节能特性进行分析探究，揭示其节能的一定性及可能性。

1. APFC 技术

功率因数是衡量空调器效率高低的一个参数。功率因数低，说明电路用于交变磁场转换的无功功率大，从而降低了设备的利用率，增加了线路供电损失。

电工学计算负载功率因数的公式为

$$\cos\Phi = P/S\ (S^2 = P^2 + Q^2)$$

式中，$\cos\Phi$ 为功率因数，P 为负载有效功率，S 为电网提供的视在功率，Q 为负载的无功功率。

若功率因数为 1 时，P 和 S 相等，没有无功功率的损耗，最为节能。

由于空调器的负载主要是压缩机，压缩机是较大的感性负载，同时变频电路工作在直流电源逆变的状态下，存在很大的电容充放电电流，在实际工作过程中，导致变频空调器工作的交流电压和电流失步，且电流波形畸变得很厉害，使功率因数较低。

Active Power Factor Correction 简称 APFC，是有源功率因数校正电路。APFC 技术使空调电路变得更为复杂，且 APFC 电路是强电控制电路，若制造工艺差或电气元件筛选不严格，会导致空调电路故障率增加。

为了提升变频空调器的功率因数，在节能环保的规范下，所有直流变频空调都采用了功率因数提升技术，即 APFC 技术。以前的国产交流变频空调还没有使用 APFC 技术，只采用了一般的 PFC（无源功率因数校正）技术，但进口交流变频空调很多都使用了 APFC 技术。

APFC 技术是通过控制大电感和大功率开关管，对空调器工作的交流电流进行调节，使电流的变化和电压的变化同步，主要进行了电流波形的改善，把空调器的工作电流调节成也是初相位为 0 的正弦波形。通过 APFC 技术控制，直流变频空调器功率因数可基本达到 1 的标准，整个空调工作过程中，基本没有无功功率的存在，达到最大的电力节能效果，这是一般的空调器无法达到的。

2. 直流无刷永磁转子电动机的应用

普通空调器的压缩机是单相或三相异步交流电动机，即使交流变频空调的压缩机也是使用的三相异步交流电动机。交流异步电动机的工作特点是电动机定子线圈通过正弦交流电，电动机定子的交变电流产生磁场、转子电磁感应产生感应电流，经过电磁转换后转子异步运转。由于电磁转换和电磁感应的存在，在转子的导体中产生了较大的感应电流，使得转子发热，整个电动机具有较大的电磁损耗。

而直流变频空调压缩机使用的是直流无刷永磁转子电动机，和交流异步电动机相比，其定子还是线圈，但转子不再是导体，而是由永磁稀土形成的永磁体。转子有两个磁极极性，定子线圈通过变频的直流电流形成旋转的磁场，转子跟随旋转磁场进行同步运转。这样的电动机同步运转不仅可以使定子电流变小，同时没有异步电动机的电磁转换损耗。所以，直流无刷永磁转子电动机比起交流异步电动机，达到了很好的节能效果。

除了压缩机以外，全直流变频空调的内、外风机电动机，也都使用了直流无刷永磁转子电动机，比起使用交流异步电动机的风机，也起到了较大的节能作用。

3. 新型制冷剂 R410a 的使用

以前的空调器都是使用传统的制冷剂 R22，随着节能环保的推进，节能环保的制冷剂也应用广泛起来。直流变频空调一般都使用节能环保制冷剂 R410a。日本、欧洲国家的多年实际应用与研究表明，R410a 是未来空调器制冷剂的主力。

R410a 对大气臭氧层没有破坏作用，和 R22 比较，R410a 的单位容积制冷量大，可以降低到 70% 的制冷剂充注量，且在一致的工况条件下具有较小的压缩比，压缩机耗电就少，节能效果就出来了。

R410a 在管路中的流动性能强，热传递性能也优于 R22，使得换热器的热传递效率高，这样总制冷量明显大于 R22 制冷剂，更加节能。

制冷系统在低冷凝温度时能提高能效比，而 R410a 在低冷凝温度时又有很高的效率，所以 R410a 制冷系统采用扩大空调换热面积来降低冷凝温度的方法进一步提高能效比。

从以上分析可以看出，使用新型制冷剂 R410a，比起传统制冷剂要节能很多。

4. 接近设定温度时的低频运转特点

变频空调在制冷接近或达到设定温度时，压缩机的转速将变得较慢，使得空调制冷量减少，在微机检测和控制下，基本保持在设定温度数值上进行制冷低速运转。这不仅使环境温度基本保持恒定，满足使用的舒适性要求，还有较好的节能效果。

房间温度的热源不仅是室内的，还包括和有较大温差的室外环境的热量交换。若压缩机开停机进行温度控制制冷，则导致压缩机停机温度比设定温度要低 1℃，开机温度比设定温度要高 1℃。假定设定温度是 26℃，则压缩机的停机温度是 25℃，开机温度是 27℃。在26 ~ 27℃这个温差变化范围内，室内会得到更多的热量，增加了压缩机开机后运转的制冷量。

而变频空调尤其是直流变频空调不会有压缩机频繁开停机的情况，整个房间温度没有较大的温差变化。变频空调在接近或达到设定温度时，压缩机降低频率运转，使空调制冷量和房间增加的热量基本达到平衡，这样压缩机运转的电流也很小，即使长时间工作，比起普通压缩机还是节能很多。

在低速压缩机运转的时候，内外风机在微机控制下，也会工作在节能状态。

5. 起动电流小的设计

变频空调制冷量虽然有大有小，但压缩机的起动电流都很小，通常控制在 3A 以下。尤其是直流变频空调由于使用了直流无刷永磁转子电动机，没有电磁损耗，起动电流就更小。

7000W 制冷量的变频空调起动电流不会超过 3A，而普通空调的起动电流将达到 16 ~ 20A，且起动过程的大电流会持续一定时间，尤其是当用电旺季电网电压偏低时，起动电流将更大、时间更长，而变频空调对电网电压的降低有很强的调节功能。单就起动电流来说，直流变频空调会节能很多。

同时，由于普通空调是开、停机进行温度控制，导致压缩机频繁大电流起动，而直流变频空调在运转时，由于工作在设定温度附近低频运转，基本不停机，从起动电流节能来看，变频空调具有较高的节能特性。

6. 宽范围的工作电源电压

直流变频空调由于具有低电流起动及 APFC 控制技术，可以使空调器良好地工作在电源电压较低的情况下，而普通空调及交流变频空调则无法在这样低的电压下正常工作，即使勉强工作也会导致功率因数大大下降和工作电流加大，功耗增加。

普通空调工作电压范围为 220 ×(1 ±10%) V，最低工作的电源电压为 198V，而直流变频空调的电源电压可以低至 165V，直流变频空调的节能在低交流电源电压下表现更加突出。

假定在 200V 交流电源电网内工作，普通空调的起动电流和运行电流会比正常工作电压时大很多，且功率因数也将降低，而直流变频空调由于具有 APFC 控制电路，对电压低的电源具有升压作用，给直流电源大电容充电，使变频电路直流电源的电压不会降低，基本不影响压缩机的起动和运转，且能控制功率因数达到 1。直流变频空调能工作在较低的交流电源电压下，主要也是因为具有 APFC 控制电路的作用。

人们使用空调不只是享受它的舒适度，在能源日益匮乏的情况下，对空调器节能环保也提出了很高的要求。通过以上 6 个方面的分析可知，直流变频空调能够很好地满足人们对节能的需求。

任务三 凝结水系统常见故障检修

【基本知识】

一、多联机室内机排水

空调器室内机在夏季制冷工作时，空气中的水分凝结在蒸发器表面，因此室内机要有正常的排水功能。

室内机排水故障在夏季制冷时会导致室内漏水，损坏使用环境的装饰，甚至导致线路短路。室内机的排水有自然排水和强制排水两种，海信多联机的嵌入式室内机采用水泵强制排水，风管式和壁挂式室内机采用自然排水。

1. 强制排水

空调器室内机采用吊装或嵌装时，由于天花板的装饰，在机器的底部不适合布置排水管，所以必须采用强制排水，可使用扬程排水泵排水，排水管出机器后向上走。通常嵌入式室内机都带有排水泵，排水泵在机器内部，排水扬程从室内机底面算起可达 800mm 高度，如图 6-11 所示。

采用强制排水的室内机出现漏水，通常是排水泵不能排水造成的。排水泵不能排水一般是排水泵本身损坏，与水位检测浮子开关没有关系，因为压缩机运转后水泵就开始自动排水。YL-835 设备由于设定了故障检修模块，嵌入式室内机故障模块的接插件接触不良也会使排水不能正常工作。

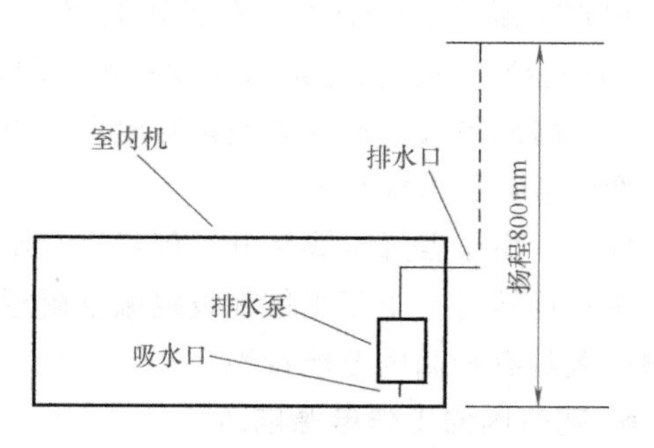

图 6-11　嵌入式室内机排水扬程高度

强制排水的工作原理：制冷或抽湿模式下，排水泵和压缩机同步运转，不受水位高低影响。当水位过高引起浮子水位开关断开时，压缩机停止运转，水泵继续排水；水位降低浮子开关闭合后，压缩机运行。若浮子开关连续断开 5min 以上而不能闭合，CPU 则判断排水故障，整机停机保护，出现水位过高保护故障码“51”。即使空调器没有开机，只要在通电后，有水位使浮子开关断开，水泵就自动通电排水。安装时进行试水排水检验时，可以使用这个功能，试验排水泵是否工作。

常见排水控制电路如图 6-12 所示。水位检测开关在无水或水位很低时处于闭合状态，CPU 检测端子为高电压。当制冷产生的冷凝水或试水时加入的水到达室内机接水盘时，水位检测开关断开，CPU 水位检测端子电压由高变低直至为 0。

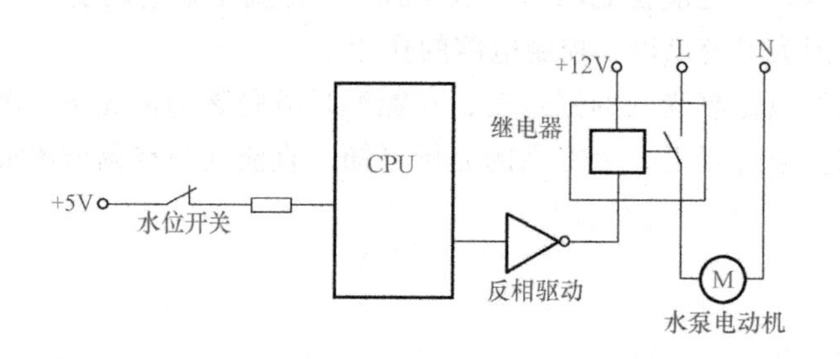

图 6-12　排水控制电路

CPU 控制排水端子输出高电压工作信号，经过反相驱动使继电器工作，排水泵得到交流 220V 的工作电源，开始排水。

排水泵具有单向排水特性，即使排水泵不运转，排水管道内的水也不会倒流回室内机接水盘内，所以强制排水通常可以做成出口向上的反水弯，使排水向上再到合适的位置向下流动，方便了排水管道和室内机的安装。

2. 自然排水

自然排水是指利用水的重力通过排水管道自然向下的趋势排水。通常壁挂式室内机都采用自然排水。风管式室内机根据实际机器的不同，有的采用自然排水，有的采用强制排水。YL-835 多联机的风管式室内机采用的是自然排水。判断风管式室内机是强制排水还是自然排水，观察其排水口位于机体的上部还是下部即可，位于上部的是强制排水，位于下部的是自然排水，如图 6-13 所示。

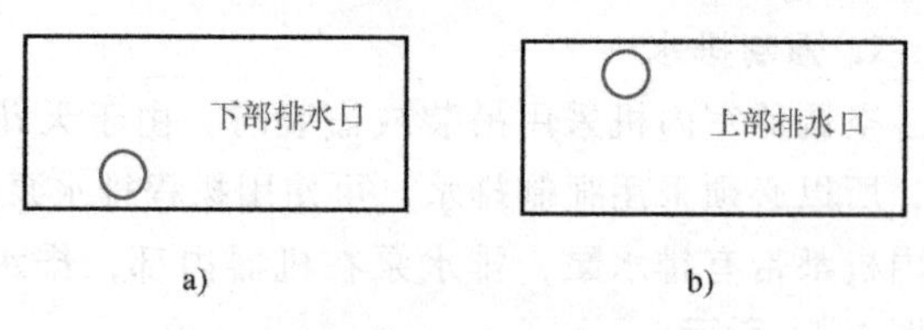

图 6-13　风管式室内机的排水方式

a）自然排水　b）强制排水

自然排水若排水管道出现轻微堵塞或倒坡、以及严重堵塞，则严重影响室内机向外排水，引起室内机漏水。室内机安装若出现歪斜，也会引起室内机漏水。

3. 漏水原因分析

在检修漏水故障时要注意以下几个方面。

1）空调器室内机漏水，多是室内机空气过滤网过脏造成的。空气过滤网过脏引起室内机换热效果不良，导致制冷时室内机体温度过低，机体上产生冷凝水，滴落到室内。

2）室内机安装不水平、不周正，强制排水的水泵、水位检测电路损坏等，都会引起室内机漏水。

3）工程施工不当导致的漏水，主要原因是排水管接头连接位置密封胶水没有处理好、在注水试验时胶水若没有固化好，或三通、弯头等有破裂。因此要在试水完全正常的情况下，再对排水管道的接头位置进行保温处理。

4）当排水管和制冷系统铜管的保温层缺失、破损时，管道的低温会引起空气冷凝水的产生，在没有保温层的地方产生滴水故障。

5）空调器室内机漏水的原因还有室内机排水不良、排水管道有阻力等。

二、多联机室外机排水

多联机空调的室内外机都需要进行合理的排水。在冬季制热时，空调器室外机是蒸发器，由于外界温度较低，空气中的水分会在蒸发器表面结霜，霜层会影响热量的吸收，所以需要对室外机进行化霜，化霜形成液态水，要及时排走。

室外机排水故障在冬季会导致制热效果差或不能制热。室外机的排水在箱体底部的排水口自然排放，主要是保证排水通畅，使室外机在冬季化霜后水能快速流走，不在室外机的底部留存，以免结冰。冬季温度过低，会导致排水口结冰，影响排水，有时会使整个室外机都结冰而失去制热作用。

【操作技能】

一、多联机室内机漏水检修

空调器室内机漏水主要从两个方面进行检修：一是室内机本身漏水，二是排水管道漏水。

训练过程中出现漏水的一般是排水管弯头、三通位置、粗细管转换等管接头位置。管头连接使用胶水进行灌胶，胶水涂抹不均匀、胶水没有硬化、胶水硬化过程中管头连接位置出现错位等，都会导致管接头漏水。

嵌入式室内机排水试验操作内容如下。

1. 水位检测开关的检测

使空调器室内外机断电，测量嵌入式室内机控制电路面板的水位检测开关插孔。没有水位时，开关是闭合的，通过灌水口逐渐注水，开关断开。

检测水位开关时，也可以在空调器室内外机通电时，通过测量水位开关的高低电压来进行。室内机原理图面板上水位开关检测插孔的电压为0V时，说明开关是闭合的，水位较低或没有水位；电压为+5V时，说明开关断开，水位较高。

2. 保护排水

使空调器室内外机通电，通过灌水口逐渐注水，水位开关断开，开启室内机，延迟一定时间后，排水泵自动启动排水，测量嵌入式内机控制电路面板的排水泵插孔，电压为交流 220V。

3. 自动排水

使空调器室内外机通电，室内机不要注水，开启室内机，压缩机运转后，延迟一定时间，排水泵工作。测量水位开关处于水位低的闭合状态，并没有高水位断开。

二、制冷系统铜管冷凝水试验

1. 铜管冷凝水检测

1）选取室内机制冷系统连接管道的任意一个分歧管或某一段铜管，将保温层撤掉。

2）使空调器制冷运行 10min 以上。

3）观察分歧管或某一段铜管表面上冷凝水的量。

2. 排水管接头检查

1）空调器制冷运行。

2）观察排水系统出水口的排水状况。

3）将排水管接头位置的保温层撕开，检查接缝位置是否有水渗出。

4）重新做好保温层。

【学习评价】

一、自我评价、小组互评及教师评价

评价项目	自我评价	小组评价	教师评价	得分
理论知识				
实操技能				
安全文明生产				
学习态度				

二、个人学习总结

成功之处	
不足之处	
改进方法	

【知识拓展】

空调冬季制热及制热效果提升方式

空调制热的原理基于热泵。热泵是指通过制热系统做功，将热量从低温环境中转移到高温环境中。而自然的热量传递是从高温环境传递到低温环境中，就像水在自然状态下只能从高处流到低处，只有通过水泵才能将水从低处泵到高处。空调制热由压缩机和制冷剂来完成，压缩机消耗电功率对制冷剂做功，提供制冷剂循环的动力，液态制冷剂在低温的室外蒸发吸热，由制热系统转移到室内散热，完成制热过程。

1. 室外蒸发的压力和温度

夏季空调制冷，液态制冷剂在室内蒸发温度控制在6～7℃，吸收室内热量达到制冷的目的，室内的温度通常控制在26℃左右，所以制冷时制冷剂的蒸发温度和室内温度差较大，蒸发较容易。而制热状态相反。空调在冬季制热，制冷剂是在室外蒸发，吸收外界的热量送到室内，和夏季制冷状态相比，冬季制热的蒸发是低温蒸发。

室外温度在7℃以上，热泵空调能正常工作制热，对应的蒸发温度设计若为10℃温差，室外的蒸发温度则为－3℃，室外温度低于－3℃则效果将大幅度下降，－3℃对应的蒸发压力为0.35MPa（以R22为例）。为了能在较低的外界温度下吸收外界的热量，设计人员进一步降低了蒸发温度。如果以环境温度3℃为设计基础，10℃的换热温差，蒸发温度将降低为－7℃，对应的蒸发压力为0.3MPa。

空调的制冷系统是以制冷为设计基础的，由于冬季要将低压降低，同时保证夏季制冷量的不变，冬季就是使用辅助毛细管，加长毛细管的长度，使蒸发压力降低，夏季由单向阀短接辅助毛细管。这是在制冷管路上进行改进，提升制热效果的重要手段，所有空调几乎都应用了这个技术。

空调按性能可划分为四代，第一代为单冷，不能制热；第二代为热泵无辅助毛细管，在6℃以上使用效果尚可；第三代为带有辅助毛细管的热泵，3℃以上使用效果尚可；第四代为有电辅热的带辅助毛细管的热泵，0℃以上使用效果尚可；但制冷系统和第三代一样，低压保持在0.3MPa左右，第四代为变频空调。

变频空调的使用环境温度可达－5℃，按照换热温差10℃，对应的蒸发温度可降为－15℃，可以在较低的温度下吸收热量，对应的蒸发压力为0.2MPa。如此低的变化压力不能由毛细管完成，所以优质的变频空调是使用电磁节流阀来进行节流降温的，同时换热量在低温时要求相对增大，室外风机应为调速型的。

2. 室外机化霜的温度和时间

空气中的水分在0℃以下将凝结为霜，而空调制热室外盘管在环境温度10℃以下，由于蒸发的原因，都将降到霜点温度以下，霜层随着蒸发时间的延长而加厚，将严重影响室外盘管和环境交换热量，导致制热效果急剧下降，不能满足实际的需要，因此在霜层达到一定厚度时必须除霜。

除霜的动作是否执行，不是由霜层来决定的。由于霜层的加厚阻碍换热量，盘管的温度将加速降低，因此，实际的化霜检测由室外盘管的温度来决定，空调的化霜检测温度最低的温度点一般为－9℃。

实际的盘管温度是因环境温度较低而造成，如环境温度为－10℃或更低，这种情况由于盘管温度已处于较低的温度中，开机制热时将在较短的时间内在盘管上结满霜。所以，在环境温度较低的时候，化霜时间一般为15min，这就是空调为何在较冷的冬季频繁化霜的原因。

从实际的制热情况来看，若环境温度较高时制热，盘管温度降到－9℃，说明霜层已经很厚了，应进行化霜。若环境温度进一步升高，管温不可能降到－9℃。为了最大限度地换热，即使有较薄的霜层也要化掉，化霜检测将由CPU定时完成，一般为50～60min。

考虑到首次制热的换热效果，空调开机制热的化霜，第一次基本是定时的，时间为50min，以后的化霜则要检测温度。

整个化霜过程中室内机是停止制热的，可见冬季制热过程并不是连续的。

化霜结束过程由时间或盘管的温度决定。

当盘管温度达到9℃，说明化霜完成。若气温过低，盘管的温度有可能达不到9℃，因为化霜的热量来源于制冷剂中的热量，而化霜时作为室内蒸发吸热的换热器，设计为不运转。因此，制冷剂的内含热量只是室内机盘管周围和压缩机的机械热，以及制热时残存的热量，为实现最大限度的化霜，外风机也设计为不运转。但是由于环境温度较低以及化霜检测的误差，盘管温度有可能达不到9℃，空调若一直处于化霜状态，则为耗能或不符合要求。因此，化霜9min或13min后，CPU将自动回到制热状态，检测的误差和定时的限制，可能会导致化霜不彻底，这将使空调不能正常制热。

寒冷的冬季因化霜不彻底，导致室外机管道残留霜层，这将严重影响制热效果，同时化霜不彻底还使霜变成了液态水，再次制热，水马上形成了冰覆盖在室外机盘管表面，导致制热效果不理想。

3. 室外机工作的环境温度

影响空调制热正常使用的原因应是不能彻底化霜而使室外机结冰。为什么是冰而不是霜，因为化霜不彻底霜没有汽化而形成了水，存留在盘管翅片之间的水，由于再次制热降温形成了冰，制热功能彻底消失。造成这种情况的原因主要是环境温度低，因此空调有一个下限的工作环境温度。

空调的原始作用是制冷的，考虑化霜的盘管温度是－9℃，空调工作的环境温度按设计规范要高于－9℃。－9℃对应的蒸发压力为0.26MPa，为了要具有一定的换热量，蒸发温度能达到10℃温差，蒸发温度为－19℃，对应的蒸发压力为0.13MPa，这么低的压力制冷系统已不能形成，即使勉强工作，其温差换热效果达不到，将影响制冷效果。

化霜的盘管温度其实就是蒸发温度的下限。因为若超低温定时15min化霜，不仅效果下降，也将导致化霜不彻底，进而制热状态失效。以－9℃的最低换热温差10℃算，环境温度则为1℃，所以一般的热泵空调在0℃以上也可以达到基本效果。变频空调由于制冷剂流量的可变性，可向下限延伸，如果低压控制在0.2MPa，蒸发温度可达到－15℃，但由于化霜的限制，也不可能在环境温度更低的情况下有良好效果，若不考虑制冷设备无效功耗加大，热泵空调在－5℃、变频空调在－10℃时还是有一定效果的。

现在流行的新型制冷剂，其单位容积制冷量比传统制冷剂要高很多，所以空调使用新型制冷剂也可以在冬季提高制热效果。单位时间内提升制热量，还可以通过换热面积增加来实现，但由于机器体积的限制，可使用内螺纹铜管增加换热面积。

通过分析可以看出，空调制热是将温度较低的室外的热量，通过制冷剂低压低温蒸发吸收，再转移到室内释放出来。由于制冷剂和制热系统的局限性，冬季越冷导致室外蒸发越困难，吸收的热量越少，最终是温度越低制热效果越差，只能通过空调产品适当的技术改造，进行一定的制热效果补偿提升。使用辅助毛细管、电辅助加热，或使用变频技术、电磁阀节流、室外机风速提高，以及使用新型制冷剂和内螺纹铜管，或改变化霜的方式等，目的就是为提升制热效果。

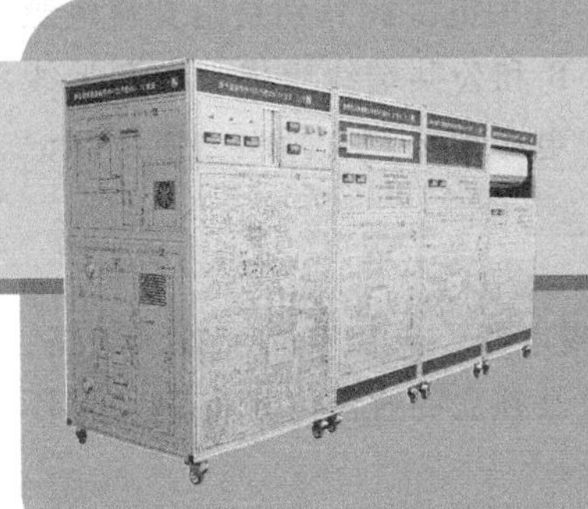

项目七

户式中央空调电气控制电路及检修

1. 识读空调器电气系统图，认知空调器电路，掌握空调器电气控制原理，练习空调器故障的检修。

2. 练习亚龙 YL-835 空调系统电路故障的检修技能，掌握分析电路故障原因和解决问题的方法。

3. YL-835 空调控制系统电路解析。

任务一　电气控制电路基本构成

【基本知识】

一、电气控制系统原理

1. 户式中央空调电气控制系统基本构成

户式中央空调电气控制系统主要由室外机、室内机的控制电路组成，电气控制系统的基本结构框图如图 7-1 所示。

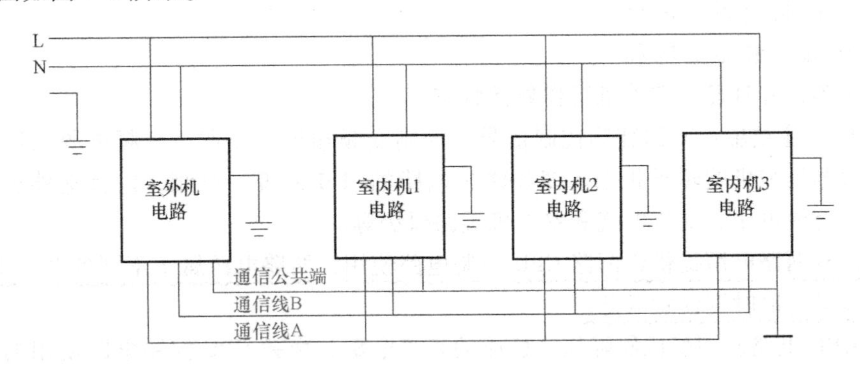

图 7-1　户式中央空调电气控制系统的基本结构框图

室内、外机电路之间分别由电源线和通信线连接在一起，其中电源线分别是由交流电源相线 L、零线 N、地线组成，通信线分别由通信线 A、通信线 B 和公共端线组成，电源地线和通信地线是同地，但接线时分别走各自的地线，在图 7-1 中电源地线没有画出，使用标记表示。

2. 空调器室内机控制系统的基本构成

空调器室内机电气控制系统主要以 CPU 为核心，辅以检测电路、操控电路、显示电路、通信电路、输出驱动电路，如图 7-2 所示。每台室内机都有自己独立的直流电源电路，为各个电路提供工作电源。

室内机检测电路通常是温度检测，嵌入式室内机增设水位检测控制排水，壁挂室式内机具有风机转速检测。操控电路一般为遥控、线控或机器面板按键操作。显示电路可以通过发光管或数码管显示温度和工作状态。通信电路完成室内、外机之间的通信联系。输出电路主要包括室内风机控制、电子节流阀控制、风向控制电路，嵌入式室内机增设排水泵控制电路。

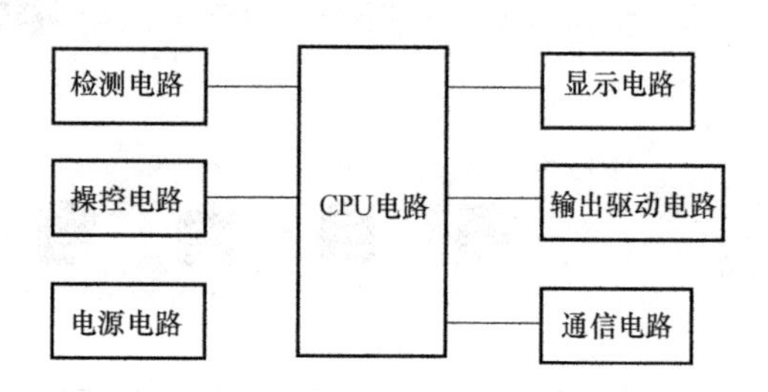

图 7-2　空调器室内机电气控制系统组成框图

3. 空调器室外机控制系统的基本构成

户式中央空调室外机电气控制系统主要由主控 CPU 电路和变频 CPU 电路构成，辅以 CPU 的外围电路和变频输出电路，如图 7-3 所示。

室外机主控 CPU 负责和室内机进行通信联系，同时检测室外机工作条件是否正常。检测内容主要包括环境温度、管道温度、制冷系统工作压力、压缩机工作温度、压缩机吸排气压力等。

室外机主控 CPU 同时负责和变频 CPU 进行工作控制通信联系、控制变频外风机运转、室外机接触器上电和四通阀控制等，并且显示室外机工作异常状态。

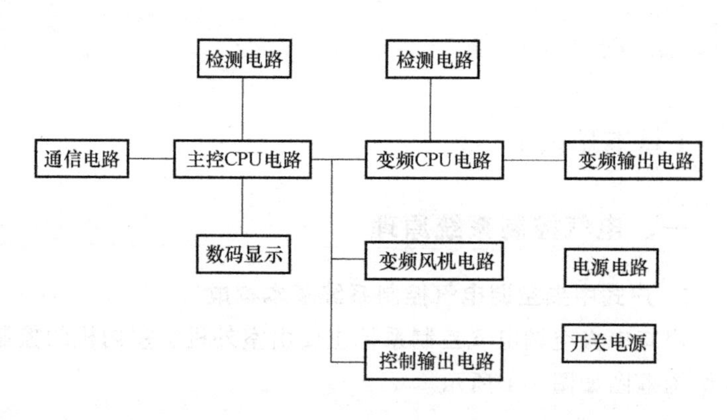

图 7-3　空调器室外机电气控制系统组成框图

变频 CPU 主要输出 6 路变频控制信号，控制变频输出电路产生变频电源供给压缩机使用，同时检测压缩机的转子状态、变频输出电路的 IPM 温度、电流，以及室外机整机工作交流电压、直流电压、交流电流和室外机短路保护等。

室外机有两路电源提供给两路 CPU 控制电路使用，两路电源属于不同的两个电源回路，在分析和检修电路时要注意区分。

主控 CPU 电路使用变压器降压、稳压的直流电源，变频 CPU 控制电路使用的是开关电源提供的直流电源，开关电源输出直流负极和交流电源在同一个回路内，所以开关电源输出

的直流电压在强电回路内，检测电压时要注意安全，防止电击和漏电。

4. 空调器室外机强电回路简介

空调器室外机强电回路的构成如图 7-4 所示，主要包括熔断器保护、EMC 滤波、预充电、整流、PFC、滤波、IPM 变频输出、开关电源、直流变频风机、直流变频压缩机等部分。

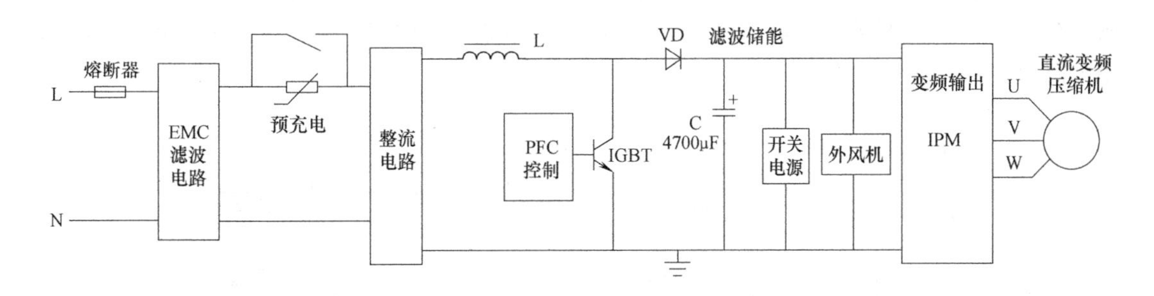

图 7-4　空调器室外机强电回路的构成

二、主要控制电路的结构与原理

1. 电源电路

空调器电源结构有两种形式，一是使用变压器进行降压、整流、滤波、稳压后输出直流电路电源，二是使用开关电源输出直流电源。

（1）变压器电源电路　空调器 3 台室内机及室外机的主控电路直流电源由变压器提供，室外机的变频电路直流电路电源由开关电源提供。

由变压器提供电源的电源电路如图 7-5 所示，经过变压器降压的交流电，通过 DB1 整流、E1 滤波、IC1 稳压，输出 +12V 的直流电压，再经过 U1 输出 +5V 直流电压。

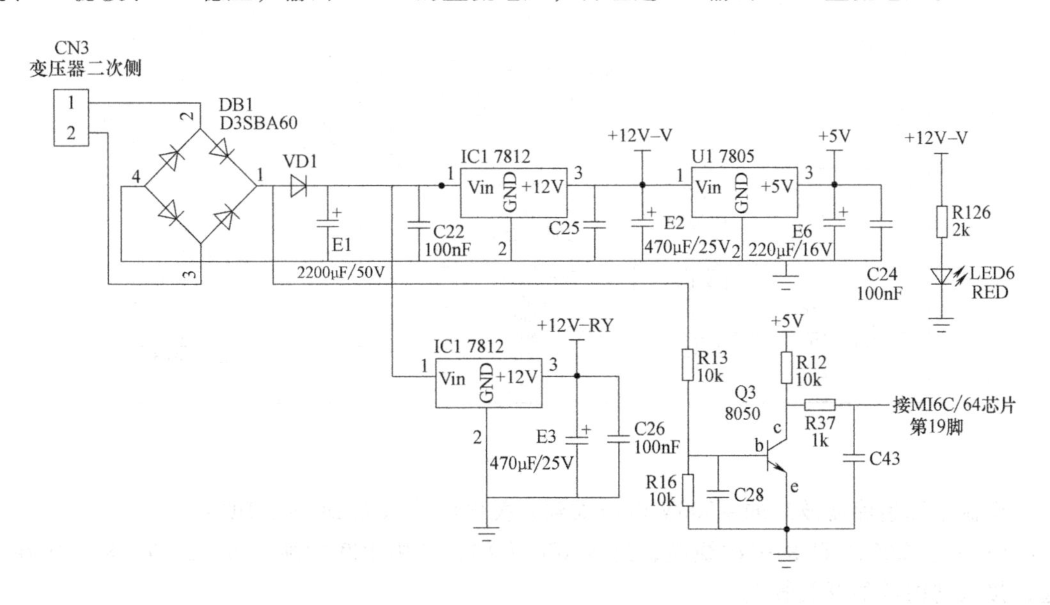

图 7-5　空调器变压器电源电路

图 7-5 所示的电源电路中，在滤波电路 E1 之前经过 D1 隔离的电路，即以 Q3 为核心的电路，是交流电过零点检测电路，用于检测交流电源是否正常，以及控制可控硅调压的触发信号输出（主要用于壁挂式内机风机调速）。

（2）开关电源电路　空调器室外机的变频电路，由于考虑到变频触发信号和强电电路隔离的复杂，以及触发信号和变频强电电路的直接耦合，所以将变频控制 CPU 电路和变频输出强电电路做在一个回路里，这样使用开关电源则较为方便。空调器变频开关电源电路如图 7-6 所示，T1 为开关变压器，IC0 为开关电源控制芯片，内有开关管和振荡电路、稳压调制电路等。

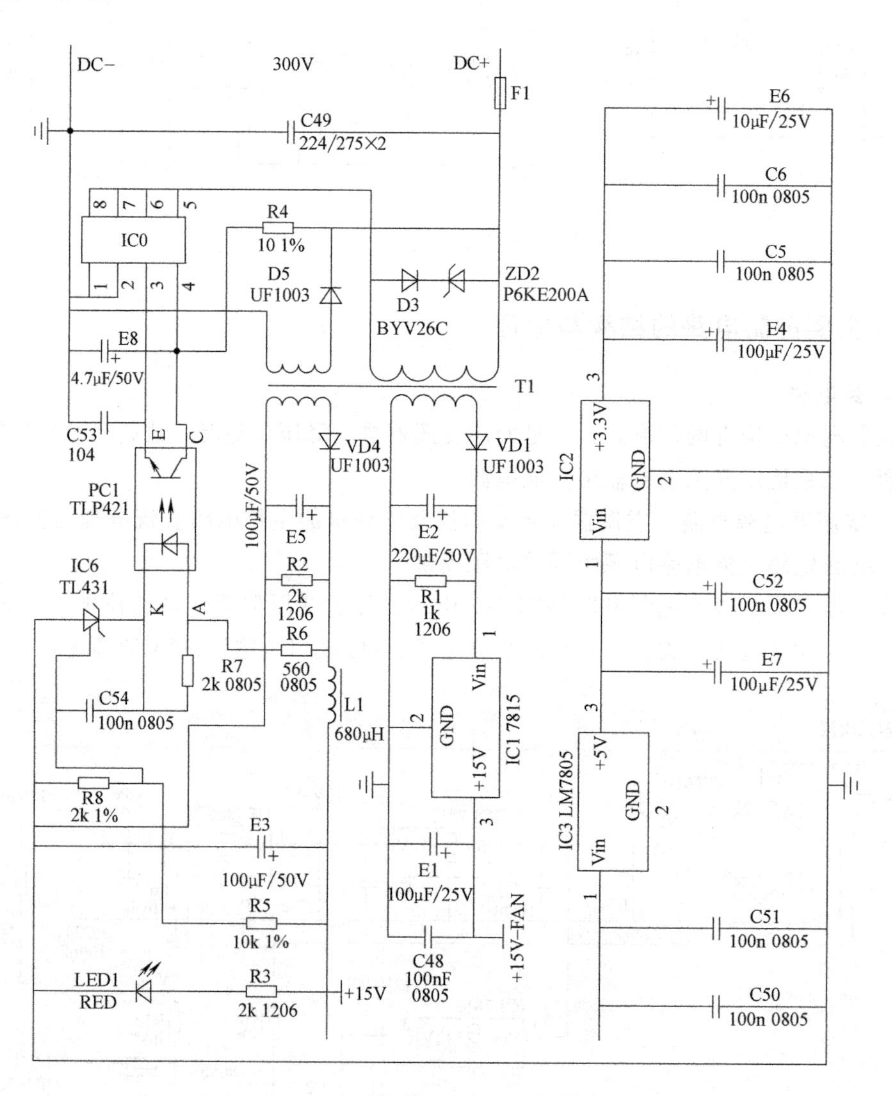

图 7-6　空调器变频开关电源电路

交流电源整流滤波后的 +300V 电压加到开关电源输入端 DC +、DC -。

DC + 电源经过 T1 的一次绕组，进入 IC0 内部，其中 IC0 的端子 5、6、7、8 短接在一起，接入到内部的开关管上。

R4 为开关电路控制集成电路 IC0 提供起动电源，DC + 经过 R4 进入 IC0 的端子 4，开关电源开始工作。

开关变压器 T1 输出两路电源，经 D1、D4 整流输出。

稳压电路 IC1 输出 +15V-FAN 直流电压，提供给室外风机直流变频控制电路使用。

稳压电路 IC2 输出 +3.3V 直流电压，提供给变频 CPU 控制系统使用。+15V 电压提供给变频输出电路使用，作为 IPM 的驱动电源。

R5 和 R8 对 +15V 电压进行采样，控制基准稳压器 IC6 对光耦 PC1 进行控制，调节 IC0 的端子 3，使开关控制芯片输出电压稳定。

开关电源电路位于室外机变频电路板上。室外机上电后，开关电源工作，变频板上的红色电源指示红色发光二极管 LED1 常亮。

由于大电容储存电量较大，室外机在断电后，开关电源要继续工作 2～3min，除 LED1 继续发光以外，同时有另外一个红色发光管开始闪烁，其闪烁规律是 15 次为一个周期，在此期间室外机不能再次上电，若上电则室外机主控电路板显示故障码“E45”，表示室外机 IPM 故障，此时可以断电，等发光管熄灭后再上电即可。

注意：通过开关电源电路可以看出，开关变压器前级电源 +300V 和后级的各路输出直流电源是同地的，所以开关电源供电的所有电路都在强电回路中，在维修检测时需要注意。

室外机主控 CPU 控制电路没有使用开关电源，所以主控电路和变频电路之间的控制传输信号要经过光耦隔离。

2. 通信控制电路

空调器通信原理如图 7-7 所示，室内、外机的通信电路挂接在通信总线上，室内、外机的电路结构基本一致，在编写控制程序的过程中，设定室外机为“主”，室内机为“从”，室外机按照室内机的地址依次进行通信。

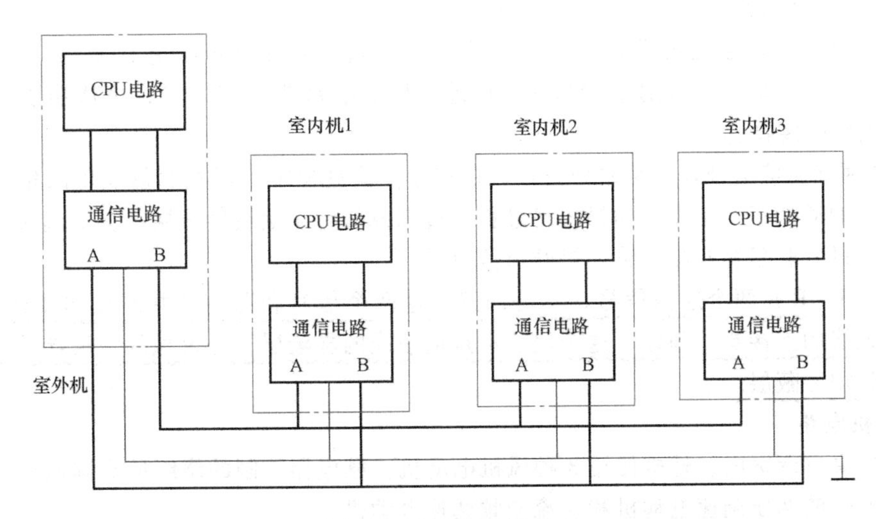

图 7-7　空调器通信原理

海信户式中央空调室内外机之间的通信属于主从应答式控制方式。空调器上电后，各室内机处于等待状态，在 60s 内若没有通信信号传输过来，则显示通信故障码“64”。

室外机根据室内机的地址，从低到高依次向室内机发出通信问询信号。若没有收到室内机的回应，3min 后，室外机显示通信故障码“E7”。

室内机在接收到室外机通信信号后，可以和室外机进行应答通信。室外机结束与一台室内机的通信后，就进入和另一台室内机的通信。室外机只和一台室内机通信，目的是防止通信混乱。

通信控制主要由 CPU 电路和通信电路构成，通信电路的核心元件是集成电路 MM1192，其主要端子功能及电路构成如图 7-8 所示。

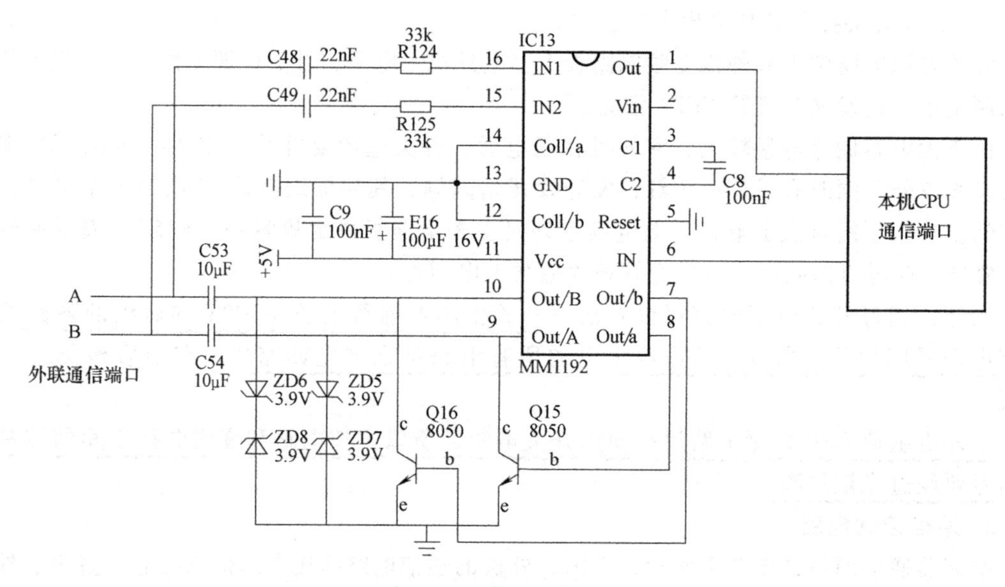

图 7-8　通信电路的结构

本机 CPU 由一个通信信号输出端口连接到端子 6，CPU 通信信号返回端口连接到端子 1，形成闭合通信回路。

CPU 输出通信信号进入端子 6，通过端子 9、10 输出到外联通信端子 A、B 上，完成通信发送。外来通信信号经过通信端口 A、B 进入集成电路端子 15、16，再从端子 1 输送到 CPU，完成通信接收。

A、B 两路通信信号是一对差分信号，在实际传输过程中，两根通信线可以相互颠倒连接，不会影响通信正常工作。如果线路过长、过细或没有通信线屏蔽层，会引起通信信号大幅衰减，通过并联阻容匹配电路，提升通信效果。

注意：A、B 是两个通信信号，不是回路，这两个信号和通信公共地线构成通信回路，所以通信地线的连接要处理好，这个地线不是通信线的屏蔽层，是单独的一根导线，通信线是 3 根，外加屏蔽层。

3. 风机电路

户式中央空调室内、外机使用 3 种风机电动机：继电器控制的绕组抽头调速电动机、可控硅控制的斩波调压调速电动机和直流变频调速电动机。

（1）直流变频调速电动机　空调器室外机风机电动机是直流变频调速电动机，电动机控制电路和驱动电路较为复杂，但直流变频调速电动机的驱动电路位于电动机内部，电动机和控制电路板之间只有 5 根连接导线，如图 7-9 所示。实际维修过程中要注意各个端子的功能。

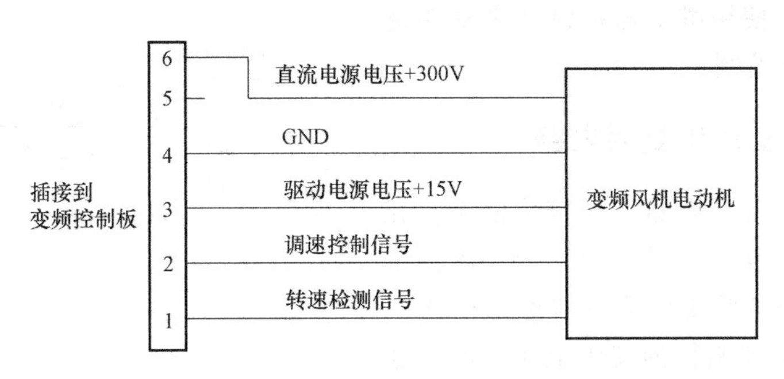

图 7-9　直流变频调速风机电动机连接线

直流变频调速电动机是由室外机主控电路板控制的，使用了 +300V 直流电压和 +15V 的开关电压，所以主控 CPU 的控制信号要经过光耦耦合进行控制，如图 7-10 所示。光耦 PC5 为调速控制信号耦合电路，PC6 为转速检测信号耦合电路。

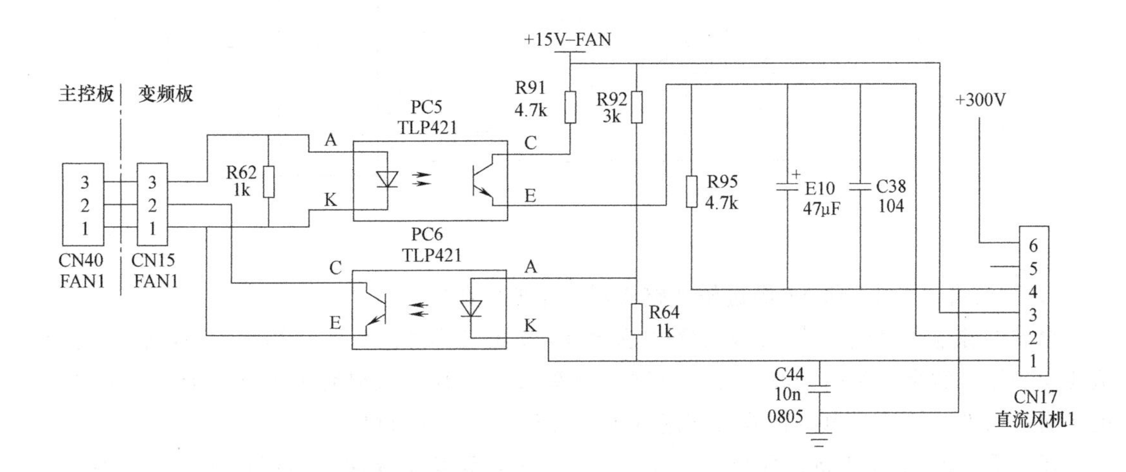

图 7-10　直流变频调速风机电动机信号控制电路

实际电路的电动机连接插头是电动机插接在室外机的变频控制板 CN17 上。

变频板和主控板之间有 3 线插接件 CN15、CN40 用于直流变频调速电动机的控制连接。

调速控制信号从主控板端子 3 由光耦 PC5 耦合到电动机连接线端子 2，电动机的转速检测信号从电动机连接端子 1 由光耦 PC6 耦合回到主控板端子 2。主控板端子 1 是主控板的工作电源“地”。

（2）晶闸管调压调速电动机　空调器壁挂式内机风机电动机使用的是晶闸管调速电动机，简称 PG 电动机，是控制晶闸管的导通角进行斩波调节电动机的工作电压进行调速，以及对电动机的转速进行检测控制的闭环调速控制系统。

PG 电动机的绕组就是单相异步电动机，但和控制电路之间有两个插头：一个是连接电动机绕组端子的 C、M、S 三根线接插件，导线较粗；PG 电动机的转速检测元件安装在电动机内部，所以另一个插接件是连接到电动机内部测速电路的 3 根线，如图 7-11 所示，导线较细。通过插头导线的粗细很容易分辨这两个插件。

若测速插头出现断路或测速没有信号，则壁挂式内机显示故障码“72”。

（3）绕组抽头调速电动机　空调器风管式内机、嵌入式内机使用的风机电动机是绕组

抽头调速电动机，使用继电器控制3个抽头通断电，形成三档风控制。

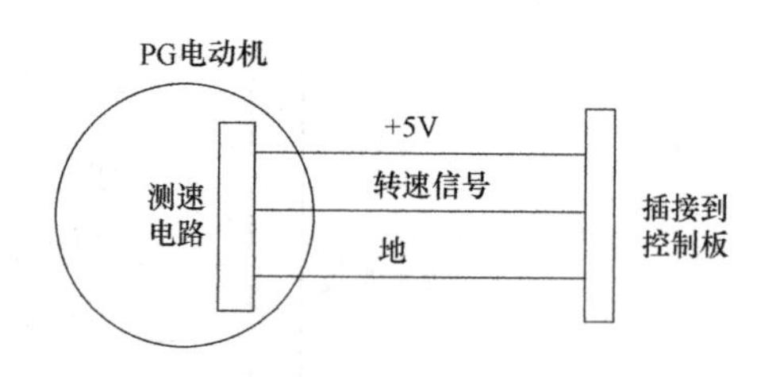

图7-11　PG电动机的转速检测电路

三、空调器室外机变频电路

空调器室外机变频电路结构较为复杂，在实际维修过程中，故障主要出现在变频的强电回路中，变频电路的强电电路结构框图如图7-12所示。进入变频控制板的交流电源，经过整流电路、PFC调整控制电路、滤波储能电路产生直流+300V电源电压，送到IPM电路，输出直流变频电源加到直流变频永磁转子电动机压缩机上。

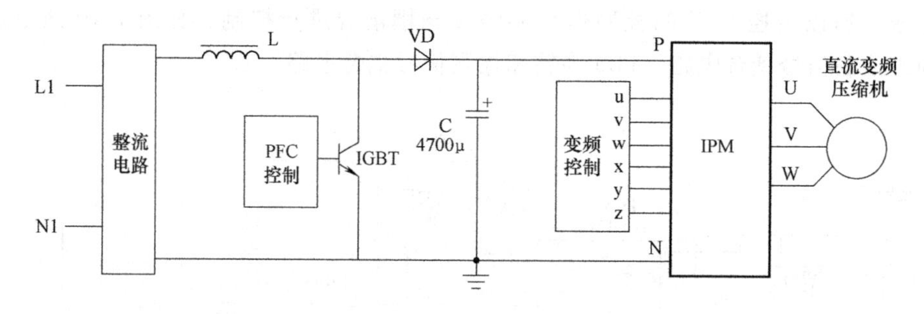

图7-12　变频电路强电电路结构框图

220V交流电源L1和N1经过桥式整流形成全波电源电压。

全波电源电压经过电感L、大功率开关管IGBT的功率因数校正（PFC），形成电压、电流相位一致、波形一致的全波电源，经过大功率二极管D对大电容C充电。D对电源的充电具有单向性，不会使电容在输入交流电压向低变化时反向放电。

IPM是Intelligent Power Module的简称，含义是智能功率模块，不仅把功率开关器件和驱动电路集成在一起，而且内部还集成有过电压、过电流和过热等故障检测电路，并可将检测信号送到CPU。

电容上形成直流+300V电源电压，加到变频功率模块IPM上，在变频控制信号u、v、w、x、y、z的调制下，输出三相变频电源供给直流变频压缩机使用。

四、电气控制系统常见故障分析

1. 室外机故障码及原因分析

海信DLR-80户式中央空调室外机常见故障码见表7-1，故障码数字之前用字母“E”进行标注，例如“45”实际显示“E45”，表示IPM故障。

表7-1　海信DLR-80户式中央空调室外机常见故障码汇总表

故障码和故障名称	故障原因
1. 室外环境温度传感器异常	传感器脱落、断路或短路
2. 室外盘管传感器异常	传感器脱落、断路或短路
3. 电流保护停机	电源电流过大

（续）

故障码和故障名称	故障原因
4. Eeprom 数据错误	Eeprom 脱落或损坏
7. 室内外通信故障	接线错误，断线，电路板坏或室内机地址变化后，室内、外机未进行确认
12. 相位检测缺项	电源问题，接线错误，未接线，断线或电路板坏
13. 压缩机过热开关保护故障	压缩机过热，过热开关保护开关损坏或脱落
14. 高压开关保护/高压压力保护停机	制冷系统运行排气压力过高
16. 制冷室外机换热器中部温度过高	制冷过载或传感器故障
17. 排气温度传感器故障	传感器脱落、断路或短路
18. 交流电压、高低电压保护故障	交流电压过高或过低，电路板坏
19. 吸气温度传感器故障	传感器脱落，短路或断路
21. 冷凝器出口温度传感器故障	传感器脱落，短路或断路
31. 排气压力过高故障	制冷剂过多，制冷室外换热不良，制热室内换热不良
32. 吸气压力过低故障	制热室外温度过低或结霜过多，制冷室内换热不良
42. 电压传感器故障	交流电压过高或过低，电路板坏
43. 高压压力传感器故障	传感器脱落、断路或短路
44. 低压压力传感器故障	传感器脱落、断路或短路
45. IPM 故障	IPM 板坏或接线错误
46. 外控-IPM 通信故障	接线错误，未接线，断线或电路板坏
47. 排气温度过高停机	制冷剂不足，膨胀阀锁死，冷媒系统混入空气
48-1. 室外直流风机无转速故障	断线，直流风机卡死，电动机坏或电路板坏
48-2. 室外直流风机失速故障	断线，电动机坏或电路板坏，风扇旋转受阻
49-1. 室外下直流风机无转速故障	断线，直流风机卡死，电动机坏或电路板坏
49-2. 室外下直流风机失速故障	断线，电动机坏或电路板坏，风扇旋转受阻
91. IPM 温升过高停机	环境温度过高，风扇电动机停转或电路板坏
92. 压缩比过大停机	制冷剂不足，制热室外温度过低或结霜过多
93-1. 室内机台数增多故障	在室内、外机通信总线上增加了室内机，未重新搜索
93-2. 室内机丢失故障	室内机未上电或电控板故障，室内机通信线连接错误
96. 制冷剂泄漏故障	制冷剂泄漏或填充不足
97. 换向阀切换故障	四通阀线圈脱落或故障，四通阀阀体换向失效

2. 室内机故障码及含义

海信 DLR-80 户式中央空调室内机常见故障码见表 7-2，风管机和壁挂机通过显示屏显示，嵌入机在显示面板上没有故障显示，故障码前没有字母“E”。

表 7-2　海信 DLR-80 户式中央空调室内机常见故障码汇总表

故障码及故障名称	故障原因
51. 排水保护：	浮子开关断开时间超过 5min，排水泵或浮子开关损坏
55. 模式冲突：	3 台室内机开机的工作模式不一致，例如 1 台制热两台制冷
56. 防冻结：	室内机盘管温度过低，空气过滤网脏或制冷剂不足
57. 过载	
61. 室内地址重复	
64. 室内、外通信故障：	通信模块损坏或通信连线出现断路或短路
65. 室内与线控器(遥控器)通信故障：	风管式室内机线控器连接线故障
71. 室内过零检测故障	
72. 室内风机异常：	壁挂式室内机风机转速检测电路故障
73. 室内 E^2PROM 故障	
81. 室内环境温度传感器故障	
82. 蒸发器入口温度传感器故障	
83. 蒸发器中部温度传感器故障	
84. 蒸发器出口温度传感器故障	
85. 线控器温度传感器故障	

3. 室外机没有电故障分析

空调器室外机无电源、室内机接通电源，基本可以判断电源总供电正常，主要检查室外机的单独供电线路是否存在开路故障。检查室外机断路器进线位置是否有 220V 交流电压，判断电源线路是在开关前还是开关后出现断路，还是断路器本身损坏。

通过检测若交流电压进入空调室外机正常，则说明是室外机内部出现了断路故障。海信户式中央空调室外机交流电源线路结构较为复杂，根据实际线路结构将线路进行简化，如图 7-13 所示。电源进线后经过熔断器进入空调滤波板，滤波板输出交流电压到主控板，滤波板经过 PTC 和接触器输出交流电压到变频板。

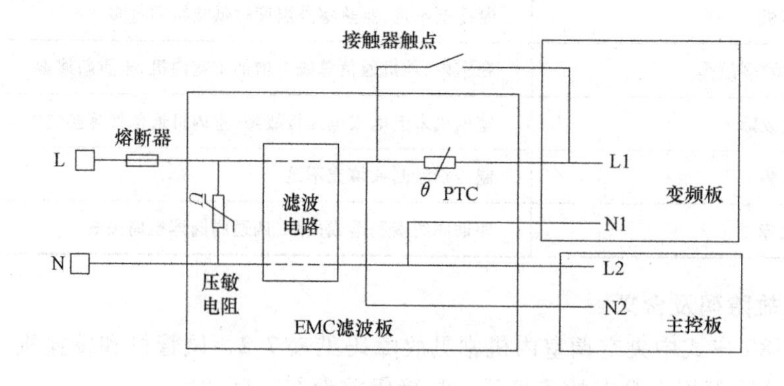

图 7-13　空调室外机交流电源电路结构简图

从图 7-13 中可以看出，室外机交流电源分成两路，分别进入主控板和变频板，空调主控板使用变压器产生的直流电源电压工作，变频板使用开关电源产生的直流电源电压工作，两块电路板上都有发光管显示，所以拆开室外机后可以观察到电路板上的电源是否正常。

室外机接线柱电压正常，则要将室外机的顶壳拆卸下来，检查室外机的熔断器是否开路。熔断器没有装接在电路板上，它通过一个单独的熔断器座连接到线路上，如图 7-14所示。

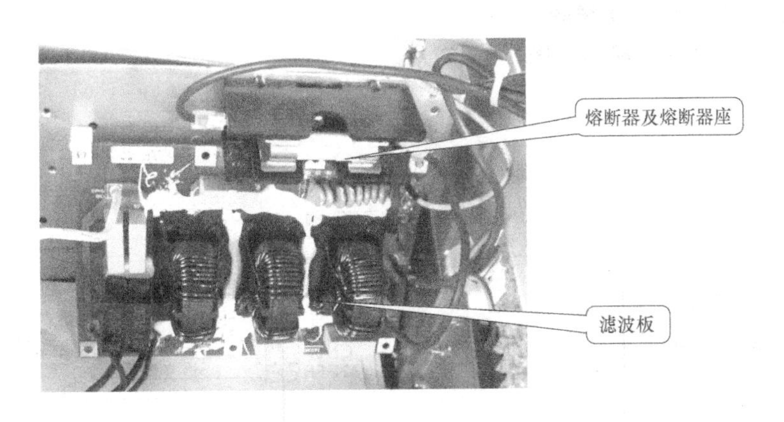

图 7-14 室外机熔断器

若拆开室外机后两块电路板上都没有发光二极管亮，基本可以判断室外机没有电，此时可以进一步检测熔断器是否断路。

通常不会出现两块电路板变压器和开关电源同时损坏的情况。

若检测熔断器没有断路，要对滤波板进行检查。滤波板上的元件端子较粗，且经过的电流很大，常见元件端子脱焊造成电路开路。

4. 室内机没有电故障分析

户式中央空调因为有多台室内机，当出现室内机没有电压的故障现象时，先要对其他室内机进行检查，看其他室内机是否有电。

若所有室内机都没有电压，检查室内机的总断路器电源进线电压是否正常、输出电压是否正常、断路器是否损坏等。若是单台室内机没有电，则对单台室内机的电源接线位置进行检查。

户式中央空调的室内机电源是统一控制的，在空调器工作时是所有室内机都上电，否则会导致室外机找不到断电的室内机，因而不能工作，所以在安装室内机电源电路时，尽量使用空调专用电源柜进行接线控制。在电源柜和室内机之间的电源线上，要使用整根的电缆，连接到室内机的电源接线柱上，不允许中间有接头。所有室内机的插座统一连接在室内机的断路器上，不能随意安装电源插座供室内机使用。

如果电源进到室内机，经检测室内机接线柱有 220V 交流电压，而室内机还不通电，说明是室内机内部电路出现了故障。空调器室内机电源电路结构较为简单，室内机内部电路引起的不通电通常是室内机熔断器断路、室内机变压器开路等。

5. 整机有电不工作

空调器整机通电后，通过遥控或线控操作后不工作。空调器室内、外机会显示故障码。

在实际检修时，根据故障码的含义进行相应的检测即可找出具体的故障。

【操作技能】

一、空调器室内机电气接线图

空调器的室内、外机在机壳的里面都贴有本机的电气接线原理图，对电路进行维修前需要熟练掌握空调器的电气接线，读懂读通电气接线原理图。

1. 壁挂式室内机电气接线图

壁挂式室内机电气接线图如图 7-15 所示。

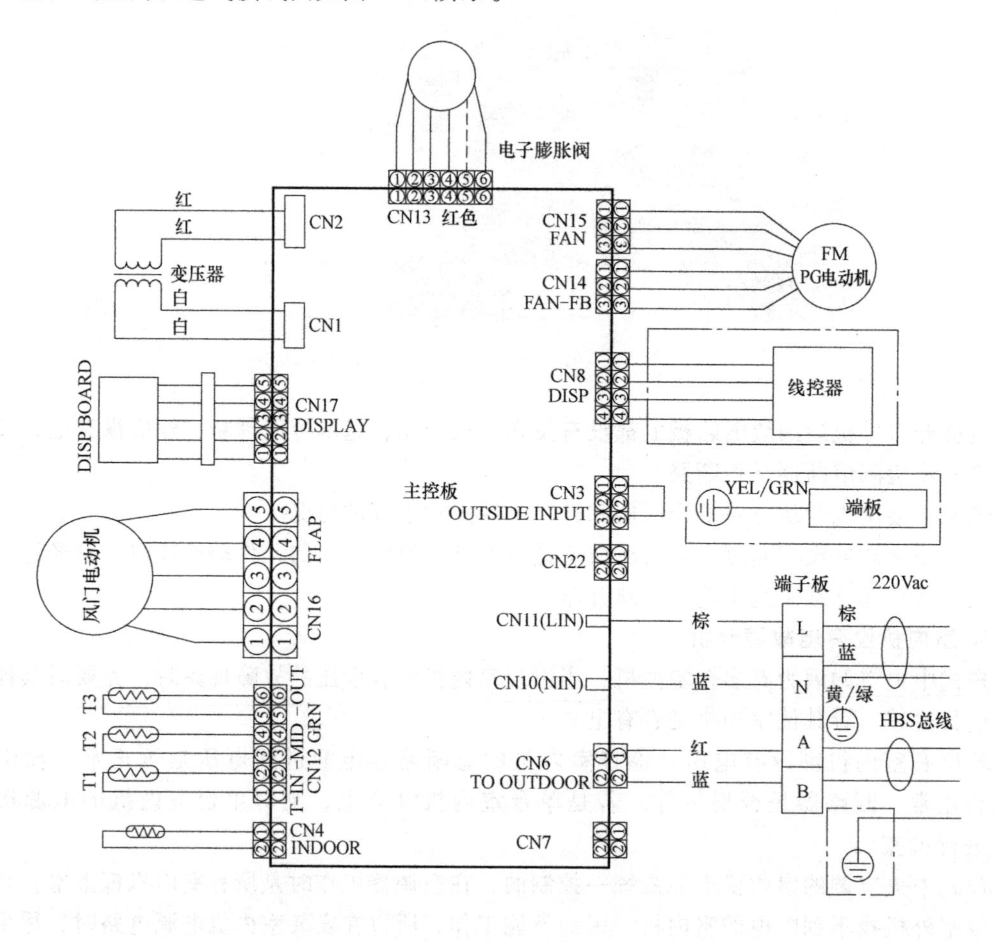

图 7-15　壁挂式室内机电气接线图

操作内容如下：

1）读图。掌握主控板外围电路连接的元件及部件的作用。

2）画图。将电气接线图画到一张图纸上。

3）将电气接线图对照实物电路，进行电路分析。

2. 风管式室内机电气接线图

风管式室内机电气接线图如图 7-16 所示，实际机器没有水位开关、排水泵以及电加热，

也没有单独的遥控接收组件，遥控电路安装在线控器电路板上。

操作内容如下：

1）读图。掌握主控板外围电路连接的元件及部件的作用。

2）画图。将电气接线图画到一张图纸上。

3）将电气接线图对照实物电路，进行电路分析。

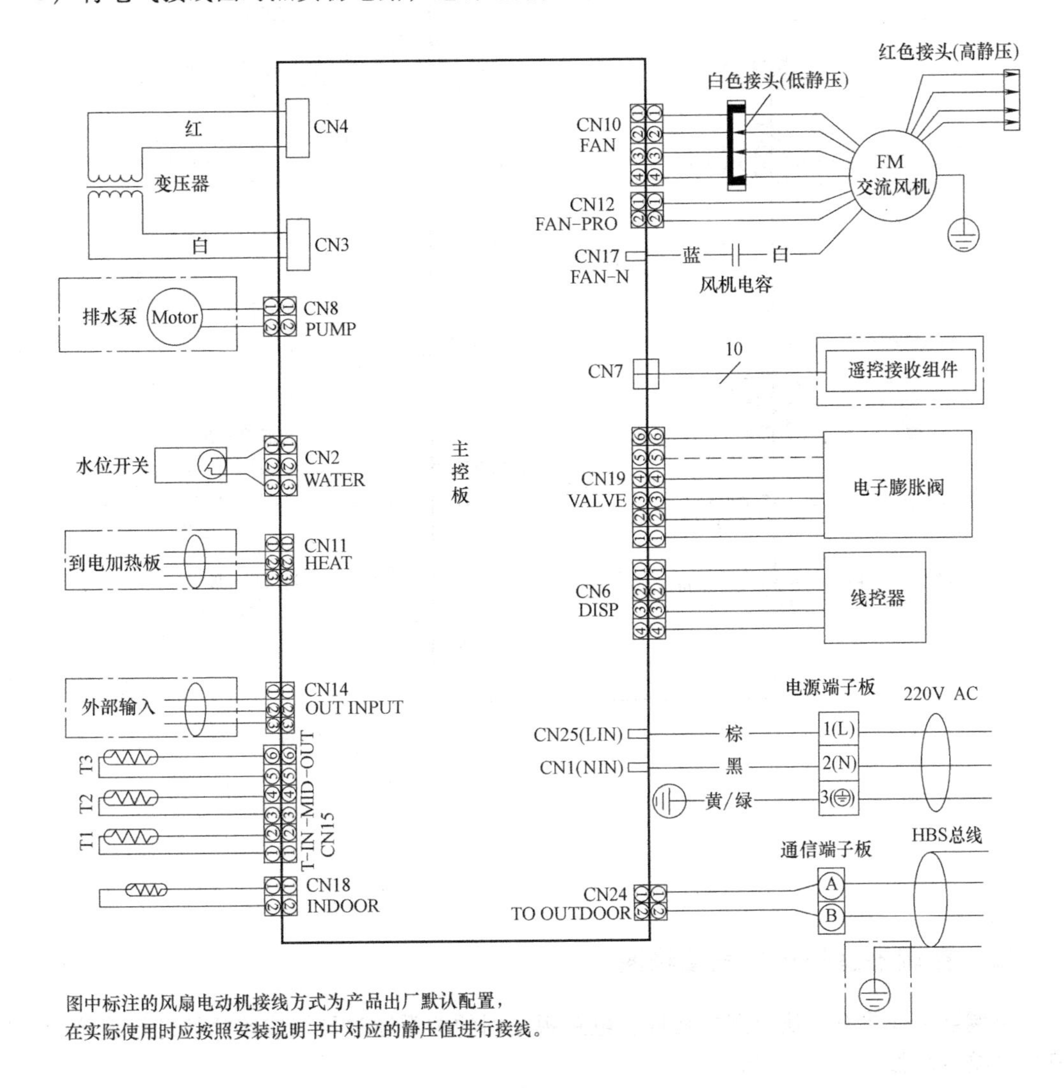

图 7-16　风管式室内机电气接线图

3. 嵌入式室内机电气接线图

嵌入式室内机电气接线图如图 7-17 所示，实际机器没有线控器电路。

操作内容如下：

1）读图。掌握主控板外围电路连接的元件及部件的作用。

2）画图。将电气接线图画到一张图纸上。

3）将电气接线图对照实物电路，进行电路分析。

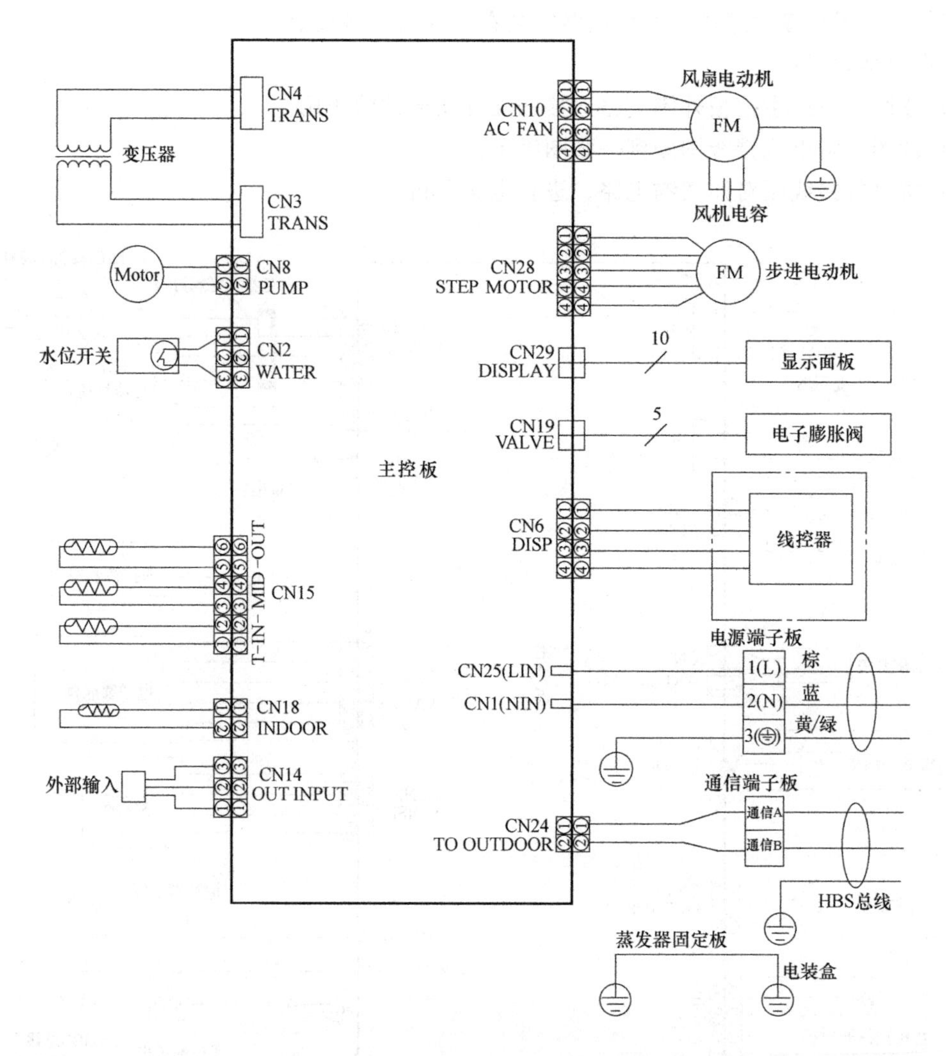

图 7-17　嵌入式室内机电气接线图

二、空调器室外机电气接线图

空调器室外机有 3 块电路板构成，电路板之间的关系通过导线或接插件进行连接。室外机电气接线图如图 7-18 所示。

操作内容如下：

1）读图。掌握主控板外围电路连接的元件及部件的作用。

2）画图。将电气接线图画到一张图纸上，在图上标出电源如何进入主控电路板、变频电路板，标出主控电路板和变频电路板之间的控制信号有哪些。

3）使室外机断电，将电气接线图对照实物电路，进行电路分析。

三、认识空调器室内机电路

空调器室内机电路主要由主控电路板和外围相关电路构成，外围相关电路主要是电源、

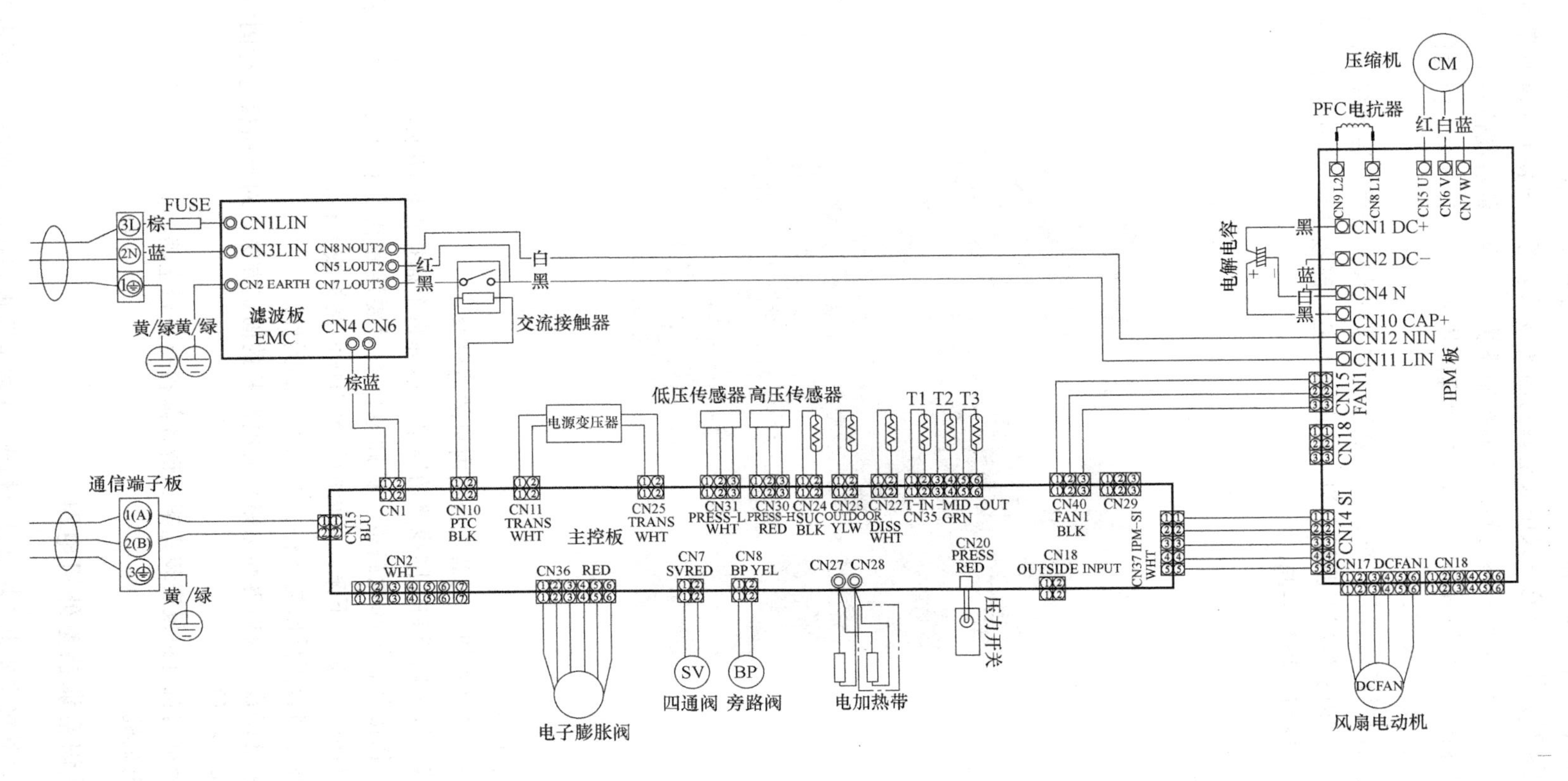

图 7-18 室外机电气接线图

风机、电磁阀、通信、各路温度传感器、显示、遥控接收、风门控制电动机、变压器、排水泵、水位检测开关等。亚龙户式中央空调的温度显示装置另安装了回风温度传感器和出风温度传感器，只用于显示没有参与到海信的控制系统。室内机的温度传感器主要有室内环境温度传感器和室内热交换器进口、出口、中段温度传感器，共计 4 个，温度传感器是负温度系数的热敏电阻，简称 NTC。

依次将室内机机壳打开，拆开电气盒盖，对室内机电路板和连接线进行整理和分析。

以嵌入式室内机控制电路板为例，室内机主控电路板如图 7-19 所示，外围相关电路通过接插件和电路板连接到一起。

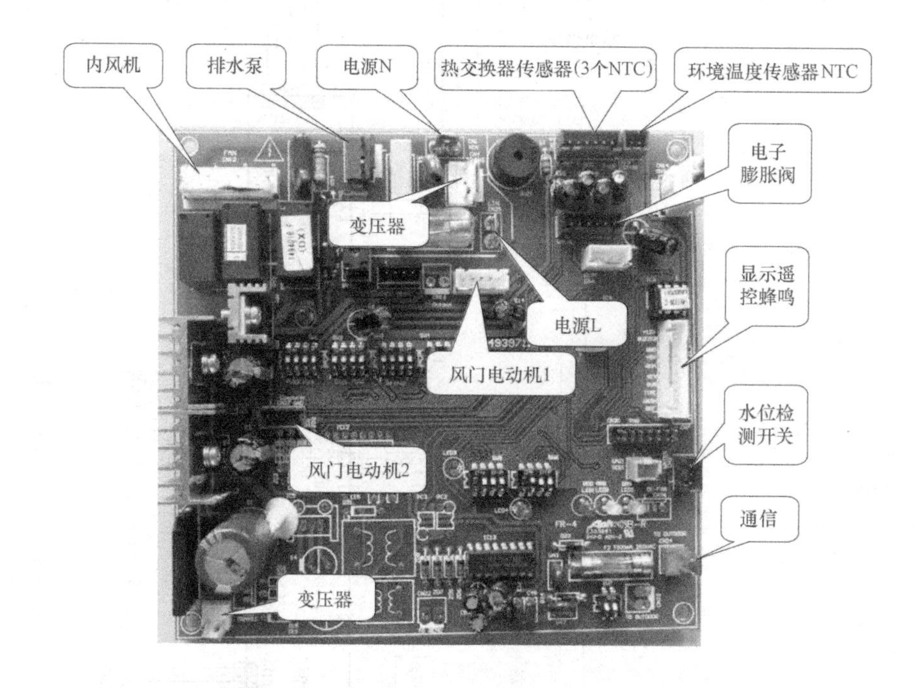

图 7-19　嵌入式室内机主控电路板

操作内容如下：

1）断电，分别拆卸空调器 3 台室内机的电气盒。

2）理清控制电路板和外围线路的连接，掌握每个插接件的功能。

3）拔下插接件，拆卸电路板。拆卸电路板时要注意固定位置的拆卸，找到拆卸的技巧，否则电路板不仅拆不下来，还可能导致损坏电路板或元件。

4）观察电路板正反面的元件，找到主要的元件。

5）安装电路板。根据拆卸电路板时电路板的固定方法，对电路板进行固定。

6）安装接插件。

7）三台室内机电路板安装完毕，请教师检查是否正确。

8）通电试机。

四、认识空调器室外机电路

空调器室外机主要由 3 块电路板构成，3 块电路板装在电气盒内，外围电路较复杂，室

外机电气控制布局如图 7-20 所示。

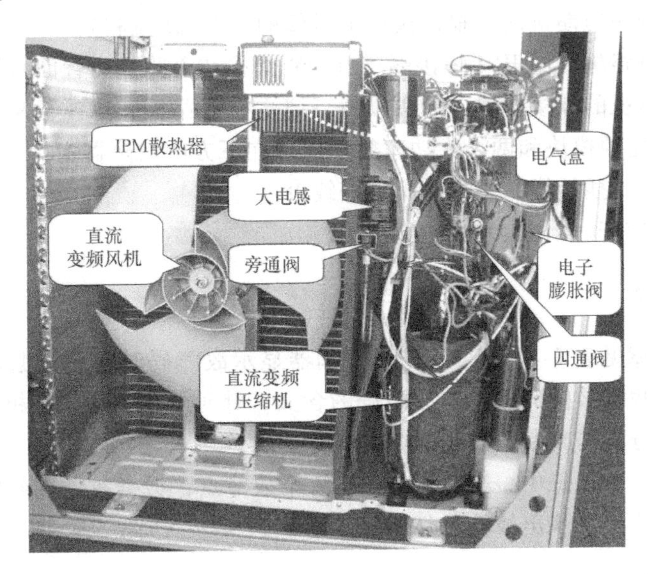

图 7-20　室外机电气控制布局

空调器室外机电气盒如图 7-21 所示，主要有 3 块电路板、大电容、接触器、熔断器、室内外机接线柱等。

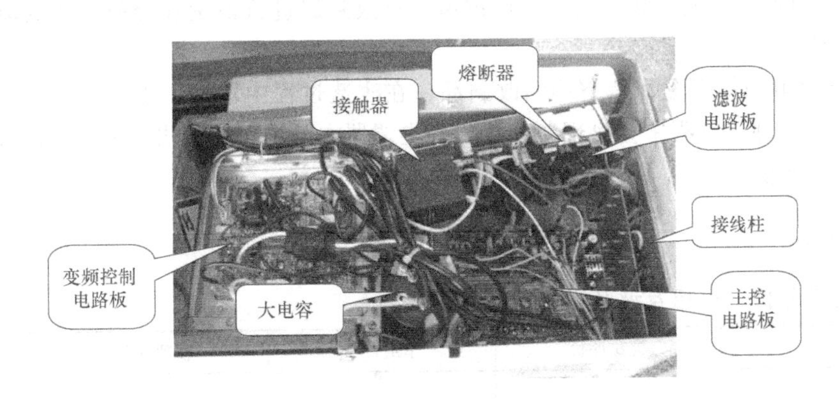

图 7-21　空调器室外机电气盒

操作内容如下：

1）断电，拆卸室外机顶壳。

2）观察室外机电气盒内的 3 块电路板、大电容、熔断器和接触器等。

3）拆卸室外机把手的电气盒盖，观察室外机接线柱，观察电源线、通信线的连接。

4）拆卸室外机前面壳。观察直流变频风机、直流变频压缩机、大电感、IPM 散热器、高压旁通阀、电子膨胀阀、四通阀等。观察室外机的检测元件：高压压力开关、高压压力传感器、低压压力传感器、压缩机排气温度传感器、回气温度传感器、室外机环境温度传感器以及室外机热交换器进口、中段、出口温度传感器等。同时，室外机还有亚龙自行设计安装的没有参与控制的、用于显示压缩机排气温度的传感器、回气温度传感器、室外机热交换器出口温度传感器等。

5）观察和理清 3 块电路板和外围连接线路之间的关系。

6）测量直流变频压缩机的 3 根连接线电阻值的（0.9Ω 左右）。

7）观察变频电路板上的 IPM 焊接端子（IPM 焊接在电路板的背面）。

8）将 3 块电路板的外接插线、插头拔掉，把主控电路板、滤波板从卡位上取出。变频板不要移位，因为变频模块和两个大功率管都固定在下方的散热器上。

9）安装电路板、插接线，整理和固定好线束。

10）将室外机前壳、顶壳、把手安装复位。

五、故障检修

空调器常见故障见表 7-1、表 7-2。当空调器显示故障码时，要根据显示的故障码，对照表格进行查找，找到故障码后，看故障码的含义，针对故障码含义分析故障可能存在的位置，并进行检测、分析与判断，找出故障并排除。

技能竞赛故障检修训练中，YL-835 自有 24 个故障点，根据故障现象配合原机器故障码进行分析、判断、检测，找出故障进行修复。

操作内容如下：

1）熟记多联机自身的原始故障码，并分析故障的原因。

2）故障模拟。根据某个故障码的含义，将相关线路的接插件拔掉，对故障码进行验证。

3）故障检修。将相关线路的接插件拔掉，对故障码进行识别和分析，找到故障点进行故障检修训练。

YL-835 多联机空调是海信空调的改制品，在改造过程中增加了很多的模块、导线和接插件等，在平时训练过程中会出现各种故障，空调器本身也可能会出现故障，所以要对设备具有一定的维修能力。

【学习评价】

一、自我评价、小组互评及教师评价

评价项目	自我评价	小组评价	教师评价	得分
理论知识				
实操技能				
安全文明生产				
学习态度				

二、个人学习总结

成功之处	
不足之处	
改进方法	

任务二　YL-835 模拟故障检修

【基本知识】

一、YL-835 设置的电路故障

海信 DLR-80 户式中央空调经过亚龙创新改造，形成 YL-835 设备，为适应户式中央空调电路故障检修的考核，通过排故模块，设计了 24 个模拟故障点，见表 7-3。其中壁挂式室内机没有设定故障点，其余的两台室内机和室外机都设定了故障点，故障点通过控制模块的继电器开关通、断电路制造故障，用于排故训练和考核。

表 7-3　技能竞赛设计的 24 个故障汇总表

室外机		风管式室内机	
K1	接触器线圈开路	K13	变压器一次绕组开路
K2	四通阀线圈开路	K14	变压器二次绕组开路
K3	线性变压器一次绕组开路	K15	通信线断路
K4	线性变压器二次绕组开路	K16	电源线断路
K5	高压开关断路	嵌入式室内机	
K6	低压传感器开路	K17	环境温度传感器断路
K7	排气传感器开路	K18	蒸发器出口温度传感器断路
K8	回气传感器开路	K19	蒸发器中部温度传感器断路
风管式室内机		K20	蒸发器入口温度传感器断路
K9	风机零线断路	K21	排水泵线圈断路
K10	风机低档断路	K22	浮子开关失灵
K11	风机中档断路	K23	显示面板断路
K12	风机高档断路	K24	电源线断路

K1～K24 是故障点对应的 24 个继电器开关点，将相关电路断路设定的故障点，在对应的 24 个故障的电路位置，设定了相对应的检测点，用于对电路进行故障检修。测量的检测点没有设置在实际的电路上，而是通过线路连接到每台机器的面板电路原理图上，做成安全插孔，可使用万用表测量。

为了避免故障的复杂性，在进行 K1～K24 故障检修时，要确保海信多联机的原始故障

码正常，不存在故障，否则会影响故障的正常检修训练。

在故障检修训练过程中，根据空调器故障现象，初步判断故障原因，再对相应的检测点进行电压或通断检测，确定具体的故障部位或原因，通过故障检修模块的检修界面，在计算机上进行故障点修复。

二、24 个故障分析

YL-835 使用的是海信多联机系统，但直流变频空调电路结构复杂，强弱电测量有一定的危险性和安全不稳定性，所以 YL-835 在设定故障时，在室外机变频电路没有故障点。

1. 室外机 8 个故障分析

1）K1：室外机供电接触器线圈开路。

空调器室外机在通电后能听见“咔”的一声，这是接触器吸合动作。室外机供电电路原理如图 7-22 所示。室外机接触器开关触点和 PTC 并联，室外机通电后，由于室外机有很大的电容充电电流，为防止电流冲击所以先经过 PTC 对室外机供电。电容充电后，室外机电源电路工作，为室外机 CPU 供电，CPU 控制继电器开关接通，接触器线圈得电，触点闭合，将 PTC 短路直接供电。接触器线圈开路的 K1 故障，就是图 7-22 中 K1 故障点的继电器开关断开形成的模拟故障点。针对此电路的检修，在室外机的电路面板上设定了检测点 1、2，通过对两点电压或电阻的检测，可判断 K1 是否断路。

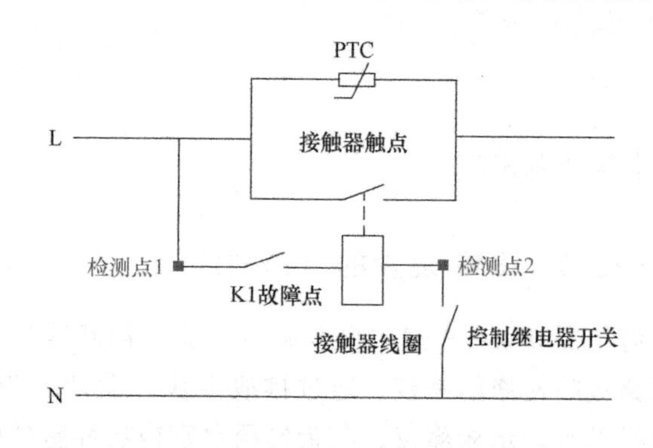

图 7-22 室外机供电电路原理

2）K2：四通阀线圈开路。

四通阀在制热时需电换向，在制冷时没有故障现象。空调器室外机在通电后首先能够听见“咔”的一声，这是接触器吸合。制热时在压缩机、风机运转前，还能听见“咔”的一声，这是四通阀换向。四通阀线圈开路故障 K2 模拟室外机故障 E97，即换向阀切换故障，故障原因主要是四通阀线圈脱落或故障，四通阀阀体换向失效。四通阀控制电路如图 7-23 所示，在室外机面板上有两个对应的检测点，可进行电路检修。

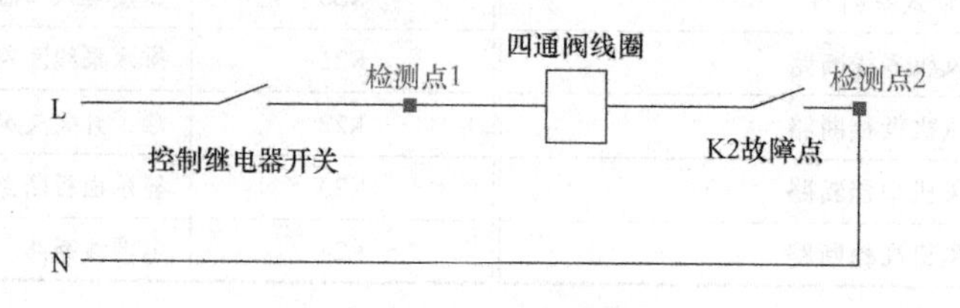

图 7-23 四通阀控制电路

3）K3：线性变压器一次绕组开路；K4：线性变压器二次绕组开路。

空调器室外机有两个直流电源，开关电源为变频电路提供直流工作电源，室外机的主控 CPU 直流电源由变压器降压、整流、滤波、稳压电路提供。线性变压器是为主控 CPU 控制系统供电的变压器，K3、K4 故障点如图 7-24 所示，在室外机面板上分别有两个对应的检测

点，可进行 K3、K4 故障电路检修。

4）K5：高压开关断路。

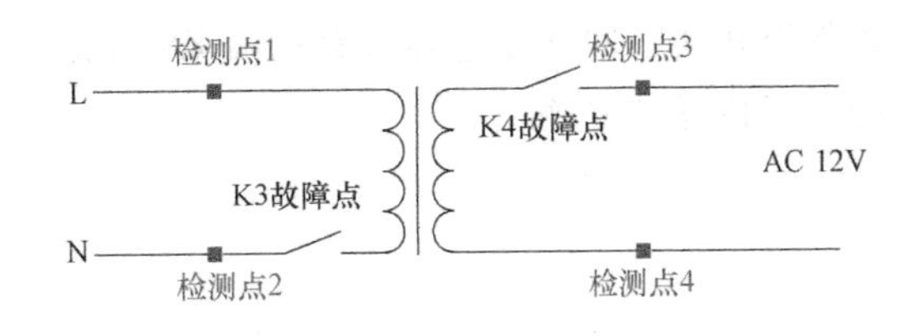

图 7-24　变压器的两个故障点

高压开关断路故障 K5 模拟海信多联机故障 E14，即高压开关保护/高压压力保护停机，原因主要是制冷系统运行排气压力过高。高压压力开关检测电路结构原理如图 7-25 所示，压力开关在正常工作压力下是闭合状态，CPU 检测端子为高电压。当高压压力过高达到保护值时，开关断开，CPU 检测端子电压由高电压变为低电压，CPU 控制室外机停机保护。YL-835 设备设定 K5 故障点，模拟高压压力过高时开关断开保护，在室外机电路面板上设有两个检测点，用于检测高压开关是否正常，进行故障检修训练。

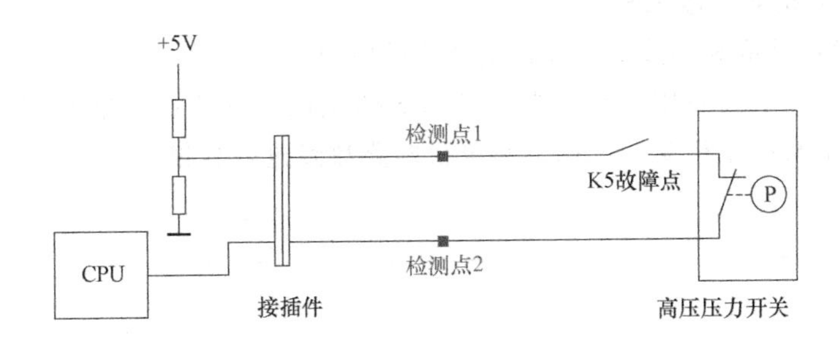

图 7-25　高压压力开关检测电路结构原理

5）K6：低压传感器开路。

低压传感器开路故障 K6 模拟海信多联机故障 E44，即低压压力传感器故障，故障原因主要是传感器脱落、断路或短路。低压传感器的低压压力检测是海信多联机变频的新技术，通过低压压力的变化检测可以进行精确的频率调节和节流阀的控制。低压传感器不是压力开关而是压力敏感电阻，压力变化引起阻值变化，可以为 CPU 提供精密的压力变化参数。低压传感器电路结构原理如图 7-26 所示，CPU 检测端子的电压随着压力的变化而变化，当故障点 K6 断开后，CPU 检测端子电压为 0，在室外机电路面板上设有两个检测点，用于故障检修训练。

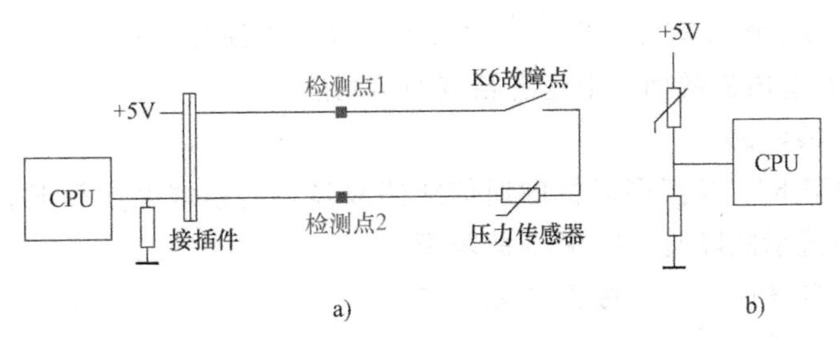

图 7-26　低压传感器电路结构原理

a）电路结构图　b）原理图

6）K7：排气传感器开路；K8：回气传感器开路。

压缩机排气传感器开路故障 K7 模拟海信多联机故障 E17，即排气温度传感器故障，故

障原因主要是传感器脱落、断路或短路，电路结构如图 7-27 所示。通过检测点可以检测传感器是否开路。回气传感器开路故障 K8 模拟海信多联机故障 E19，电路结构参照图 7-27 所示的排气传感器电路。

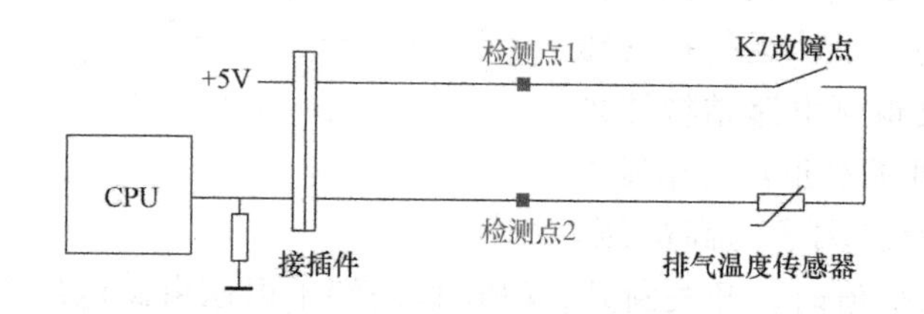

图 7-27　压缩机排气传感器电路结构

2. 风管式室内机 8 个故障分析

1）K9 ~ K12：风机断路故障，共设定 4 个故障点。

风管式室内机风机是采用绕组抽头调速的 3 档风机，调速控制电路如图 7-28 所示。在室内机电路面板上有 4 个检测点，用于对风机断路故障进行检修。

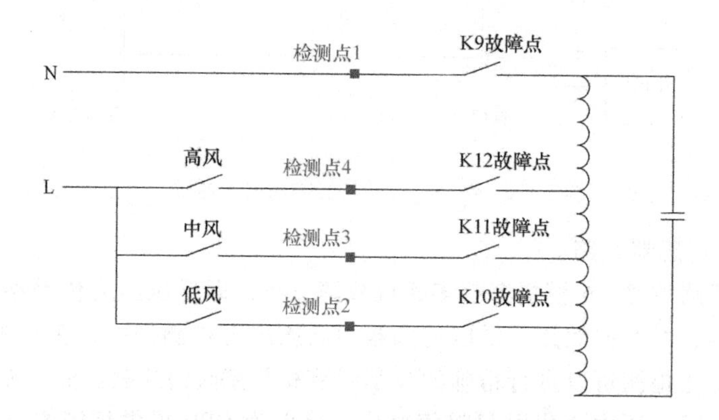

图 7-28　风管式室内机风机控制电路

2）K13：变压器一次绕组开路；K14：变压器二次绕组开路。

变压器为风管式内机控制电路提供工作电源，变压器损坏导致室内机不工作。当室内机通电后没有反应及显示屏没有显示时，要检查变压器是否损坏。具体变压器电路可参考室外机 K3 故障内容，在室内机的面板上也有相应的检测点。

3）K15：通信线断路。

通信线断路故障 K15 模拟多联机的通信线路故障。通信线路故障时，室内机显示故障码 7 或 64，室外机显示故障码 E7。K15 故障模拟的是风管式内机自身通信线路断路故障，其故障点设定如图 7-29 所示。

空调器通电后，由于内机通信断路，接收不到室外机的通信信号，60s 后显示故障码 64，若经过 3min 等待还不能通信，故障码则转变为 7，同时室外机也显示 E7 故障码。由于风管

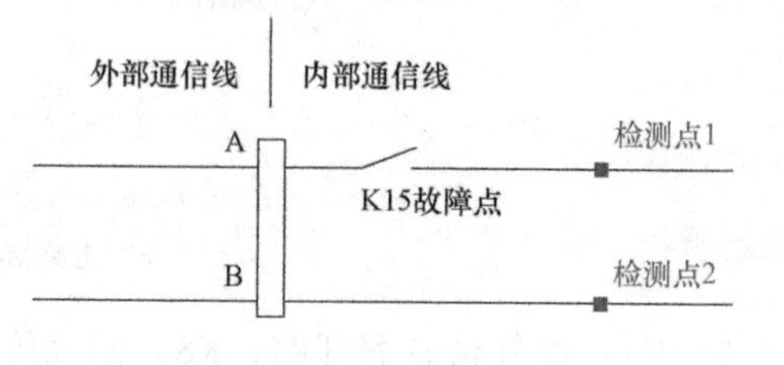

图 7-29　通信线断路故障点

式内机设定内部通信线路断路，所以测量通信端子 AB 的通信信号还是正常的，但用于故障检修的检测点是没有通信信号的。

4）K16：电源线断路。

电源线断路故障导致室内机无电，如图 7-30 所示。交流电源连接到室内机，室内机电源接点的插头电源电压有交流 220V，但测量控制电路面板上的 L、N 插孔没有电压。

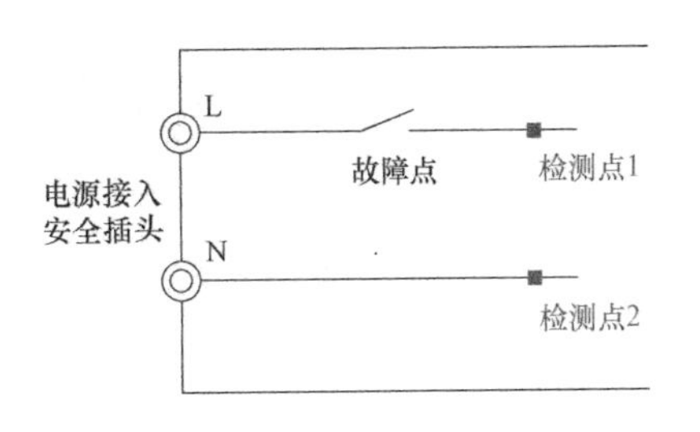

图 7-30　电源线断路故障

3. 嵌入式内机故障码分析

嵌入式内机自身没有故障显示，但其故障可以在其他室内机上显示出来。

1）K17：环境温度传感器断路，故障码 81。

2）K18：蒸发器出口温度传感器断路，故障码 84。

3）K19：蒸发器中部温度传感器断路，故障码 83。

4）K20：蒸发器入口温度传感器断路，故障码 82。

温度传感器电路的结构原理如图 7-31 所示，设定断路故障点模拟温度传感器开路故障，在温度传感器两端设定两个检测点用于检修测量，检测点位于室内机电路面板上。

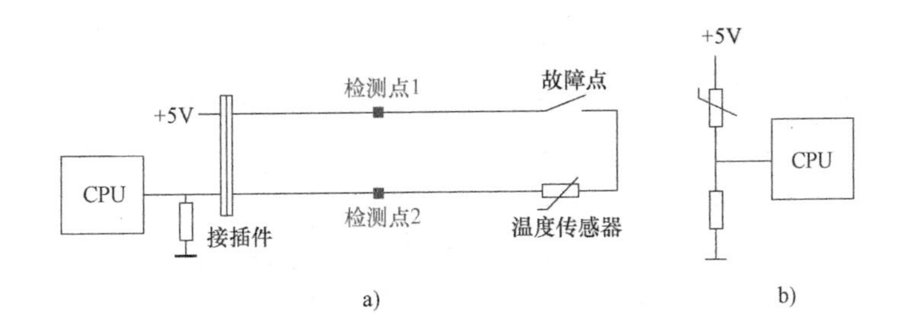

图 7-31　温度传感器电路的结构原理

a）电路结构图　b）原理图

5）K21：排水泵线圈断路。

排水泵线圈断路导致排水不能工作，制冷时间稍长以后，室内机冷凝水位升高，使水位浮子开关断开，断开 5min 后没有复位闭合，CPU 判断排水故障，出现排水保护故障码 51。正常状态制冷时，压缩机运转则排水泵也开始运转，压缩机不运转时，水位开关只要断开，排水泵也运转。排水泵工作电路如图 7-32 所示，其工作电源是 220V 交流电。

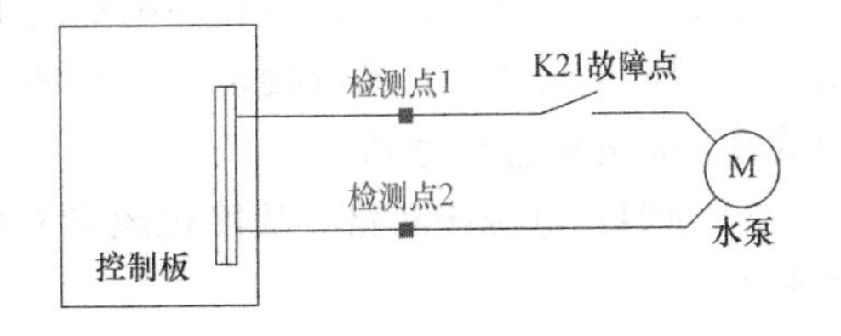

图 7-32　排水泵工作电路

6）K22：浮子开关失灵。

浮子开关失灵故障 K22 模拟多联机排水保护故障，其故障码为 51。浮子开关检测水位高低，产生高低电压送往 CPU，由 CPU 检测水位是否回落。若水位偏高，浮子开关断开超过 5min，说明排水出现问题，则 CPU 保护停机。浮子开关检测电路如图 7-33 所示，水位信号传递到 CPU 电路。

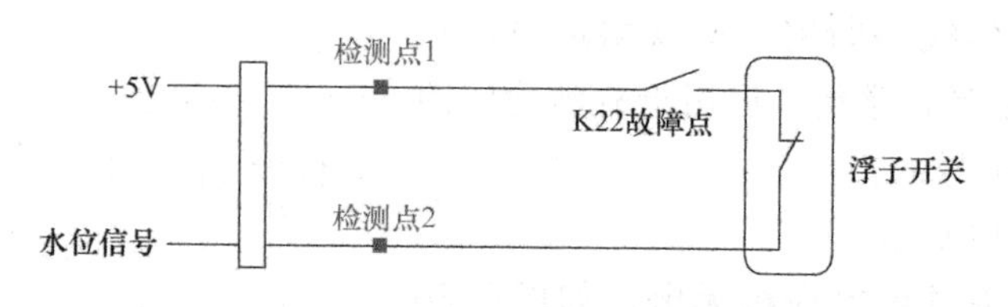

图 7-33　浮子开关检测电路

7）K23：显示面板断路。

嵌入式内机面板的主要功能有遥控接收、开关机按键操作、发光管显示、蜂鸣器电路等，其电路结构如图 7-34 所示。它有 12V 和 5V 两路电源供电，12V 用于蜂鸣器驱动电路，5V 用于遥控接收、开关机按键操作、发光二极管显示等。两路电源使用一个公共端。此电路在设备面板上未绘制。

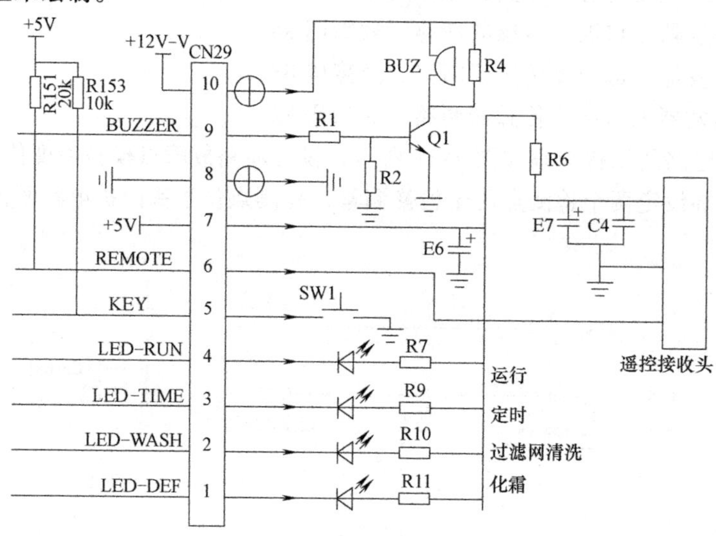

图 7-34　显示面板电路结构

显示面板断路故障点设定在直流电源的公共端上，使整个显示面板没有电源回路，不能实现面板上的每个功能。

电源故障点设定在主板插接件电源线上，如图 7-35 所示。当设定故障后，测量接插头对应的电源测量孔电压为 0，而正常电压为 12V。

8）K24：电源线断路。故障现象和故障原因同 K16 故障。

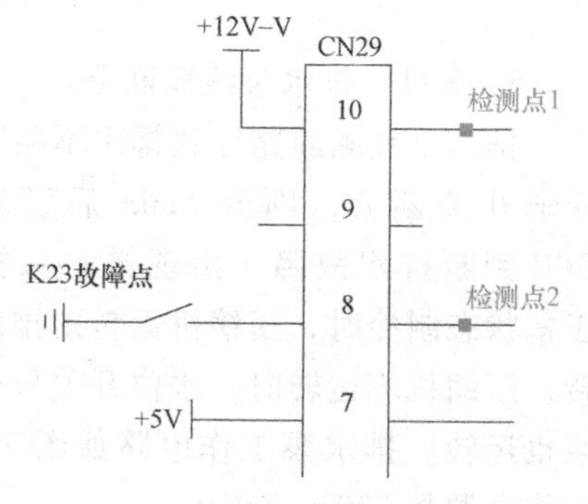

图 7-35　显示面板故障点

【操作技能】

YL-835 多联机空调的 24 个电路故障检修是技能竞赛的重要内容，所以对这些电路故障要能熟练分析、检测和维修。在训练过程中要确保机器没有其他故障，再设定故障进行检修。故障检修时要做到故障现象清楚、故障分析明确、检测点准确、熟练快速排除故障，能字迹清晰地填写检修报告或维修工艺文件。

一、通电试机

通电试机是空调器故障检修的最基本操作。在通电试机过程中，能够观察故障现象、故障码，观察空调器工作状态，对怀疑的关键点进行检测。在维修时可能需要多次通电试机，压缩机在每次通电 3min 后才能起动。为了缩短检修的时间，尽量不要多次试机。空调器通电试机是观察故障现象的主要途径，通过故障现象和机器的 24 个故障特点，可以直观判断出很多故障的故障原因。

操作内容如下：

对设定故障的空调器进行通电试机，确定室内外机的电源线、通信线连接正常。

1. 依次连续给室内机、室外机上电

观察室外机面板上的电压数字表显示正常，同时细听室外机在通电后是否有接触器“啪”的一声吸合声。

若没有吸合声，拆卸室外机顶盖。观察室外机主控板上的电源发光二极管是否发光。若电源发光管亮，判断室外机是 K1 故障；若电源发光管不亮，判断室外机是 K3、K4 故障。

若接触器吸合正常，继续进行以下操作。

2. 使用遥控器依次开启室内机

壁挂式内机没有设定故障，重点注意另外两台室内机开启情况。

使用遥控器开启 1 台室内机时，要注意不要遥控到其他室内机。

遥控操作相应室内机时，室内机会有一声蜂鸣，表示收到遥控信号。若没有蜂鸣，则使用线控器、面板按键操作。如都没有反应时，可判断风管式内机是 K13、K14、K16 故障，或嵌入式内机是 K23、K24 故障。

3. 开启风管式内机制冷模式，感应室内机风机是否吹风

室内机没有运转，可判断 K9、K10、K11、K13 故障。

4. 观察室内、外机故障码

观察故障码按照时间分成以下几个阶段。

（1）观察室外机故障码显示　显示“1”，说明室外机通信联系只寻到壁挂式内机，另外两台室内机没有通信信号。风管式内机可判断 K13、K14、K15、K16 故障，嵌入式内机可判断 K24 故障。

显示“2”，说明有两台室内机和室外机能够通信，有一台室内机没有通信。先开启嵌入式内机，若能开启，则是风管式内机 K13、K14、K15、K16 故障；若不能开启，则嵌入式内机 K24 故障。

（2）室内、外机故障码　室内、外机故障码对应的故障见表 7-4。

表 7-4　室内、外机故障码及对应故障

故障点	故障内容	故障码
室外机		
K5	高压开关断路	E14
K6	低压传感器开路	E44

（续）

故障点	故障内容	故障码
K7	排气传感器开路	E31
K8	回气传感器开路	E32
嵌入式内机		
K17	环境温度传感器断路	81
K18	蒸发器出口温度传感器断路	84
K19	蒸发器中部温度传感器断路	83
K20	蒸发器入口温度传感器断路	82

1min 后室内机显示故障码“64”，或在检修过程中时间超过 3min，室外机故障码是“E7”且室内机故障码由“64”变为“7”，则是风管式内机 K15 故障。

5min 后，若故障码出现“51”，则是嵌入式内机 K21、K22 故障。

二、故障检修技能

通过试机观察故障现象，可以初步判断故障的原因和部位，但要通过实际的测量进行验证。测量的内容主要是电压检测、通断检测和电阻检测三个方面。空调器的模拟故障是通过故障模块独立控制的，故障模块有专用电源，即使室内、外机断路器断电，模拟故障依然存在。在故障检修中测量电路通断或电阻时，要将空调器室内、外机断电。

操作内容如下：

1. 电压检测训练

在空调器正常和设定单一故障的情况下通电试机，对下列典型的电路故障进行电压检测。故障设定与电压检测具体内容见表 7-5。

表 7-5　故障设定与电压检测

故障点	空调器没有设定故障	空调器设定单一故障
K1	测量接触器线圈两个检测点交流工作电压为 220V	测量两个检测点交流工作电压为 220V，但在室外机通电时没有接触器动作声
K3	变压器输入两个检测点交流电压为 220V，变压器输出为 15V	变压器输入交流电压为 220V，变压器输出两个检测点为 0
K5	压力开关两个检测点直流电压为 0	两个检测点直流电压为 5V
K8	压缩机回气温度传感器两个检测点直流电压小于 5V	两个检测点直流电压为 5V
K15	风管式内机通信端子电压和 K15 两个检测点电压检测波动。选择万用表交流 10V 量程	风管式内机通信端子电压波动，K15 两个检测点电压没有反应
K16	测量风管式内机电源端子电压和 K16 两个检测点交流电压为 220V	电源端子交流电压 220V，K16 两个检测点交流电压为 0
K23	嵌入式内机显示板检测点电压 12V	显示板检测点电压为 0

2. 电路通断检测训练

空调器室内、外机断路器断电，在空调器正常和设定单一故障情况下，测量电路通断，具体见表7-6。

表7-6　电路通断检测

故障点	空调器没有设定故障	空调器设定单一故障
K5	高压开关两个检测端通，阻值为0	高压开关两个检测点断路，有一定的阻值，但不是0
K15	通信端子和检测点通，阻值为0	通信端子A、B和检测端子1、2之间有1路断路
K16	风管式内机电源端子和电路检测点通，阻值为0	电源端子L、N和检测端子L、N之间有1路断路
K22	浮子开关两端检测点通，阻值为0	浮子开关两端检测点断路，有一定的阻值，但不是0
K24	嵌入式内机电源端子和电路检测点通，阻值为0	电源端子L、N和检测端子L、N之间有1路断路

3. 电阻检测训练

空调器室内、外机断路器断电，在空调器正常和设定单一故障情况下，测量电路阻值，具体见表7-7。

表7-7　测量电路阻值

故障点	空调器没有设定故障	空调器设定单一故障
K1	接触器线圈测量阻值300Ω	接触器线圈测量阻值∞
K2	四通阀线圈测量阻值300Ω	四通阀线圈测量阻值∞
K3	室外机变压器一次绕组测量阻值150Ω	室外机变压器一次绕组测量阻值∞
K9	风机零线和低速端测量阻值	风机零线和低速端测量阻值∞
K11	风机零线和中速端测量阻值	风机零线和中速端测量阻值∞
K14	室内机变压器二次绕组测量阻值基本为0	变压器二次绕组测量阻值远大于0
K16	拔掉室内机电源接线，测量室内机电源插孔阻值为150Ω	电源插孔阻值为∞
K21	排水泵电动机线圈测量阻值3kΩ	排水泵电动机线圈测量阻值∞

4. 故障现象分析

通电试机，设定单一故障，观察故障现象，具体见表7-8。

表7-8　观察故障现象

故障点	故障含义	故障现象
室外机		
K1	接触器线圈开路	室外机通电接触器没有吸合声，室外机主控电路板发光管亮。若开机则室外机3min后起动运转，几秒后停机保护，显示故障码“48-2”
K2	四通阀线圈开路	制热开机四通阀没有吸合声
K3、K4	线性变压器一、二次绕组开路	室外机通电接触器没有吸合声，室外机主控电路板发光管不亮
K5	高压开关断路	“E14”故障码保护
K6	低压传感器开路	“E44”故障码保护
K7	排气传感器开路	“E31”故障码保护
K8	回气传感器开路	“E32”故障码保护
风管式室内机		
K9	风机零线断路	风管式室内机风机三档风都不转
K10	风机低档断路	风管式室内机风机低档风都不转，另外两档转

（续）

故障点	故障含义	故障现象
K11	风机中档断路	风管式室内机风机中档风都不转，另外两档转
K12	风机高档断路	风管式室内机风机高档风都不转，另外两档转
K13、K14	变压器一次绕组开路、变压器二次绕组开路	风管式室内机开机没有蜂鸣，不能起动运转，室外机显示“2”
K15	通信线断路	开机60s后出现“64”，3min变“E7”
K16	电源线断路	风管式室内机开机没有蜂鸣，不能起动运转，室外机显示“2”
嵌入式室内机		
K17	环境温度传感器断路	嵌入式室内机故障，另外两台室内机显示“81”
K18	蒸发器出口温度传感器断路	嵌入式室内机故障，另外两台室内机显示“84”
K19	蒸发器中部温度传感器断路	嵌入式室内机故障，另外两台室内机显示“83”
K20	蒸发器入口温度传感器断路	嵌入式室内机故障，另外两台室内机显示“82”
K21	排水泵线圈断路	嵌入式室内机故障，另外两台室内机有冷凝水后显示“51”
K22	浮子开关失灵	嵌入式室内机故障，另外两台室内机5min后显示“51”
K23	显示面板断路	嵌入式室内机开机没有蜂鸣，不能起动运转
K24	电源线断路	嵌入式室内机开机没有蜂鸣，不能起动运转，室外机显示“2”

三、故障检修强化训练

技能竞赛故障检修考核中，通常要设定4~6个故障，不会是单一的故障。设定的故障一般要考虑到电源电路、通信电路、室内机、室外机、风机控制、排水控制、信号检测各方面。在实际训练过程中，可以先对单一故障进行检修，再逐渐增加故障点的数量，提高检修技能和检修速度。

操作内容如下：

进行故障检修前，要确保制冷系统和控制系统一切都正常。室外机通电后不能随意断电再上电，断电后要经过3min以上才能通电，否则易引起室外机误保护。

1. 设定故障点

设定4~6个故障点。

2. 故障检修

（1）空调器通电试机　室内、外机依次上电。

听室外机接触器、电子节流阀的动作声。

（2）观察故障现象　依次起动室内机，观察室内机是否有反应，是否能够起动。

观察室内机是否显示故障码。

观察室内机风机是否运转，依次进行三档风调节试机。

通电起动3min后，观察室外机压缩机、风机是否起动运转。

（3）故障分析判断　根据故障现象分析故障原因，决定要进行哪些测量点的检测，通常情况下，通电检测电压是否异常。

（4）检测故障点　在电或断电情况下，对分析的故障点进行检测验证，分析故障点判

断是否正确。

（5）故障修复 利用排故模块排除故障。

排除故障时，可能会同时排除几个故障，也可能只能排除一个故障。

一个故障排除后，继续试机，根据故障现象，再继续分析和排除剩余的故障，直至故障全部排除完成，空调器工作正常。

3. 故障检修报告（表 7-9）

表 7-9 故障检修报告

故障现象 1	
故障分析	
故障检修	
故障点	

故障现象 2	
故障分析	
故障检修	
故障点	

故障现象 3	
故障分析	
故障检修	
故障点	

故障现象 4	
故障分析	
故障检修	
故障点	

故障现象 5	
故障分析	
故障检修	
故障点	

故障现象 6	
故障分析	
故障检修	
故障点	

【学习评价】

一、自我评价、小组互评及教师评价

评价项目	自我评价	小组评价	教师评价	得分
理论知识				
实操技能				
安全文明生产				
学习态度				

二、个人学习总结

成功之处	
不足之处	
改进方法	

任务三　YL-835 空调控制电路解析

YL-835 空调控制电路的变频电路，由于工作在大电流、高电压的状态下，为了竞赛的安全，没有进行故障点的设定，但整机的电路原理图都在设备的面板上呈现，尤其是室外机电路的结构较为复杂。为了使学习者更好地学习 YL-835 空调电路，掌握空调器的控制原理，下面将重点介绍空调器的关键电路。

一、YL-835 空调电路结构概述

YL-835 空调除了保留海信空调原有电路以外，为了竞赛过程中的故障检修，设定了故障模块，同时为了选手能直接观察空调的运行状态，还设置了显示模块。在竞赛过程中，空调器室内机的安装要涉及显示模块和故障模块的线路装接。平时训练过程中，经常不是空调原有电路出现故障，而是故障模块出现问题，所以要注意空调器外加电路的分析学习。

1. 故障模块

YL-835 户式中央空调由 1 台室外机和 3 台室内机构成。其中壁挂式内机没有设定模拟故障，在室外机、嵌入式内机和风管式内机 3 台机器上设置了模拟故障。模拟故障主要是利用外加继电器模拟开路，继电器受故障模块 CPU 控制。

三台机器的模拟故障分别使用 3 个故障模块控制，3 个故障模块设定在固定机器的框架内，没有在空调器内部。故障模块内部模拟故障的继电器开关通过两根导线连接到空调器内

部，和空调器内部的电路断点并联。

每个故障模块使用航空插头和空调器的模拟故障点外接导线连接，如图 7-36 所示。当插头脱落或接触不良时，空调器出现故障，即空调器电路的模拟故障点呈断路状态。所以在进行空调器运行调试前，要确保故障模块和空调器的插头连接好。

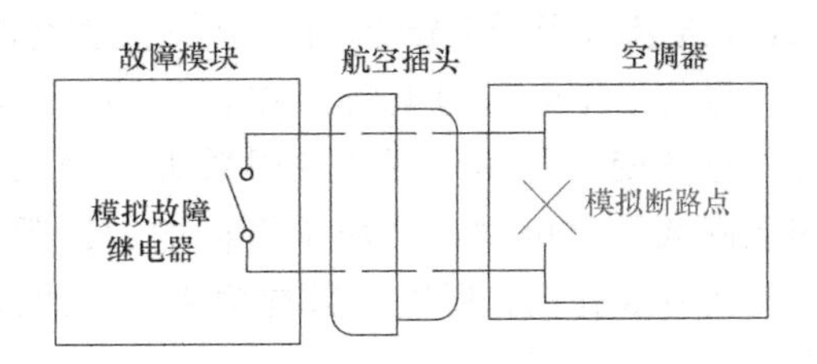

图 7-36 模拟故障原理

进行故障模块故障设定时，使用网络线和计算机连接，3 台机器的故障模块使用 3 根网线和故障模块的控制中心连接，控制中心和计算机连接，在计算机上进行故障设定。

2. 显示模块

亚龙 YL-835 户式中央空调在海信空调室外机的框架面板上又增设了室外机工作电压表、电流表，压缩机排气温度显示表，压缩机回气温度显示表，室外机冷凝器出液温度显示表 5 块数字显示装置，配置专用的室外机显示模块。

亚龙 YL-835 户式中央空调在每台室内机上也配置了显示模块。每台室内机有进风口和出风温度数码显示，温度传感器由亚龙装备单独外加在风道内。

3. 海信空调原有电路

亚龙 YL-835 户式中央空调采用海信 DLR-80W 多联机，其原有电路没有变化，只是在原有的电路上设定了断点，模拟电路故障。

海信空调器每台机器的机体内，都附有本机的电气接线图和本机的拨码设定要求。

亚龙 YL-835 户式中央空调在框架的面板上将海信本机的电路原理图放大，定制在铝合金的平板上，可以清晰地查看每台空调的基本电路结构，分析工作原理。

因此，亚龙 YL-835 户式中央空调在机体上配有 4 个原理图和 4 个电气图。

面板的原理图上，在模拟故障点测量的关键点位置做出安全插孔，用于故障检修时的测量。3 台室内机中的壁挂式内机没有设定测量点。

4. 风机控制说明

壁挂式内机的风机使用的是可控硅调压调速，风管式和嵌入式内机的风机使用继电器控制抽头调速，只有室外机使用了直流变频风机。室内机的电路原理图上都预留了直流变频风机的接口，在分析电路时要注意。

二、室外机的 PFC 功率因数提高电路

虽然是直流变频控制，但变频电路的电源转变依旧是交流电—直流电—交流电的变换。在交流电—直流电转变过程中，由大电容进行充电，储存电能；在直流电—交流电转变过程中，由大电容放电，变频输出。在整个变频设备工作过程中，设备的电源电压是正弦交流电压，但变频工作形成的工作电流却不是正弦交流电流，导致设备功率因数严重降低。

1. 功率因数低的原因分析

变频设备工作电流主要是大电容的充电电流。正弦交流电压经桥式整流后，在电压升高过程中对电容充电。由于电容充电快、放电慢，对比电源电压的正弦交流波形，电流波形如图 7-37 所示。

通过波形图可以看出，电流波形的相位滞后电压波形一定角度，同时电流波形和电压波形

相比，电流波形严重畸变，根本不是正弦交流波形。

设备工作电压和电流存在相位差，且电流波形严重畸变，将使设备功率因数大大降低。功率因数降低导致电网无功功率损耗增加，严重影响电能的有效利用，所以在影响功率因数的设备上，必须设置功率因数提升电路。

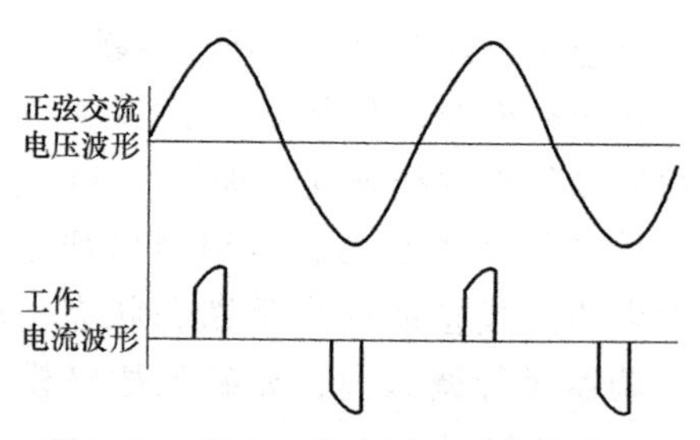

图 7-37　设备工作电压和电流波形图

功率因数公式为

$$\cos\Phi = P/S(S^2 = P^2 + Q^2)$$

式中，$\cos\Phi$ 为功率因数；P 为有效功率；S 为视在功率；Q 为无功功率；Φ 为电压和电流的相位差（电压和电流波形一致的情况下）。功率因数为 1 时，P 和 S 是相等的，没有无功功率损耗，交流电源利用率最高，最为节能。

2. 提高功率因数的方法

提高功率因数主要从两个方面着手：一是调整电流的相位角，使电压、电流相位一致；二是改善电流波形，使电流波形和电压波形一致，是正弦交流波形。提高功率因数主要采用专用电路控制，常见功率因数提高电路的结构如图 7-38 所示，为 APFC 电路。

APFC 是 Active Power Factor Correction 简称，含义是有源功率因数校正电路。APFC 电路的基本工作原理是：在整流电压电路和充电电容 C 之间，安装了由大电感 L、大功率开关管 IGBT、大功率二极管 D 组成的开关调整电路。脉冲式的大电容充电电流，经过 L 形成平滑变化的电流，由检测电路检测 U_0 电压和回路电流，计算电压、电流的相位差及电流波形误差，输出开关脉冲控制 IGBT 导通与截止。IGBT 的导通与截止，使 U_0 电源经过 L 形成接近正弦波的电流，控制 IGBT 导通与截止的开始时间，则使电压、电流同相位，基本能使功率因数达到 1。大功率二极管 D 用于防止电容 C 反向放电。

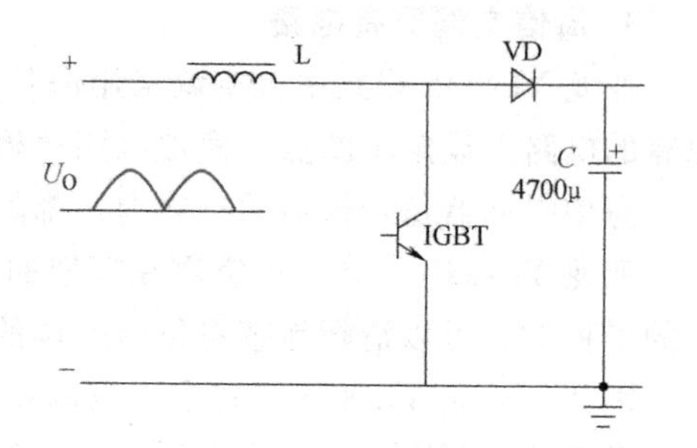

图 7-38　APFC 电路的基本结构

3. APFC 控制电路分析

海信直流变频多联机空调 APFC 电路的控制元件是集成电路 FA5502M，集成电路有 16 个端子，各个端子的功能见表 7-10。

FA5502M 电路具有过电流、过电压保护功能和欠电压锁定输出功能，FA5502M 可以由外部 CPU 控制 APFC 电路工作与停止。

海信直流变频多联机空调 APFC 控制电路结构如图 7-39 所示。IGBT 进行主回路电流调节，在大电感 L 的电磁作用下，电流平滑变化，使交流电源主回路电压、电流同步，即波形一致、相位一致，使功率因数大大提高。

在通电工作过程中，FA5502M 端子 3、16 分别检测主电源电路桥式整流电路电压、电流的变化波形，进行比较分析，随时调节 IGBT 的导通角或导通程度。

端子 8 输出功率因数校正脉冲，经驱动集成电路 MCP1407 输出，控制 IGBT-1、IGBT-2 进入开关状态。

表 7-10　FA5502M 端子功能

端子	符号	功　　能
1	IFB	电流误差放大输出
2	IIN-	电流误差放大输入
3	VDET	PFC 电压检测
4	OVP	直流电压检测(欠电压\过电流)
5	VFB	电压误差放大输出
6	VIN-	电压误差放大输入
7	GND	接地
8	OUT	PFC 脉冲控制输出
9	VC	输出电路电源
10	VCC	控制电路电源
11	CS	软起动
12	ON/OFF	CPU 控制 ON/OFF
13	REF	基准电压
14	SYNC	振荡器同步输入
15	CT	振荡器定时电路
16	IDET	PFC 电流检测

端子 4 检测经电容滤波后的直流电压的高低，若过电流、欠电压则导致电压过低，FA5502M 内部保护端子 8 自动锁死无输出，保护功率管 IGBT 不至于因低压和过电流损坏。

端子 9、10 是 FA5502M 内部不同功能电路的 2 路工作电源。

三、空调器室外机强电保护电路简介

YL-835 户式中央空调使用的是海信空调，空调器室外机的保护电路比较完善，尤其是涉及空调器的设备安全，在强电电路设定了较多的保护检测电路。

1. 保护控制芯片

空调器室外机的强电保护控制芯片是集成电路 DSPIC335J12MC202，集成电路代号为 IC9。IC9 是变频控制芯片，强电电路的保护检测均在 IC9 上完成，IC9 的主要保护功能端子如图 7-40所示。

室外机强电保护的内容主要有两个方面。

一是电源回路的 4 个检测保护：供电的交流电源电压检测、整流滤波后的直流电压检测、直流主回路直流电流检测和直流主回路电流短路检测；

二是变频电路的两个检测保护：压缩机转子位置检测和 IPM 模块工作检测。

检测保护的信号除了通过 CPU 分析控制整机调节或停机外，IC9 还有两个输出控制端口：IPM 保护信号输出端口，输出高电压封锁 IPM 的 6 个触发端子停止工作；PFC 保护信号输出端口，控制 PFC 芯片停止 IGBT 的工作。

所以和室外机强电保护有直接关系的端子有 9 个（其中压缩机转子检测是两个端子）。

2. IPM 检测保护分析

（1）IPM 的温度电流保护　IPM 的检测保护主要有两个方面的设计，一是防止 IPM 的过热和过电流，二是在 IPM 短路时进行保护。

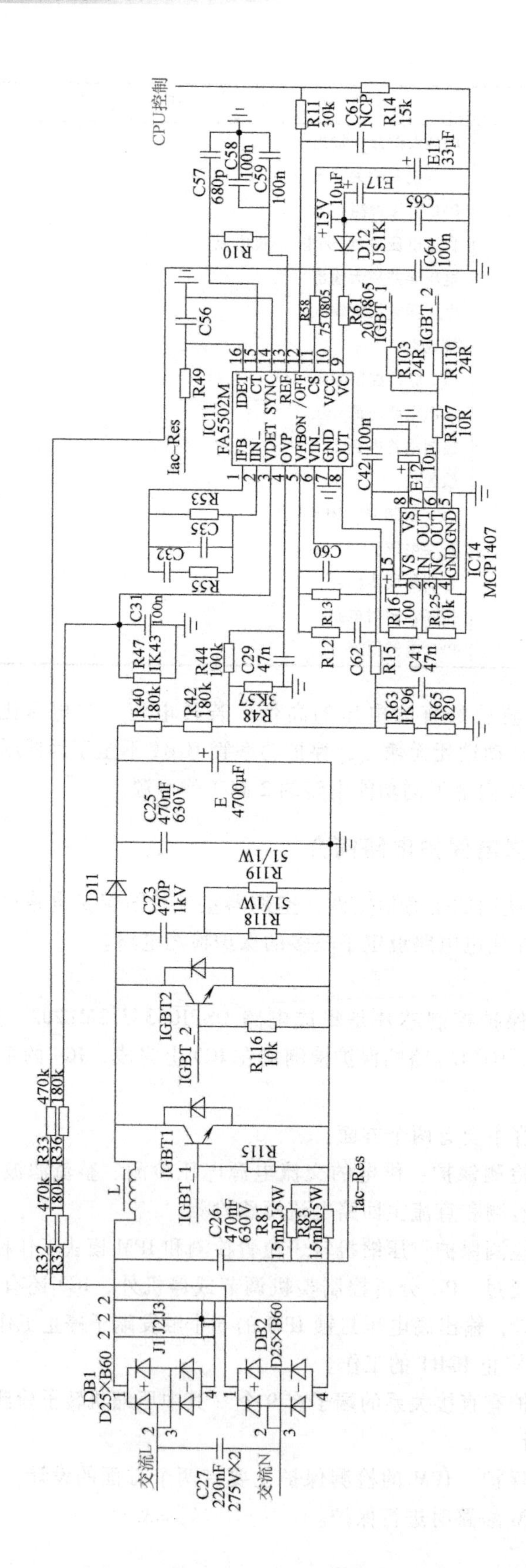

图 7-39 海信直流变频多联机空调 APFC 控制电路结构

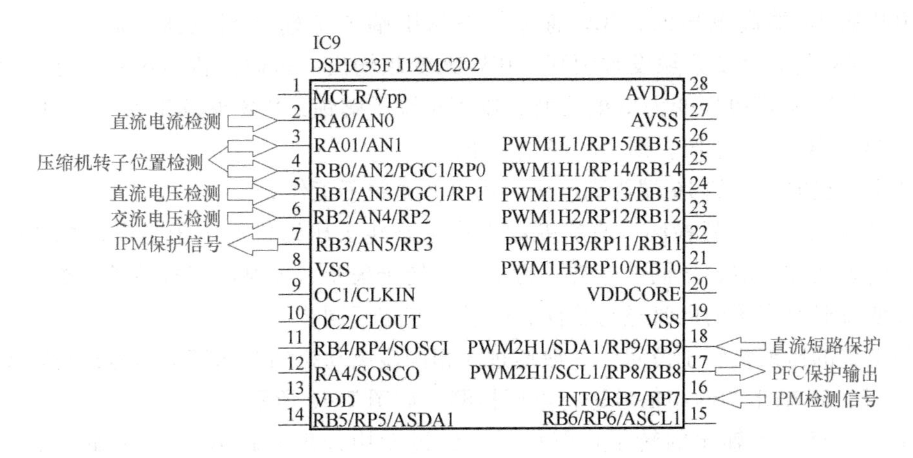

图 7-40　变频控制芯片主要保护功能端子

IPM 检测保护电路如图 7-41 所示。

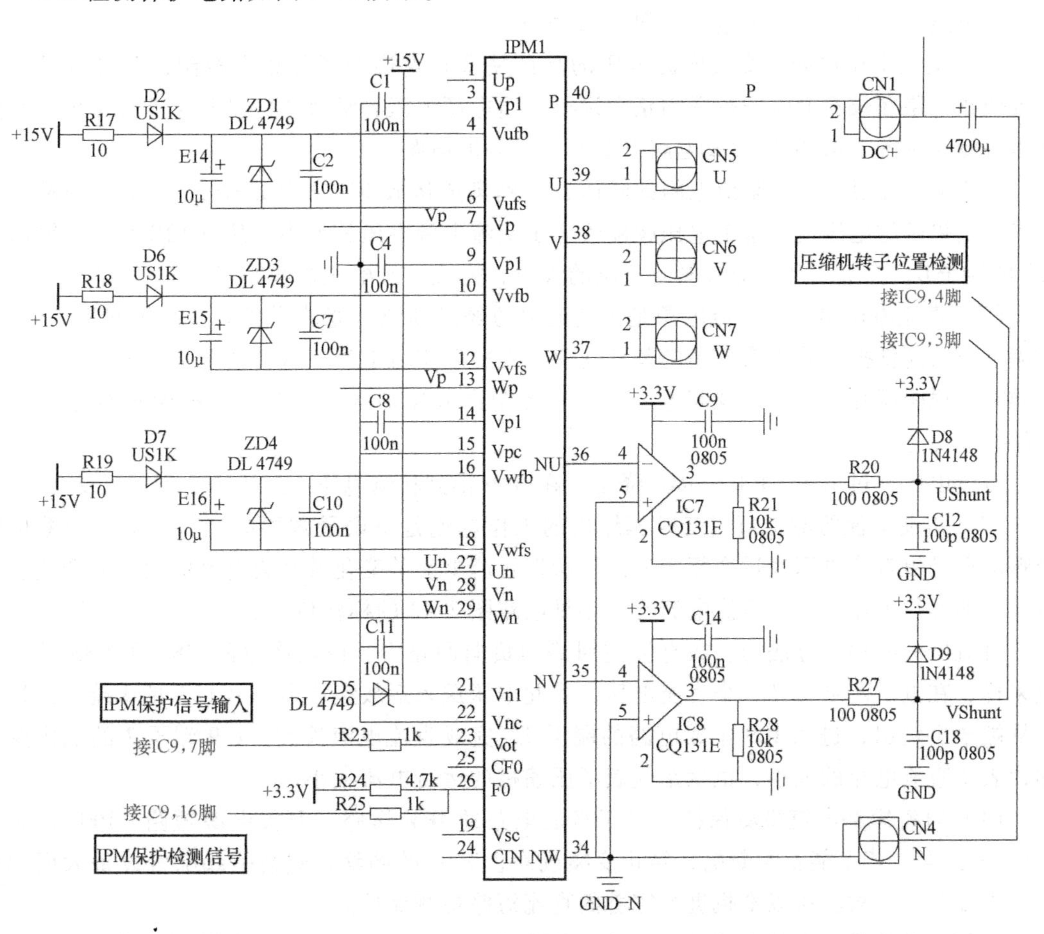

图 7-41　IPM 检测保护电路

IPM 温度过高和过电流，以及 IPM 是否短路，通过 IPM 内部电流和温度检测，从 IPM 的端子 26（F0）输出高电压，将此电压信号送入 IC9 的检测端子 16。

当IC9的16端高电压时，IC9通过保护输出端子7输出高电压，进入IPM端子23（Vot），使IPM的6个变频触发端锁死，IPM无变频输出。短时间内（60s以内）IPM温度下降，IC9的16端高电压变为低电压时，则Vot端子解锁，IPM继续工作。若IC9的16端长时间（超过60s）高电压，则IC9停止工作。

若通电开机时IC9的16端为高电压，则IC9变频不工作。

（2）压缩机转子位置检测　直流变频无刷永磁转子压缩机的定子是电动机线圈，线圈产生的旋转磁场和永磁转子同步旋转。为了防止转子失步，要对压缩机转子的磁极进行位置检测，以便及时对定子的电流进行换向，使转子和定子同步。

海信空调的压缩机转子位置，一般通过3相同步电动机的两相感应信号进行检测，通过IPM端子35、36输出的两相信号进行电压检测，如图7-41所示。

IPM端子35、36输出的转子位置信号，经过专用处理电路IC7、IC8输出信号，送达IC9的端子3、4，完成压缩机转子的位置检测。

3. 电源强电回路检测保护

电源强电回路检测保护电路如图7-42所示。

（1）交流电压检测　交流电源电压的高低关系到直流变频的频率控制，并且可以控制直流变频电路在较宽的电压范围内正常运行，当电源电压异常时还可以及时进行保护。交流电压检测参见图7-42中以集成电路IC12B为核心的电路。

交流电压经过多个大阻值电阻的降压，加到集成运放IC12B的端子5、6上，经过放大形成一定幅度的电压值。这个电压幅度代表了交流电源电压的大小，从IC12B端子7输出到IC9的端子6，由IC9判断交流电源电压的大小，完成交流电压检测。

（2）直流电压检测　直流电源是由交流电源经过整流、滤波形成的，在压缩机工作时，直流电压的高低控制着直流变频的频率变化。在检测交流电源正常的情况下，若直流电压出现异常，说明压缩机运行出现问题，则变频控制进入保护状态。直流电压检测参见图7-42中的标注位置。

直流电压经过R39、R41、R43降压，在R46得到检测电压，送入IC9的端子9。

（3）直流电流检测　直流变频压缩机的工作电流是空调最重要的运行参数。压缩机的变频电源是由直流电源经过变频而来的，所以直流电流的变化及直流电流的大小完全代表了压缩机的运行工作电流。直流电流检测参见电路图7-42的标注位置。

直流电流的检测方法为，在直流主回路的负向回路中，由功率电阻R81和R83进行电流采样，在电阻两端得到一个直流电压，将此电压送入运放集成电路IC12A的3端，经过放大从端子1输出，进入IC9集成电路的端子2，完成直流电流检测。IC9端子2的电压变化即代表了直流电流的大小，也就是代表了压缩机的运行电流大小。

（4）直流短路电流检测保护　对于直流电路的IPM短路、开关电源短路、PFC控制的IGBT短路等，若不能及时断电、停止变频或停止PFC的调整，则会引起电气设备大面积损坏，引发安全事故。所以本机进行完善的直流短路检测保护。

本机涉及的最大保护电流是66.6A。当直流电流超过66.6A时，在熔断器没有断路保护时，则对本机停止一切工作保护。

短路的一级保护措施是室外机的交流回路大熔断器。大熔断器没有安装在电路板上，使用专用座安装在电路板的上方。

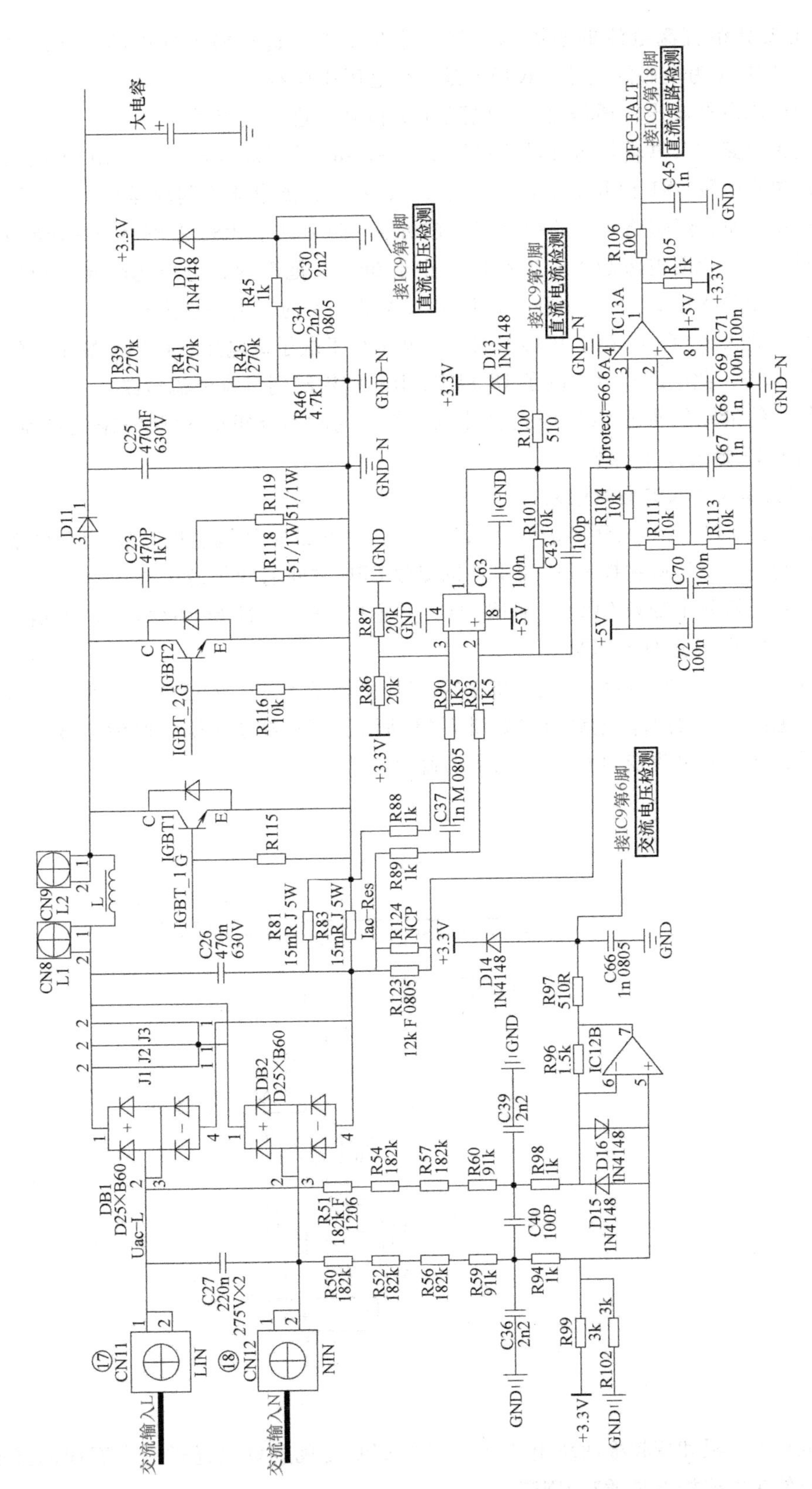

图 7-42 电源强电回路检测保护电路

这里主要介绍直流电流的检测电流当短路时是如何进行检测保护的，具体电路参见图7-42中以IC13A为核心的电路。IC13A是一个电压比较器。

电流的检测取样电压，还是由功率电阻R81和R83进行电流采样。

直流电源电路的公共端设置在功率电阻R81和R83的后级（右侧），IC13A的采样电压端子3源自功率电阻R81和R83的前级（左侧），对比直流电流检测取样是功率电阻R81和R83上的压降，而直流短路电流的检测取样是功率电阻R81和R83左侧对公共端的负电压。

负电压越大，说明电流越大，但在电流小于66.6A范围内，电压比较器反相端子3电压一直大于同相输入端2.5V的电压，所以IC13A端子1的输出一直为0。

当短路电流大于66.5A时，IC13A端子3电压小于端子2电压，IC13A端子1的输出由0变为高电压5V，此电压和IC9端子18相连，IC9则检测到直流电流短路。

短路保护的措施是通过CPU停止室外机工作，同时室外机的PFC控制电路停止工作，即由IC9端子17输出停止信号。

4. 主控板和变频板的通信联系

室外机主控CPU具有两套通信电路同时工作，一套是室外机主控CPU和3台室内机的通信，另一套则是室外机主控CPU和室外机变频CPU之间的变频通信。

空调器室外机除了变频CPU芯片IC9外，其主控CPU为M16C/64A。IC9的信号要经过通信电路和主控CPU进行控制交换。

（1）主控CPU的通信电路　室外机主控CPU由端子5、6、7三个端口和变频IC9进行通信联系，主控CPU的通信电路结构如图7-43所示。CPU端子7输出时钟信号，端子5输出通信信号，端子6接收变频CPU返回来的通信信号。

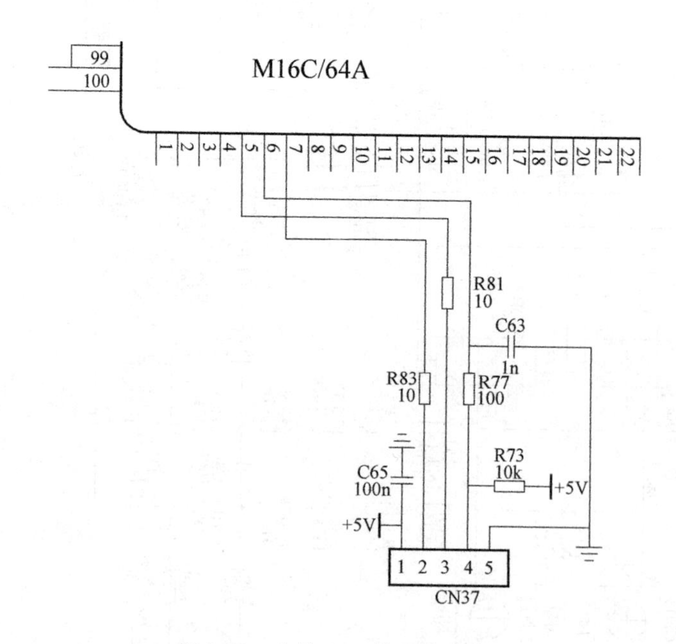

图7-43　主控CPU的通信电路

室外机有主控板和变频板两块电路板，两个CPU之间的联系通过一个五线的接插件完成，五线插件在主控板上是插座CN37。

（2）变频板的通信电路　两块电路板之间的通信电路主体在变频板上，其电路结构如图 7-44 所示。

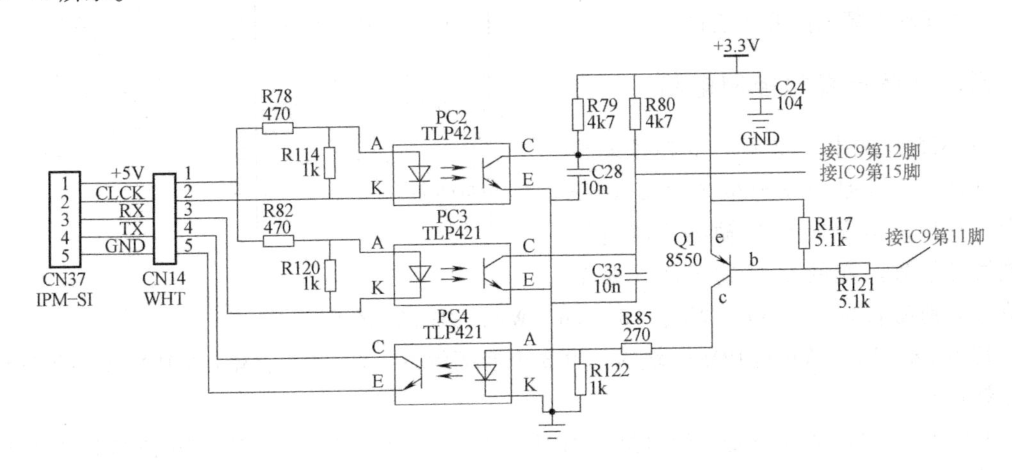

图 7-44　通信线路主电路结构

从主控板的 CN37 插座引出 5 线，连接到变频板的插座 CN14 上。

通信 5 线的功能如下：

端子 1、端子 5 是 5V 电源的正、负回路。

端子 2 是两个 CPU 之间的时钟传递。

端子 3 是主控 CPU 发出的通信信号（变频 CPU 接收）。

端子 4 是主控 CPU 返回的通信信号（变频 CPU 发出）。

由于两块 CPU 使用的电源没有在同一个电源回路内，且变频 CPU 工作在强电回路中，所以两块 CPU 之间的通信信号不能直接传递。3 个信号使用 3 个光电耦合器进行传递。

主控 CPU 的时钟和通信信号，经过光电耦合器 PC2、PC3 传输到 IC9 的端子 12 和 15，变频器 CPU 的通信端子如图 7-45 所示。变频器 CPU 的输出通信信号从端子 11 发出，经过晶体管 Q1 的驱动和 PC4 的耦合，传输到主控 CPU 的端子 6。

通过上述通信的发出与返回，两块 CPU 之间完成通信联系。

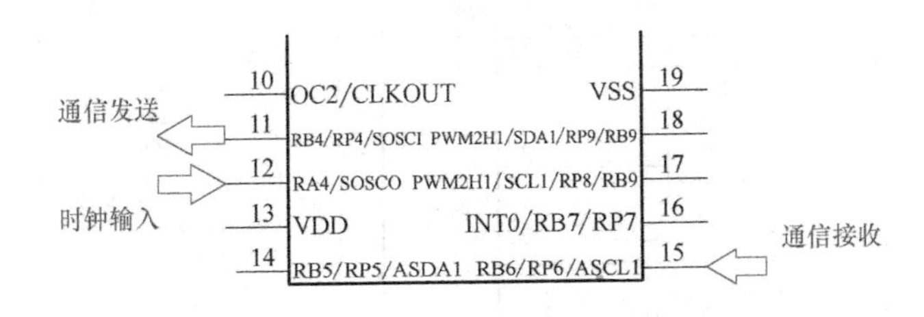

图 7-45　变频 CPU 的通信端子

空调器整机上电后，室外机的主控 CPU 和变频 CPU 进行工作联系。主控 CPU 接收变频 CPU 的通信信号，判断变频 CPU 来的通信信号内容是等待起动压缩机还是变频电路有故障，是什么故障。

变频电路有故障，则主控 CPU 不会发出变频起动信号，并且根据变频 CPU 来的故障信息，将故障码在室外机的数码管上显示出来。变频电路正常，则主控 CPU 根据室内机的开机指令起动变频电路开始工作。

四、变频压缩机控制电路

YL-835 户式中央空调的变频压缩机控制电路，主要是由室外机主控 CPU 控制变频 CPU，由变频 CPU 输出 6 路直流变频触发信号。变频 CPU 输出的 6 路变频信号分别命名为 Up、Vp、Wp、Un、Vn、Wn，如图 7-46 所示。

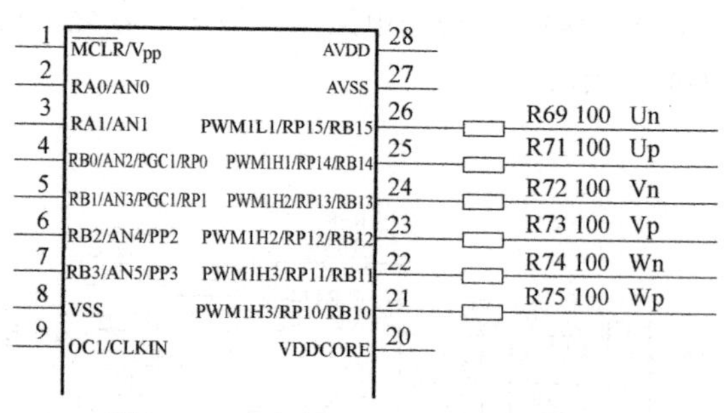

图 7-46 变频控制芯片的输出和保护

其中 Up、Vp、Wp 是 IPM 模块的上臂 3 个变频触发，Un、Vn、Wn 是 IPM 模块的下臂 3 个变频触发。

变频 CPU 输出的 6 路变频信号进入 IPM 的端子 1、7、13、27、28、29 控制 IPM 内 6 个功率单元开关电路，变频输出 U（39 端）、V（38 端）、W（37 端）三相直流变频电源为压缩机提供工作电源，如图 7-47 所示。

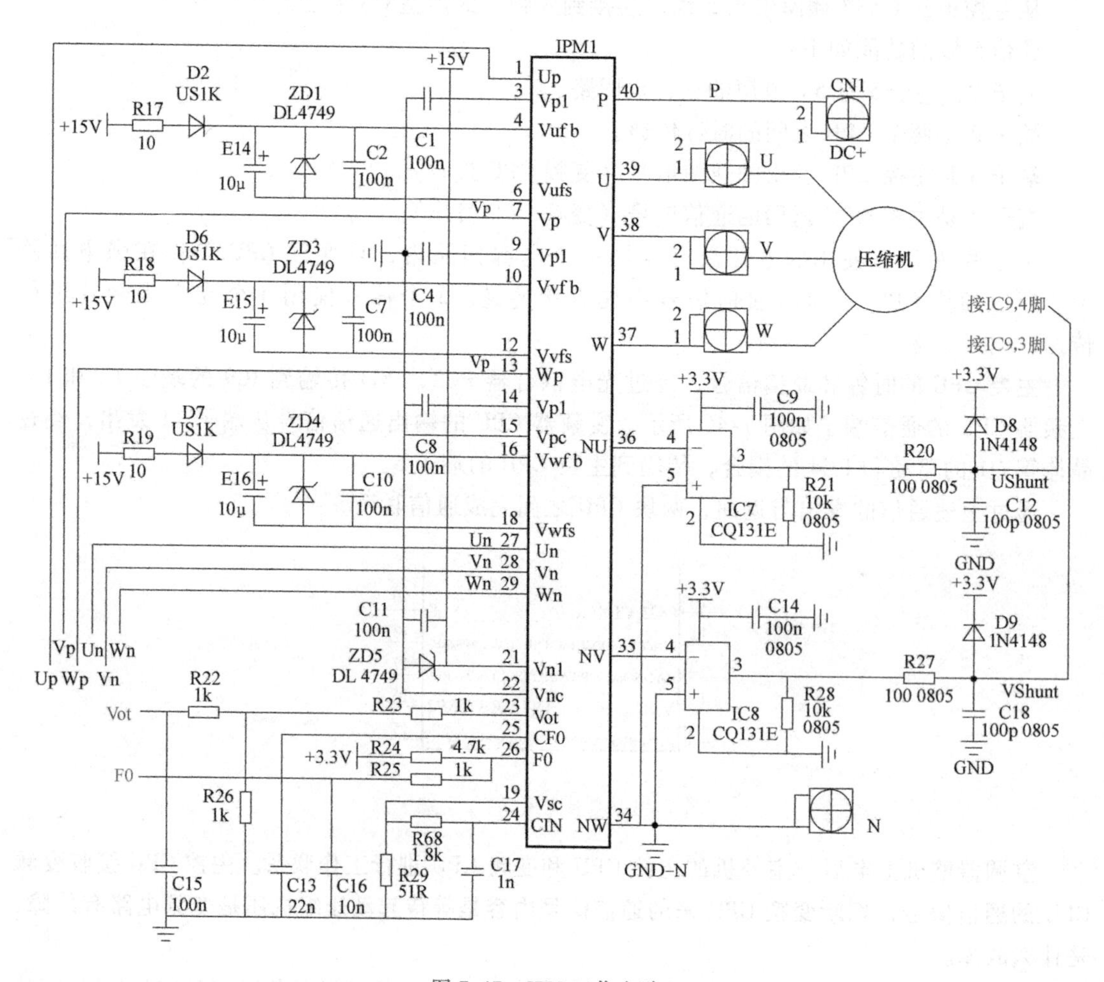

图 7-47 IPM 工作电路

IPM 的直流供电电源是 220V 交流整流滤波而来的 PN 端 300V 电源。

15V 是 IPM 内部 6 个功率电路的驱动电源。其中 IPM 上臂 3 个驱动电源，分别以压缩机的线电压为虚拟参考点由 15V 经过二极管 D2、D6、D7 隔离，ZD1、ZD3、ZD4 稳压，E14、E15、E16 滤波储能，形成 3 个独立回路的直流电源，驱动 IPM 上臂 3 个功率开关电路，原始 15V 和 PN 端 300V 电源是同一参考点，为 IPM 下臂 3 个同地的功率开关电路提供驱动电源。

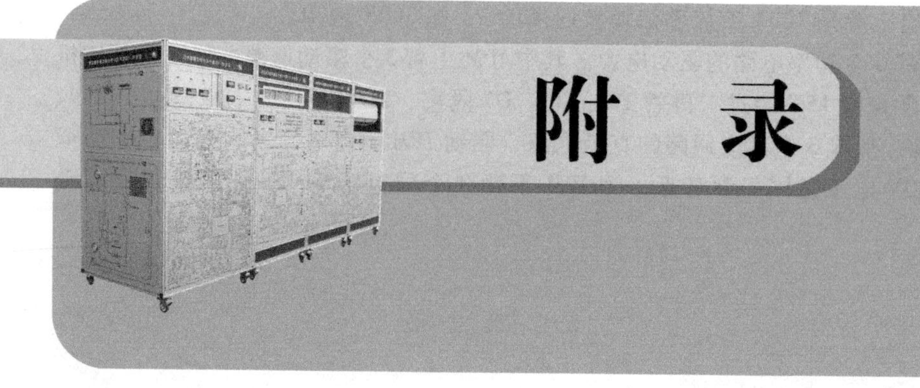

附　录

附录A　2014年全国职业院校技能大赛中职组电工电子技能比赛户式中央空调安装与调试项目工作任务书

一、说明

（1）完成任务的时间为4h，总分为100分。

（2）记录表中所有数据要求用黑色圆珠笔或签字笔如实填写，应保持表格整洁，表格中所记录的时间以赛场挂钟时间为准，所有数据记录必须报请评委签字确认，涂改数据必须经评委确认，否则该项不得分。

（3）在操作过程中，下列四点要求为职业素养、操作规范和安全意识的考核内容，并有10分的配分。

1）所有操作均应符合安全操作规范。

2）操作台、工作台表面整洁，工具摆放、导线线头等处理符合职业岗位要求。

3）遵守赛场纪律，尊重赛场工作人员。

4）爱惜赛场设备、器材，不允许随手扔工具，在操作中不得发出异常噪声，以免影响其他选手操作。

（4）有下列情况，将从竞赛成绩中扣分。

1）申领铜管扣5分/根，申领分歧管扣5分/个，申领室内机扣10分/个。

2）在完成工作任务过程中，因操作不当导致大量制冷剂泄漏扣10分。

3）在完成工作任务过程中，因操作不当导致触电扣10分。

4）因违规操作，损坏赛场设备及部件扣分：电路板10分/块，遥控器10分/个，大电容5分/件，其他设施及系统零部件（除螺钉、螺母、平垫、弹簧垫外）2分/个，工、器具5分/件。

5）扰乱赛场秩序，干扰评委的正常工作扣10分，情节严重者，经执委会批准，由首席评委宣布，取消参赛资格。

（5）参赛选手不得在比赛任务书内填写与姓名或身份有关的信息，比赛结束后不得将任务书及相关资料带离赛场。

二、任务及其要求

根据给定的室内机和室外机位置要求，设计并完成设备及管路的安装和调试。

任务一 设备及风口安装（5分）

【任务要求】

1）设备摆放及安装：根据图 A-1 要求对设备进行重新排列、就位并固定，将网孔板安装在指定位置并加以固定。

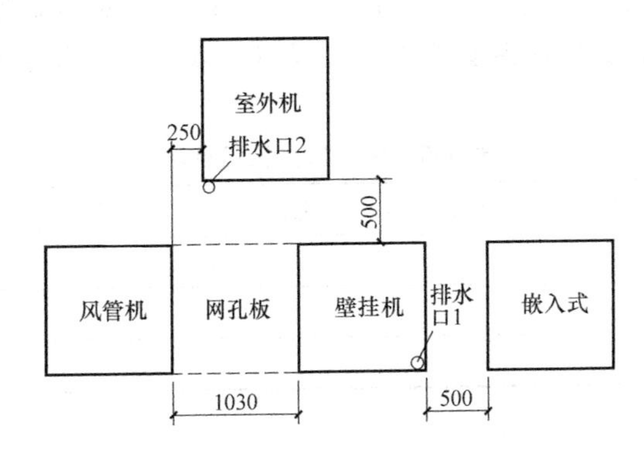

注：尺寸单位 mm，尺寸误差 ±10mm。

图 A-1 设备平面布置图

2）电源线制作及安装：利用赛场提供的三芯护套线，完成设备与电源开关盒之间的电源线的制作安装。

3）壁挂式室内机的安装：根据木板上开孔的位置安装并固定壁挂式室内机，要求水平高差≤±5mm。正确连接室内机电源线及通信线，报请评委确认，由评委记录结果到表 A-1 中。

4）风管机回风口安装：采用下回风安装方式，风管机的回风口和百叶回风口用帆布连接，百叶回风口不用固定安装。

表 A-1 壁挂式室内机接线记录表

电源线是否连接		评委签字	
通信线是否连接			

任务二 制冷系统管路设计、制作与安装（25分）

根据户式中央空调的结构特点以及制冷系统管路设计要求，正确选用赛场提供的器材，合理使用工具，制作制冷系统的管路，完成制冷系统安装。

【任务要求】

1）根据给定的室内机和室外机的具体位置，设计并确定室内、外机连接管路的走向和安装位置。

2）根据赛场提供的器材，合理选用工具，制作室内、室外机的连接管，完成连接管道的加工制作，并对管件进行单体吹污。选手在制作管件过程中，须报请评委抽检喇叭口，并由评委在表 A-2 中签字确认。

3）利用部分提供的管件及自制的管件，连接室外机和 3 台室内机。

4）如果管路较长，按规范要求在相应位置用吊杆加以固定。

5）所有连接管应沿建筑物吊顶上部布放（穿墙管除外）。

6）要求管路整体布局合理、美观、层次分明，安装紧凑、牢固，管路须横平竖直，不得相互碰触，分歧管布放须按规范要求，连接管路简洁，阻力损失小，用材省。

7）安装管路过程中，参考实际户式中央空调的结构，对需要保温的管路加装保温套管；套装保温管时，如需要将保温套管剪开，开口处须用专用胶水粘合，并用胶布封盖粘合线。

表 A-2　喇叭口抽检记录表

项目	圆正光滑	不偏心	不卷边	不开裂	无毛刺	大小合适
完成情况						
综合评价						
评委签字						

任务三　凝结水管设计、制作与安装（10 分）

根据安装就位的室内机具体位置，完成凝结水管的设计、制作与安装。

【任务要求】

1. 壁挂式内机凝结水管的设计、制作与安装

1）壁挂式内机凝结水管采用 PVC 管制作，就近从 1#排水口排水，水管坡度≥1/100，管件连接处使用胶水粘接，制作安装完成后不需对其进行检漏处理。

2）对凝结水管进行保温处理，要求美观、牢固、规范。套装保温管时，如需要将保温套管剪开，开口处须用专用胶水粘合，并用胶布封盖粘合线。

2. 其他室内机凝结水管的设计、制作与安装

1）风管式内机和嵌入式内机凝结水管采用 PVC 管制作，从 2#排水口排水，管件连接处使用胶水粘接（为保证下半场次的比赛，室内机排水管口与 PVC 管件连接处不得用胶水粘接），设计科学合理的管路走向，水管坡度≥1/100。

2）要求连接管路整体布局合理、美观、层次分明、安装紧凑、牢固，如果管路较长，按规范要求在相应位置用吊杆加以固定。所有连接管应沿建筑物吊顶上部布放（穿墙管除外）。

3）整个凝结水管路安装完毕，待胶水凝固后，先用 0.1～0.2MPa 氮气吹污，然后用赛场提供的橡胶塞堵住出水口，从排气口注入自来水，观察风管式内机排水口水位，直到水位达到中间位置，报请评委签字确认。检查管路接头有无漏水，如有泄漏，先将管内水排入赛场提供的水桶内，然后自行处理泄漏点；待胶水凝固后继续自检密封性，直至不再泄漏，最后报请现场评委查看，检查结果填入表 A-3 中。

4）对凝结水管进行保温处理，要求美观、牢固、规范。套装保温管时，如需要将保温套管剪开，开口处须用专用胶水粘合，并用胶布封盖粘合线。

5）如果管路较长，按规范要求在相应位置用吊杆加以固定。

表 A-3 凝结水管泄漏检查

吹污		评委签字	
吹污压力			
注水量符合要求			
是否有泄漏			

任务四 电路连接（10分）

根据户式中央空调的电气控制原理，完成电路线路及信号线路的连接。

【任务要求】

1）利用赛场提供的电缆，完成设备与配电箱之间电源线的制作安装。要求用 $2.5mm^2$ 截面的护套线从配电箱电源处接到设备防水插头。

2）测量各组电源连线所需的长度，利用赛场提供的工具，选用合适线径、颜色的电缆完成电源连线的制作。

3）测量各组通信连线所需的长度，利用赛场提供的工具，选用合适线径、颜色的电缆完成通信连线的制作。

4）对电源线、通信电缆对接处做焊接处理，外套热缩管。

5）用自制的通信连线把室外机和三台室内机的通信线连接起来。用自制的电源连线把室外机和三台室内机的电源线连接起来。

6）通信连线和电源连线要求分别穿 PVC 管，然后沿机架顶部分开敷设，PVC 管管口距离机架边缘 50mm，线管走向横平竖直。各机架面板侧的电源线、通信线分别用螺旋扎带缠绕至 PVC 管接口。

任务五 制冷系统管路吹污、保压检漏和抽真空（15分）

对已经安装完成的户式中央空调系统进行系统吹污、打压检漏、抽真空操作。

【任务要求】

1）制冷系统管路吹污：正确连接氮气和双表修理阀，先单独对自制管件进行吹污，然后正确连接系统管路，对高压和低压管路进行吹污。吹污时，吹污压力约为 0.4MPa。吹污开始时，选手应举手示意，在评委的监督下进行吹污操作，并在表 A-4 中记录双表修理阀高压侧压力表的实际参数，报请评委签字确认。

2）系统管路试压检漏：正确连接氮气、双表修理阀和系统管路。利用氮气从高、低压双侧对组装的连接管路及室内机进行试压检漏，初次试压压力值为 0.5MPa，对系统进行整体检漏。自检不漏后，保压5min，最终试压压力为1.2MPa，然后断开氮气管与管路系统的连接，再对系统进行整体保压检漏，保压10min。两次保压均应在表A-4中记录装置上低压压力表的实际参数，由评委签字确认。

3）如果发现有泄漏部位，选手应自行查明原因并进行处理后，重新进行试压检漏操作，计时重新开始，直到达到要求为止。

4）系统管路抽真空：正确连接压力表及真空泵，通电起动真空泵，采用高低压双侧同时抽真空法，对组装的连接管路及室内机进行抽真空操作。抽真空时间不少于10min，使压力值达到-65cmHg。抽真空完成后，关闭双表修理阀的阀门，真空泵断电停机，报请评委验证压力值，并在表A-5中记录双表修理阀低压表的实际参数，由评委签字确认。保压15min后，再次报请评委验证压力值，并在表A-5中记录双表修理阀低压表的实际参数，由评委签字确认。

保压期间发现压力回升，选手须自行查明原因并进行处理后，重新进行抽真空保压操作，计时重新开始，直到达到要求为止。

表A-4　连接管路吹污、保压过程

吹污操作			
吹污压力/MPa		评委签字	

试压检漏						
次数	保压开始			保压结束		
	时间	压力值/MPa	评委签字	时间	压力值/MPa	评委签字
第一次						
第二次						

表A-5　连接管路抽真空操作

抽真空			
抽真空开始时间		评委签字	
抽真空结束时间		评委签字	

真空保压操作						
次数	保压开始			保压结束		
	时间	压力值/cmHg	评委签字	时间	压力值/cmHg	评委签字
第一次						
第二次						

任务六　调试与运行（10分）

按要求设置室内机终端匹配电阻拨码，起动空调系统，按要求操作并记录相关运行参数。

【任务要求】

1）在正压条件下拆除室外机与双表修理阀的连接管。

2）打开室外机上的阀门，将储存于室外机盘管内的制冷剂释放至整个系统。

3）室内机地址的码值设置：风管式内机为2#机，壁挂式内机为4#机，嵌入式内机为6#机，嵌入式内机为终端机，报请评委确认设置结果，由评委将结果记录到表A-6中。

4）接通室内、外机的电源，完成室内、外机的上电操作。

5）单独起动嵌入式内机，将模式设定为“制冷”，温度设定为18℃，高速风，在表A-7中记录运行开始时间，由评委签字确认。运行5min后，测量相关参数值，将测得的数值及运行结束时间填入表A-7中，并由评委签字确认。

6）起动壁挂式内机，将模式设定为“制冷”，温度设定为18℃，高速风，在表A-7中记录运行开始时间，由评委签字确认。运行5min后，将测得的相关参数值及运行结束时间填入表A-7中，并由评委签字确认。

表A-6　室内机拨码设置记录表

内机	拨码状态		
风管式室内机		评委签字	
挂壁式室内机			
嵌入式室内机			
终端机			

表A-7　空调系统运行调试记录表

项目名称	项目内容	实测值	评委签字
单独启动嵌入式室内机	运行开始时间		
	运行结束时间		
	系统低压压力值/MPa		
	系统高压压力值/MPa		
	运行电流/A		
	嵌入式室内机出风温度/℃		
同时启动嵌入式、壁挂式室内机	运行开始时间		
	运行结束时间		
	系统低压压力值/MPa		
	系统高压压力值/MPa		
	运行电流/A		
	嵌入式室内机出风温度/℃		
	壁挂式室内机出风温度/℃		
全部启动嵌入式、壁挂式风管式室内机	运行开始时间		
	运行结束时间		
	系统低压压力值/MPa		
	系统高压压力值/MPa		
	运行电流/A		
	嵌入式室内机出风温度/℃		
	壁挂式室内机出风温度/℃		
	风管式室内机出风温度/℃		

7）起动风管式内机，将模式设定为“制冷”，温度设定为18℃，高速风，在表A-7中记录运行开始时间，由评委签字确认。运行10min后，测量相关参数值，将测得的数值及运行结束时间填入表A-7中，并由评委签字确认。

8）上述操作完成后，停机5min，关闭室外机供液阀，在制冷运行状态下回收制冷剂，然后停机。

注意事项如下：

1）在操作过程中，不得向赛场大量排放制冷剂。

2）在运行期间，不允许充注制冷剂，否则重新开始计时运行。

3）本任务所有操作要求在评委的监督下进行。

4）调试完成后，在制冷运行状态下回收制冷剂，允许有残留。

任务七　职业素养与安全意识（10分）

【任务要求】

1）尊重裁判。

2）有良好的工作作风，正确的工作习惯。

3）不能违规操作。

4）衣着整齐，须戴安全帽。

5）须遵守电工及制冷操作规范。

6）严格遵守赛场纪律。

任务八　理论知识（15分）

一、填空题（每空1分，共10分）

1. 多联室内机吊装时，吊杆必须使用直径不小于______的圆钢，吊爪下侧的固定螺母必须使用双螺母。当吊杆长度超过______ m时，必须进行斜向对角支撑等额外固定。

2. 户式多联机的低静压风管室内机安装一般采用下送下回、______和侧送侧回三种送回风方式。当采用下送下回的气流组织形式时，送回风口的距离最好大于2m，若进出风口距离过小，会造成______的问题。

3. 户式多联机的低静压风管室内机回风口一般采用______（风口形式）；短距离送风时，出风口一般采用______和散流器（风口形式）；为避免家装灯槽对空调送风气流的影响，吊顶灯槽水平方向伸出的长度应小于__________。

4. 为确保冷媒管横平竖直，不受重力、管道冷媒热胀冷缩等影响导致变形瘪塌，冷媒管敷设过程中必须对管路安装管路支撑件：

冷媒管横管支撑：铜管外径为6.35~9.52mm时，支撑件间距不大于1.0m。

铜管外径在12.7mm以上时，支撑件间距不大于______ m。

冷媒管立管支撑：铜管外径为6.35~9.52mm时，支撑件间距不大于1.5m；

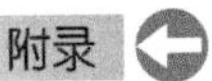

铜管外径在 12.7mm 以上时，支撑件间距不大于______ m。

5. 为防止冷量在室内、外机连接管等管路产生衰减，冷媒管必须进行保温作业，一般采用橡塑保温材料。做保温时，保温管对接时必须确保切口平整，保温管相接处和被切开处应该先使用____________，然后缠胶带两到三圈包扎紧密，胶带的宽度不小于 50mm，以保证连接牢固。

二、判断题（正确的打“√”，错误的打“×”，每题 1 分，共 5 分）

1. 风管式内机的送风口和回风口应设置在两个不同的密闭空间内。(　　)

2. VRF 多联机制冷时在室内机进行节流，制热时在室外机进行节流。(　　)

3. 铜管运抵施工现场后，盘管必须盘面缠绕整齐并以竖向方式堆放，不至于占地过大影响施工。(　　)

4. VRF 多联机系统的冷凝水管安装时，排水支管坡度必须不小于 1%，对于带内置水泵的强排水室内机必须设置回水弯。(　　)

5. 多联机系统的通信线必须采用屏蔽双绞线，且必须进行接地，海信 VRF 多联机采用的是 Home-bus 通信方式，通信线无极性，接线方便。(　　)

附录 B 见书后插页。

参考文献

[1] 姚国琦，寿炜炜. 户式中央空调安装维修实用手册 [M]. 北京：机械工业出版社，2006.

[2] 王志刚. 变频控制多联式空调系统 [M]. 北京：化学工业出版社，2006.

[3] 蒋能照，张华. 家用中央空调实用技术 [M]. 北京：机械工业出版社，2002.

[4] 国家质量监督检验检疫总局. GB/T 18837—2002 多联机空调（热泵）机组 [S]. 北京：中国标准出版社，2002.

[5] 汪韬. 海信空调器控制电路图集 [M]. 北京：人民邮电出版社，2012.

[6] 李朋. 空调器电路与电脑板检修及技术 [M]. 北京：国防工业出版社，2009.

[7] 易新，梁仁建. 现代空调用制冷技术 [M]. 北京：机械工业出版社，2005.

[8] 魏龙. 制冷与空调职业技能实训 [M]. 北京：高等教育出版社，2008.

[9] 严卫东. 小型制冷装置实训 [M]. 北京：机械工业出版社，2003.

[10] 王荣起. 制冷设备维修技术（中级）[M]. 北京：中国劳动社会保障出版社，2000.

[11] 宋友山. 空调器安装与维修 [M]. 北京：电子工业出版社，2013.

[12] 滕林庆. 制冷设备维修工（中级）[M]. 北京：中国劳动社会保障出版社，2007.

[13] 国家安全生产监督管理总局. 制冷空调作业安全技术规范 [M]. 北京：煤炭工业出版社，2007.